電力のキホンの本

第2版 電力危機の今こそ学ぶ

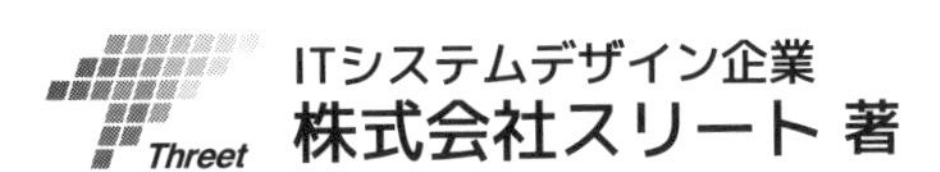

ITシステムデザイン企業
株式会社スリート 著

まえがき　大きく変化する電力業界

『電力のキホンの本』の第2版をお送りいたします。

おかげさまで2021年7月に発行した第1版は好評をいただき、増刷を行うまでになりました。多くの方にお読みいただき、非常に喜びを感じております。

しかし、喜んでばかりはいられません。刊行以来、電力や小売電気事業者をめぐる状況が激変したからです。

第1版を刊行した当時は、一般の方々にとって「電力」は身近でありながら、どこにでもあるものでした。脱炭素化が叫ばれ、再生可能エネルギーの比率を高め、二酸化炭素の排出量を2050年までに実質ゼロとする「カーボン・ニュートラル」が宣言されたものの、一般の方々の関心は、どこか薄かったように思えます。

ところが、2021年の冬から状況は一変しました。日本全国にわたる電力不足が深刻な問題になり、電気料金が高騰。ニュースで毎日のように特集が組まれました。

高騰するエネルギー価格は、中小の小売電気事業者を直撃。いくつもの企業が事業撤退を行い、倒産をするところも現れました。

さらにそれに輪をかけたのが、2022年2月に始まった、ロシアのウクライナ侵攻です。ロシアが天然ガスの輸出を止めると、ヨーロッパ諸国を脅す事態になりました。エネルギーのもととなる資源が「武器」になることに驚かれた方も多いでしょう。日本も例外でなく、サハリンの開発やLNGの全世界的な不足で資源確保に黄色信号が灯っています。

こうして電気をはじめとするエネルギーは、一層の注目を浴びることになりました。

そんな中、電力事情のキホンを語る本書をお送りいたします。電力をめぐる事情は大きく変動を続けています。しかし、なるべく最新の情報をお伝えできるよう、尽力いたしました。

電力をめぐる状況が少しでも好転するよう、祈るばかりです。本書が、そんな電力の現在を知るための一助になれば幸いです。

目次

第3章 電力業界の基本を学ぼう

第4章 電気料金の決め方 93

第5章 受付から完了まで、電力契約の手順 111

第6章　再生可能エネルギーとは　127

第7章　電力取引のしくみ　147

第8章　需給管理業務とは何か　167

第9章　これから注目される新技術　177

第10章　海外の動向　193

第1章
今、こんなことが起きている電力業界

まえがきでも述べたように、現在の電力業界は激烈な変化が起きています。
電気料金の高騰や電力不足、そして化石エネルギーによる発電から再生可能エネルギー（再エネ）へのシフトなど。ここでは、現在起きている最新の変化を分かりやすく解説してみたいと思います。

1 新電力の倒産・撤退はまだ続くか!?

● 新電力の電力事業からの撤退相次ぐ

2023年3月、強烈な一報が飛び込んできました。2023年3月24日の段階で、国内で登録されている小売電気事業者約706社のうち、195社もが倒産・廃業、電力事業からの撤退、もしくは新規申込の停止を行っているというのです（図1－1）。全事業者の28%近くになります。2022年3月30日の調査では31社でした。1年の間に6倍に増えたことになります。

内訳は、倒産・廃業が26社、電力販売事業からの撤退が57社。新規の契約申込を停止したのは112社にも上りました。この数は、まだ増えるかもしれません。

こうした倒産や撤退、申込停止の原因は、電気の市場価格の高騰でビジネスモデルが破綻し、経営が立ち行かなくなったからです。新電力だけでなく、大手電力会社も10社中9社が決算で最終赤字を計上し、うち7社が電気料金の大幅な値上げを行いました。

● なぜこんなことが起きたのか

理由は、ご存じのようにここしばらく続く電力調達価格の高騰です。電力自由化で参入した小売電気事業者の多くは、自分では発電所を持ちません。主に市場から電力を調達し、大手電力会社より安い料金で提供することをサービスの目玉として、利益を稼いできました。

しかし、発電の主要な燃料となるLNG（液化天然ガス）の価格は、2020年末より高騰し続け、ウクライナ危機でさらに上昇。今も高止まりの状態を続けています。日本の電力を取り扱う日本卸電力取引所（JEPX）でも、取引価格は非常に高い水準で推移しています。

■図1-1　新電力会社の事業撤退動向

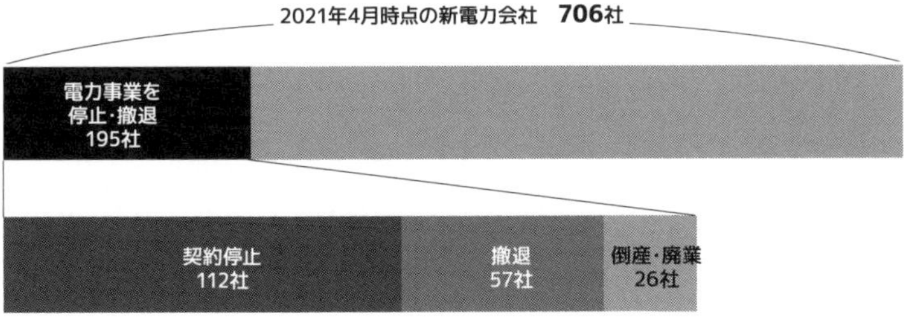

2021年4月時点の新電力会社　**706**社

電力事業を
停止・撤退
195社

契約停止
112社

撤退
57社

倒産・廃業
26社

（株）帝国データバンク「「新電力会社」事業撤退動向調査（2023年3月）」（2023年3月24日）

また、電力供給も大幅にひっ迫。電力を市場で調達できなかった小売電気事業者は、多額の不足インバランス（電力の供給計画に比べて不足があった場合に生じる違約金）を支払う状況になり、赤字が急増したと見られます。

こうして採算維持ができず、小規模で体力のない小売電気事業者が次々に倒産・廃業したり、事業撤退を行ったりしました。

新規受付の停止も、事業拡大を目指す電力企業にとっては、手痛いものです。新規受付をしたくても、採算に見合う価格での十分な供給が確保できない。しかも、従来の顧客に販売するだけでも大変です。安値で勝負しているために、市場価格が高騰してしまうと、利益を出すどころか逆ザヤ（販売価格より調達価格の方が高いこと）が発生してしまうのです。

●電力難民になる企業も

こうした倒産･撤退の余波を受け、「電力難民」なる言葉も現れました。「電力難民」とは、小売電気事業者の倒産や撤退によって、電力供給元がなくなった企業や団体のことです。

電力難民になった場合、臨時の「最終保障供給」を受けることになります。最終保障供給とは、やむを得ない事情で小売電気事業者を変えなければいけない場合、受け入れ先が見つかるまで一般送配電事業者が電力を供給する制度です。料金は、電力会社の契約より割高になり、期間は原則として1年です。

電力難民となった企業については、当初、たとえ小売電力事業者が倒産しても、大手電力会社と契約を結べると考えていた面もあるといわれます。しかし、大手電力会社まで新規の契約停止を行っていたような状況です。新規受け入れ先を失った企業群は、長い電力放浪を続けるのを余儀なくされました。こうした企業は、2023年3月現在で45,000社を超えたとされています。

● 今後も厳しい状況は続く

さて、今後はどうなるでしょうか。残念ながら、新電力企業が置かれた状況は厳しいと考えざるを得ません。その一つは、燃料費の高騰が今後も続くと予想されることです。

電源のもっとも多くを占めるLNGは、ウクライナ紛争の影響によるヨーロッパの天然ガス不足や、中国をはじめとする諸外国の争奪戦にさらされ、価格の高止まりが続いています。また、原子力発電所などの再稼働は、まだまだ厳しい状況にあります。

第二に、2020年から続く電力需要のひっ迫が今後も夏季・冬季を襲うと考えられることです。小規模の小売電気事業者の中には、電力不足から供給量を確保できないところも出てくるでしょう。

政府では、2022年10月、物価高騰に対処する総合経済対策の一環として、激変緩和措置を発表。電力も対象となりました。小売電気事業者に補助金を配り、電気料金の上昇を抑えようというのです。

激変緩和措置では、一般家庭向けに1kWhあたり7円、企業向けに3.5円の補助を行うことが決まり、2023年2月分（1月使用分）から実施されました。

消費者の家計支援が目的ですが、電気料金高騰による顧客離れを防ぎ、小売電気事業者に一息つかせる効果もあると考えられます。

今後も小売電気事業者に対しては、厳しい状況が続くと考えられます。これを乗り切り、1社でも多くの事業者が利益を上げていくことを願ってやみません。

2 電力不足はいつまで続く!?

●史上初の「電力需給ひっ迫警報」発令！

2022年3月21日。史上初の警報が出されました。「電力需給ひっ迫警報」です。

電力需給ひっ迫警報は、2012年に創設された制度です。翌日の電力が不足しそうになった時に、停電が起きないよう、政府が発するものです。東日本大震災と福島第一原発の事故のため、電力の供給が大幅に不足した事態を受けて作られました。警報を出すことによって、節電を呼びかけ、停電などの事態を防ぎます。

発令された3月21日は、3月16日に発生した震度6強の福島県沖地震の影響で、火力発電所がまだ停止していました。合計6基334.7万kWの停止により、発電能力が低下。しかも3月末なのに記録的な寒さで、電力需要が増えそうでした。冬には電力増に対する警戒態勢をとっていたのですが、春の訪れで、2月末に一部を解除したことも原因でした。

警報は午後6時に発せられるのが原則でしたが、最後まで翌日の予想がつかず、午後9時の発令となりました。発令時間が遅れたため、翌日午前中の達成率は30%程度と低かったものの、東北電力・中部電力などから141万kWの電力を融通。また、東京スカイツリーの明かりを消すなどの積極的な節電の呼びかけが功を奏し、停電は回避されました。

●「電力需給ひっ迫警報」とは

電力需給ひっ迫警報は、具体的には「予備率」、すなわち翌日の電力供給の余力が3%以下になると予想される場合や、実際に下回った場合に発令されます。ひっ迫が予想される前日の16時をめどに、資源エネルギー庁が発令します。

ただ、警報だけでは急激な電力不足への対応が遅れるとして、2022年5月から「電力需給ひっ迫注意報」と「電力需給ひっ迫準備情報」が創設されました。注意報は、予備率が5%を下回ると予想される時に、前日16時をめどに発せられます。発令するのは資源エネルギー庁です。

準備情報は全国10の各エリアごとに、予備率が5%を下回ると予想される時に、前々日の18時をめどに発令されます。発令するのは、各エリアの一般送配電事業者です。

注意報も、創設から間もない2022年6月に発令されました。

●「予備率」とは

ここで、警報や注意報が発令されるもととなる、予備率についても説明しておきましょう。

電気は貯めておけません。そこで緊急の電力需要増に対し、発電量に余力を持たせる必要があります。それを「供給予備力」といいます。

予備率（供給予備率）は、その予備力の比率です。電力の周波数維持のためには3%以上、トラブル時に停電を起こさないため、8～10%の予備率が必要とされます。予備率の算出の仕方は、以下となります。

■予備率（供給予備率）の算出法

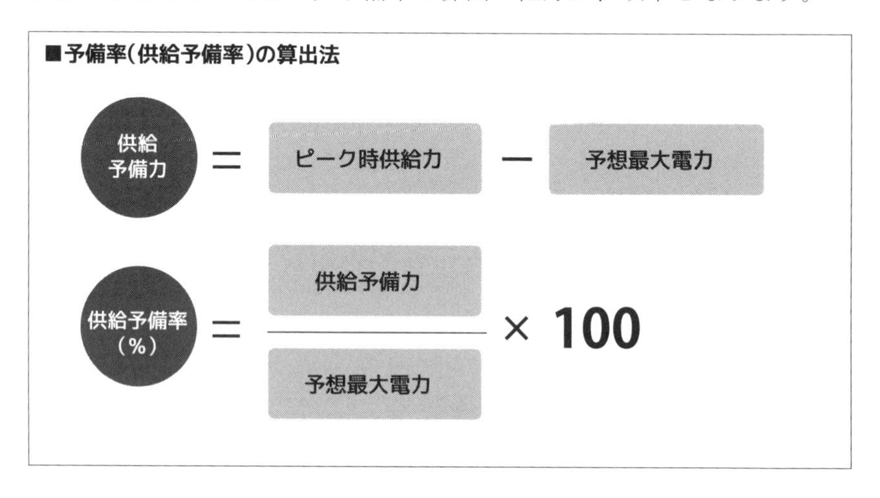

●夕方から夜にかけての時間帯がピンチ

警報が出るほど電力が不足した理由は、気候変動で夏がより暑く、冬がより寒くなり、エアコンなどの電力消費が増えたこと。また地震などで発電所が停止し、復旧の遅れが重なったことなども挙げられます。

夏場の昼は、太陽光発電などの電力でまかなえます。でも夕方から夜にかけては、太陽が沈む上に暑いままです。エアコンなどの電力需要は減りません。太陽光が使えないので、火力発電などを活用するしかありませんが、脱炭素化を進めた影響で石炭火力は休廃止が続いています。また、原子力発電所は、安全性などの理由で審査中のものが多く、運転しているのはごく一部。厳しい状況が積み重なっています。

長いスパンで見れば、こうした状況は脱炭素化、再エネ化への過渡期の現象かもしれません。

しかし風力発電など、夜間も使える再エネ発電設備の増強がまだ先の今、現状を改善する抜本的な方策はなかなか見つかりません。

2023年1・2月の予備率の予想は、2022年9月の段階で、東北・東京エリアが4.6%でしたが、なんとか確保できました。

今後も、官民を挙げての協力で電力不足を乗り切る必要があります。

●デマンド・レスポンス（DR）の進化を

そんな中で期待されるのが、進化した節電、デマンド・レスポンス(DR) です。

デマンド・レスポンスは、電力供給のレベルを確認し、需要者に通知して、電力消費を調整してもらう手法です。

たとえば、電力がひっ迫しそうな時、お店や工場に連絡して不要な電力をなるべくカットしてもらい、その代わり節約分の電気料金を安くする。また一般家庭にメールで節電要請を送り、節約してもらった分をクーポンやポイントで還元する、といった方法があります。

さらに、工作機器や家電を動かす時間を、電力が不足しがちな夕方から、余力のある昼に変えてもらう「ピークシフト」などの手法も活用されます。

節電だけで、すべての電力不足は解消できません。しかし、AIなどの分析を併用すれば、かなりの効果が上がると期待されています。

夏の暑さ、冬の寒さはますます続き、電力消費が増大していく傾向はまだ続きます。また、節電を呼びかけると、高齢者が積極的に協力してエアコンを止めてしまい、熱中症にかかるなどの弊害も現れてきています。工夫を続けて、なんとか電力不足のない一年を過ごしたいものです。

3 ウクライナ侵攻の電力への影響は!?

●ロシア、ウクライナに軍事侵攻

2022年2月24日、ウクライナ国境付近に軍を置いていたロシアが、全面侵攻を開始しました。両国は、ロシアのウクライナ東部掌握などを経た後、ウクライナが反転攻勢を行うなどの攻防を続けています。戦乱はいまだ収まる気配がありません。

ウクライナ紛争の発生で、世界の資源供給は不安定さを増しました。天然ガス資源の高騰は続き、2022年3月にはLNGのスポット価格は昨年同時期の14倍に。今も高い水準が続いています。

ウクライナ侵攻によって、アメリカ・EUをはじめ日本も、ロシアの侵攻を非難。経済制裁を実行に移しました。経済制裁の内容は、ロシアの要人などの資産凍結やロシア中銀への金融制裁、製品各種の輸出入の禁止など、幅広い分野にわたっています。

中でも電力業界が注視するのは、ロシアの主要輸出品目である石油、天然ガス、石炭などの化石エネルギーの動向です。

日本はロシアから、2021年度で原油3.6%（輸入先の5位）、LNG8.8%（同5位）、石炭11%（同3位）を輸入（図1－2）。比較的大きく頼っています。極端な依存ではありませんが、無くなれば影響はあります。

日本だけではありません。ドイツは2020年度で、石油34%、天然ガス43%、石炭48%をロシアに依存していました。

フランスは天然ガス27%、石炭29%、イタリアは石油11%、天然ガス31%、石炭56%をロシアに依存していました。特に天然ガスは、ヨーロッパの電源構成の約20%を占めますが、その40%がロシア産です。いわば首根っこを押さえられた状態なのです。

●ロシアに対する経済制裁は

ロシアに対する天然資源の輸入禁止は、経済制裁の中でも主だったものです。アメリカは、ロシアからの原油、天然ガス、石炭などのエネルギーを全面的に輸入禁止にしました。

EUでは、ロシアからの石炭を輸入禁止にしました。天然ガスは当面輸入禁止にはしないものの、ロシア依存は2030年までに脱却。2022年末までには、ロシア産天然ガスの消費を3分の2削減するとしています。

石油は段階的に禁輸を進め、2023年末に完全禁輸する予定です。ロシア産エネルギーへの依存が強いヨーロッパにとって、大きな選択です。EUでは、天然ガスのロシア依存脱却の方法として、カタールや米国、エジプトなどからのLNG輸入、アゼルバイジャン、ノルウェーなどからのパイプライン輸入を代替に充てるとしています。

また、イギリスは原油の輸入を2022年6月で完全に停止。天然ガスもロシア依存を減らすことを検討しています。

日本も2022年5月に岸田首相が、ロシア産石油の原則禁輸を表明しました。実態を踏まえて段階的な禁輸を検討していく考えです。

●ロシア側の対抗措置は「サハリン2」国有化

ロシア側でも対抗措置として、ヨーロッパ各国に対しては天然ガスの代金をロシアの通貨「ルーブル」で払うよう通達しました。天然ガスの取引には通常、ドルやユーロが使われます。支払のためルーブルを買わせることで、下落する通貨の価値を支えるもくろみでした。

しかし、ドイツをはじめヨーロッパ各国はルーブル建て払いを拒否しました。そのため、ロシアは天然ガスの供給打ち切りをほのめかせたり、ヨーロッパ向けの基幹パイプラインであるノルドストリームの「検査による」停止を行ったりしました。

■図1-2　我が国の原油・LNG・石炭輸入におけるロシアのシェア（2021年速報値）

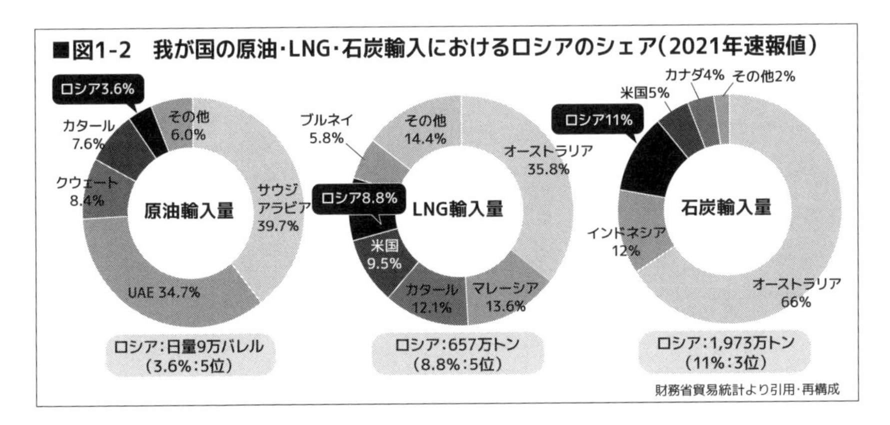

財務省貿易統計より引用・再構成

ノルドストリームでは、2022年にすでに運用されていた1と運用前の2で爆発が発生。現在、使用が停止されています。またロシアは、制裁に参加していない中国やインドにも石油や天然ガスの提供で接近しており、動きは活発です。

一方で日本に対しては、プーチン大統領が、極東のサハリン州で日本が資本参加して進行中の「サハリン2プロジェクト」を国有化することを宣言しました。

ロシアで日本が参画するプログラムは、

・北極海沿岸の「北極 LNG2」(2023年頃開始予定)

・「ヤマル LNG」(2018年生産開始)

・ロシア中部イルクーツク州での「INK-Zapad (原油)」(2016年開始)

・極東サハリン州の「サハリン1 (原油)」(2005年開始)

・同じく「サハリン2 (原油・LNG)」(原油1999年・LNG2009年開始)

と5ヶ所に上ります。

このうちサハリン1・2のプロジェクトは日本に近いこともあり、非常に重要です。サハリン1の原油は、地政学的に不安定な中東に依存しがちな日本にあって、安定供給が保障される重要なプロジェクトです。

我が国では30%の権益を有しています。

サハリン2からは、原油で日産1.2万バレル、天然ガス600万トンを輸入しています。日本の LNG 需要量の9%、電力供給力の3%にあたります。供給が止まれば、電力やガスの需給ひっ迫の危険が日常化するのです。

サハリン2が国有化されても、生産は止まったわけではありませんでした。しかし日本は、電源の40%を LNG に頼っています。

LNG は、短期のスポット調達が難しく、世界的な不足と価格の高騰が続いています。大きな影響は避けられないと見られます。

●戦争が脱炭素化を停滞させる

LNG 価格の高騰など、資源供給の危機が続く現在。特にエネルギーのロシア依存が高いヨーロッパでは、停止予定だった原子力発電所の運転継続を相次いで決めるなど、エネルギー計画の見直しが進んでいます。日本でも、石炭火力発電所の新設や旧式の発電所を再稼働するなど、対策を進めています。

ロシアからの天然ガス禁輸は、世界各国で他国からのLNG輸入の争奪戦を引き起こし、エネルギー価格の高騰や電力の不足を生みました。日本のみならず、世界の電力事情に大きな影響を与えています。

ウクライナ紛争の勃発で、脱炭素化に向けて進んでいた世界の目標は停滞に入ったとも考えられます。戦争の開始で、各国が対応に追われ、腰を据えた脱炭素化に取り組みづらくなっているのです。戦争は、脱炭素化の最大の敵なのかもしれません。

長期化が予想されるウクライナ紛争。安定した資源供給が行われる世界は、また復活するのでしょうか。

4　LNGの国際的な争奪戦に、日本は勝てるか？

●天然ガスとは何？

日本の電力を作るエネルギーの中で、一番多いのが天然ガス。ところが天然ガスの価格が、非常に高くなっています。各国が天然ガスに注目し、壮絶な争奪戦を行っているのです。

天然ガスは、地下から採掘できるガスの総称です。火山のガスも一応含まれますが、一般的には可燃性でエネルギーにできるものを指します。石油や石炭と同じ化石エネルギーで、メタンを主成分にエタンやプロパンを含み、加工されて、都市ガスやプロパンガスの原料となります。欧米などでは、天然ガスは採掘された気体のまま、パイプラインを通じて各国に送られます。日本は海に囲まれた島国であるため、－162度以下に冷やして液状にした「LNG（液化天然ガス）」として船で輸入されます。液状にすると、体積が600分の1になり大量に運べるからです。

天然ガスは、2021年の日本の電源構成で34.4％と、2位の石炭（31.0％）を抑え、堂々の1位を保っています。

●LNGはクリーンで地政学的にも安全

天然ガスが1位なのには理由があります。重要なのは、石炭・石油などの他の化石エネルギーと比べ、温室効果ガスの排出が少ない点です。二酸化炭素の排出量は石炭と比べて57％。硫黄酸化物は0、窒素酸化物も20～37％と低く、煤じんなども多くありません（図1－3）。日本は2050年に向けカーボン・ニュートラルを宣言し、温室効果ガス削減を目指しているので、好適な燃料なのです。EUの執行機関であるヨーロッパ委員会でも、2022年2月に条件つきながら「原子力と並んで天然ガスは脱炭素化に適合したグリーンな資源だ」としました。

第2の理由は、地政学リスクの低さです。天然ガスはほぼ100％輸入ですが、全世界で豊富に産出されるため、輸入元はオーストラリアや東南アジア、カタールなどのアラブ諸国、ロシア、アフリカと多様です。今回のウクライナ紛争のように、1国で戦争が起きて輸入停止にされても、極端には困りません。アラブ諸国からの輸入に偏りがちな石油に比

■図1-3　天然ガスの温室効果ガス排出量(石炭を100%とした場合)

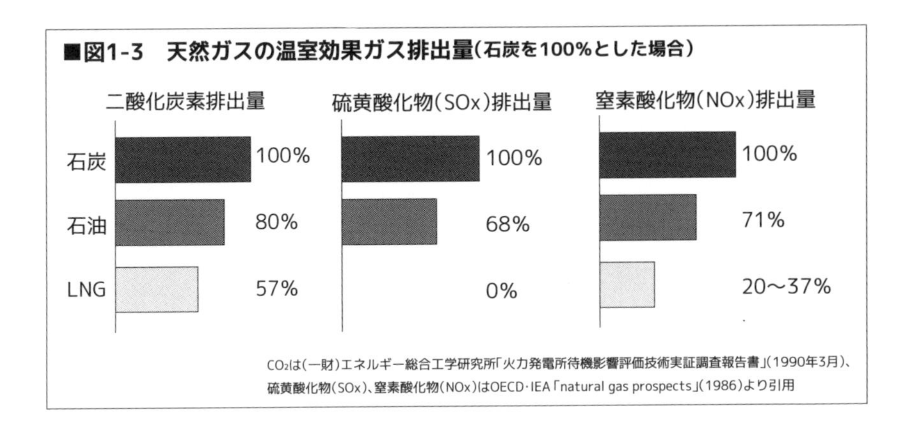

CO_2は(一財)エネルギー総合工学研究所「火力発電所待機影響評価技術実証調査報告書」(1990年3月)、硫黄酸化物(SOx)、窒素酸化物(NOx)はOECD・IEA「natural gas prospects」(1986)より引用

べて大きなメリットです。採掘可能年限は50年程度と石油並みです。

また天然ガスによる発電は、発電量の調整が行いやすい点もメリットです。このように天然ガスは使いやすいため、日本は世界に先がけて目をつけ、世界有数の輸入国となりました。輸入するだけではなく、輸入元の各国がLNG基地を建設するのに多額の投資を行うなど、インフラ整備にも積極的です。

● 天然ガスの人気沸騰

ところが最近、脱炭素化が課題となり、他の国々も天然ガスに注目するようになりました。特に目立つのは中国と韓国です。中国のLNG輸入は、2021年に8,140万トンと、7,500万トンの日本を抜き、世界一に躍り出ました。3位は韓国で4,640万トンです。この3ヶ国で、世界の輸入量の50%以上を占めています。

ここで、2021年の苦い記憶が頭をよぎります。

2021年初めにはさまざまな原因が重なり、LNG不足が深刻化したのです。日本では電力価格が急騰し、大規模停電が発生する一歩手前でした(詳しくは、33ページの「2021年1月に市場連動料金メニューが急激に上昇した理由」をご参照ください)。

LNGは気化するため、長期保存に向きません。日本の備蓄は数週間分しかありません。しかもLNGは独特の長期契約が主流で、急場しのぎで短期のスポット契約をしようにも、入手には時間がかかります。そのスポット価格は、ここのところ急上昇しています。

天然ガスの東アジアのスポット（短期購入）価格であるJKMは、100万Btuあたり2020年春には1.5ドル程度でした（Btuは1ポンドの水を1度F上昇させる熱量。252カロリー程度）。

しかし2021年1月には寒波の影響で需要が急増、32.5ドルに上昇。一度は落ち着いたものの10月には50ドルまで上がり、その後20～30ドル台を行き来。2022年3月のウクライナ危機によるロシアのパイプライン供給停止の懸念により80ドルの最高値を更新。その後も20～40ドル台の高値が続いています。

日本は長期契約でLNGを買っていたため、スポット価格の影響はそこまで受けません。それでも購入価格は2020年春の5ドル台から2021年には10ドル近くに。2022年5月には15ドル台後半まで上がっています。

●世界がLNGの争奪戦を始めた

2022年2月のウクライナ紛争勃発で、LNG争奪戦にさらなる影響が出ました。ヨーロッパ各国は大量の天然ガスをロシアからのパイプラインで供給していました。しかし紛争で、ガスの脱ロシア化が加速。アメリカのメキシコ湾岸で生産される天然ガスに手を伸ばしたのです。もともと、メキシコ湾岸の天然ガスは東アジアの顧客が多く、世界的な争奪戦の様相を呈していました。

ウクライナ紛争は長期化するとの懸念が強く、収まった後も、ヨーロッパ各国の脱ロシア・パイプラインの傾向は続くと思われます。

また、前述したように日本のLNG輸入の9%を占めるロシア・サハリン州の「サハリン2」もロシアが国有化を宣言し、日本の締め出しをほのめかしました。停止とはなりませんでしたが、実際に問題が発生した場合、日本は大きな痛手を受けます。

経済産業省の予測では、今後、脱炭素などの進展による投資の減少で、世界のLNG供給余力は低下。一方でヨーロッパではロシア・パイプラインの供給減少で、LNG輸入を拡大する見通しです。

このままいくと2025年には、世界の供給余力は1ヶ月あたり760万トン不足すると思われます（図1－4）。なんと、日本の1ヶ月分の輸入量とほぼ同じ分です（ロシア・パイプラインの供給がゼロになった場合）。

では、今後日本はどうやってLNGを調達すればよいのでしょうか。日本政府では、オーストラリアやマレーシア、アメリカなどの産ガス国に天然ガスの安定供給をはかるよう、働きかけを行うとしています。

しかし、2021年末には主要な輸入先であるカタールとの大型長期契約を更新せず、打ち切りました。脱炭素化が進み、ゆくゆくはLNGの需要が減るという考えでした。ところがウクライナ侵攻など突発的事態でエネルギー不足が深刻化。オマーンとのLNG契約を結ぶなど、資源量確保に奔走しています。

2022年以降は、ヨーロッパのLNG輸入量は1億トンを超えます。これは、中国・日本・韓国を足したより多い量です。

LNGプレイヤーの増加で、LNG争奪戦はますます激化の一途をたどっています。2022年冬が暖かかったこともあり、2023年初頭段階ではLNG価格は若干の落ち着きを見せています。今後は官民を挙げた対処策の実行が重要です。

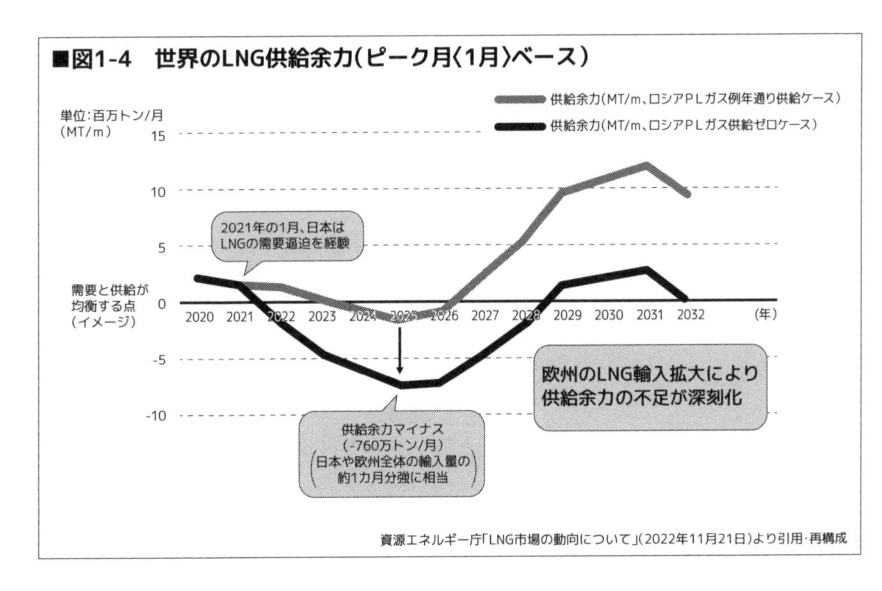

5 それでも「温室効果ガス46%削減」は実現できるか？

「2030年までに温室効果ガス46%削減」を発表

2021年4月、「気候サミット」が開かれました。アメリカ合衆国のバイデン大統領の呼びかけで、世界40ヶ国の首脳が、気候変動の原因となる温室効果ガスの削減目標を話し合ったのです。

議長国アメリカは、2030年までに2005年比で二酸化炭素排出量を50～52%削減すると発表しました。カナダは同じく2030年までに2005年比で40～45%削減、EUは1990年比で55%削減、イギリスは2035年までに1990年比で78%削減と、それぞれにハイレベルな目標を掲げました。

日本も「2030年までに2013年比で温室効果ガスの排出を46%削減し、さらに50%の高みを目指す」という目標を表明しました。パリ協定で示した26%削減に比べ、20%の上乗せです。

そして2050年までに、アメリカやEUと同じく日本も温室効果ガスの排出を実質ゼロとする「カーボン・ニュートラル」を達成するとしました。温室効果ガス削減目標は、電力業界にも大きな影響があります。なぜなら、温室効果ガス排出量のうち、電力の割合は4割を超えるからです。

温室効果ガス46%削減の具体的な中身は

では、具体的な温室効果ガス削減目標の中身を見てみましょう。2021年10月には「第6次エネルギー基本計画」が発表され、気候サミットでの宣言を受けた具体的な目標が示されました。

2021年度に策定された目標では、2030年度の電力需要を、徹底した省エネを行うことにより、8,640億kWhに抑制。総発電電力量は9,340億kWh程度を見込みます。2019年の発電電力量が約9,920億kWhでしたので、2030年の電力需要と比べてみれば、発電電力量で約6%、電力需要で約13%の削減となります。

電源構成としては、再生可能エネルギーが36～38%、原子力は20～

22%、火力では40%程度を見込みます。火力の内訳はLNG20%程度、石炭19%程度、石油は2%です。また、水素・アンモニアの新原料で1%程度をまかなうことが期待されています（図1－5）。

再生可能エネルギーについては、発電量の合計を3,130億kWhにする目標です。2019年度が約1,840億kWhでしたので、倍近くに増やすことになります。さらにもう一段の施策強化が実現した場合、野心的な数値として、3,360～3,530億kWhを目指すとしています。

2020年度の電源構成は水力を含めた再エネの比率が19%、化石エネルギーが75%程度でした。10年で達成する目標のハードルがいかに高いか、実感できるかと思います。

● 資源リスクの高い今こそ脱炭素への道を

削減目標の実現のためには、まだまだ難問が横たわっています。

再エネの比率を増すには、太陽光や風力発電のより一層の導入が必要ですが、まだ設備の建設が追いついていません。太陽光発電は地球温暖化対策推進法の改正で、手続きの簡素化を行い、大規模な設備の導入を加速させる予定です。また、新築住宅の屋根への太陽光パネルの設置促進を進める予定です。

たとえば東京都では、新築一戸建住宅の屋根への太陽光パネル設置義務化を進めています。2025年度4月から施行する予定です。他の自治体でも、東京都に追随するところが現れると思われます。

発電電力量1MW以上のメガソーラー（大規模太陽光発電所）も各地で建設が進んでいます。しかし、建設するために大規模な森林伐採や土地造成が行われるなどの環境問題も一部で発生しています。条例で、新たなメガソーラーの建設に制限をかける自治体も現れています。

風力発電は、海上に風車を設置する「洋上風力発電」が秋田沖などで、徐々に稼働をスタートさせました。今後が楽しみですが、ヨーロッパなどに比べて発電規模が小さく、追いつくのはまだ先。設置が本格化するのは2030年以降になるでしょう。

その一方で、一部自治体では陸上の風車が、景観を損なったり、採算性や安全性の面で問題があるとしたり、低周波の発生による健康被害を起こす可能性があるという理由で、建設を議会が否決する例も現れてきました。脱炭素化の負の側面も、今後は注視されそうです。

さらに最近では、世界的な天然ガス需要の高まりによる燃料費の高騰や、危機ともいえる電力の不足など、「脱炭素」の影が薄くなるほどのエネルギー問題が山積しています。

こんな時代でも、脱炭素化は進めなければなりません。地球温暖化は今も進んでおり、待ってはくれないからです。

ウクライナ紛争を理由に、資源供給拒否をちらつかせるロシアなどを逆にバネにして、地政学リスクの少ない再エネへと大胆に舵を切る戦略が、日本には必要となるのかもしれません。

■図1-5　2030年度の電力需要と電源構成

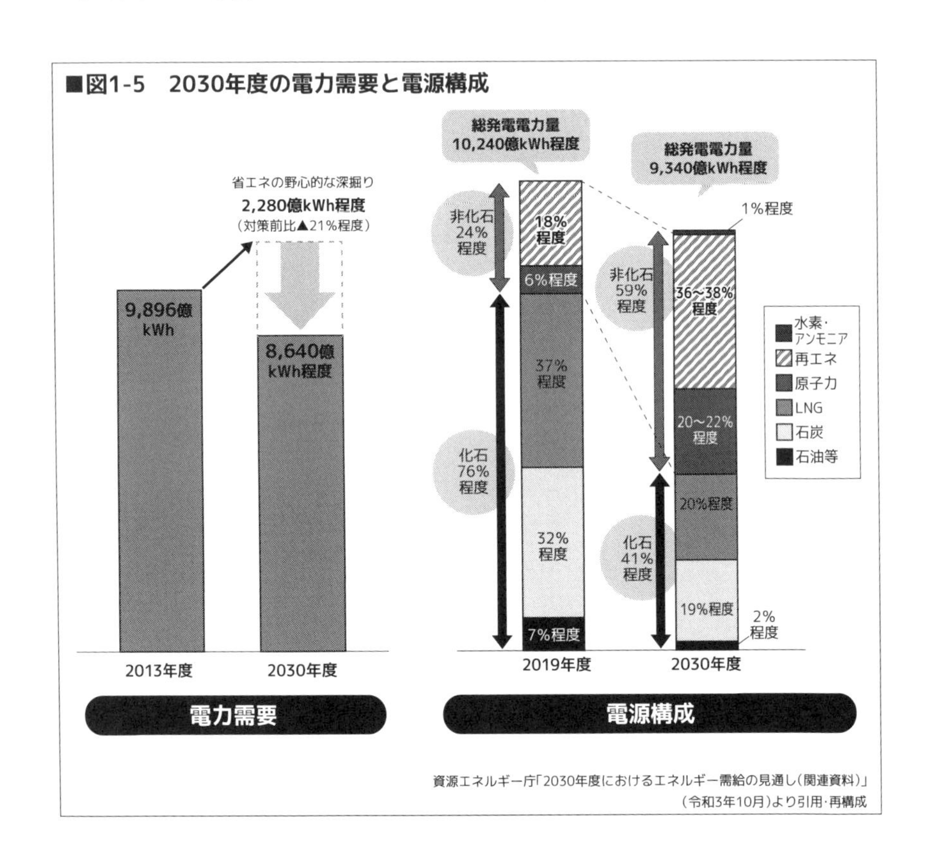

資源エネルギー庁「2030年度におけるエネルギー需給の見通し（関連資料）」（令和3年10月）より引用・再構成

6 再エネの真の主役「風力発電」の進展は？

● ヨーロッパ中心に広がる風力発電

「再生可能エネルギー」(再エネ) とは、太陽光や風力、水力、地熱、バイオマス発電などのこと。石炭や石油などの化石燃料と違って温室効果ガスを排出しない(もしくは非常に少ない)、環境に優しいエネルギーです。日本でも積極的な導入が進んでいます。

再エネというと、多くの人は真っ先に「太陽光発電」をイメージするでしょう。実際に日本でも、水力を除くと、再エネの発電量では太陽光発電が一番多くなっています。

しかし、再エネ発電の主役は必ずしも太陽光ではありません。最近では、ヨーロッパを中心に「風力発電」が増えているのです。

デンマークでは、2019年に風力発電が全発電量の55%に到達。イギリスでも2022年段階で20%を超え、風力が再エネの中で最大の発電量となっています。

特に、海の上に風車を設置する「洋上風力発電」の建設が盛んです。イギリスなどヨーロッパ各国では、北海沿岸に強風が吹く遠浅の海が広がり、風力発電に適した環境が整っているからです。

洋上風力発電所は、大規模になるほど低コストになります。また、工期が1年から数年と短いのも長所です。イギリスでは世界最大級の発電所を次々に建設しているためコストが下がり、1kWh の発電コストが10円以下と、化石燃料に劣らないケースも現れています。

● 日本は洋上風力には向かない？

では、日本はどうなのでしょうか。

日本は島国なので海岸線が長く、排他的経済水域も広いため、洋上風力発電向きとされます。ただし、水深50m 未満の浅い海が少ないので、海底に固定する方式の風車が建てにくく、発電機の設置コストが高くなる難点があります。

洋上風力発電所を設置するための法律も整っていませんでした。風力発電所を建てて運用するためには、海を数十年間占有する法のしくみが必要です。しかし海の占用許可は、各都道府県が条例で定めているだけで、期間も3～5年と短かったのです。漁業関係者などとの利害の調整も必要でした。

●洋上風力を推進するための準備が急ピッチで

ただ最近では、状況が大きく動いています。

日本は、2050年に再エネを発電の主力にする目標を立てています。

洋上風力発電は、その「主力電源化の切り札」とされたのです。

日本では、2030年までに洋上風力発電の導入量を1,000万kW（認定ベース）、2040年には3,000万～4,500万kWに増やす計画です。2021年の風力発電全体の導入量が458.1万kWですから、あと9年間でその2倍強を洋上に導入することになります。

そこで、2019年4月に「再エネ海域利用法」が施行されました。

この法律は、洋上風力発電を導入する「促進区域」を定め、事業者の選定と計画を行うという法律です。

海域の占用に関するルールを定め、漁業関係者などとの利害を調整するために作られました。指定された区域は、事業者が最大30年間の占用を許可されます。

法律にもとづき、2022年9月段階で、秋田や千葉、長崎県の国内5ヶ所が促進地域に、7ヶ所が有望な地域に、11ヶ所が一定の準備段階に進んでいる区域に定められました（図1－6）。今後、促進区域は30ヶ所まで増やされる予定です。促進地域の選定に合わせ、民間資本による洋上風力発電所の計画も、急ピッチで進んでいます。

2021年12月には秋田県沖などの公募入札が行われ、三菱商事などが落札しました。長崎県五島市沖では2022年に浮体式施設が着工し、2024年1月には運転開始予定。福岡県響灘沖では2023年3月着工、2025年度に運転開始を予定。秋田県由利本庄市沖では、2026年に着工開始、2030年には運転を開始する予定です。

また、再エネ海域利用法に則ってはいませんが、秋田県能代港と秋田港でも大型風力発電が2022年度中に運転を開始しました。風力発電は着々とその準備を進めているのです。

1 2 3 4 5 6 7 8 9 10 用語集 索引

●課題は多いが経済効果は10兆円

一方で、課題も残されています。日本近海は浅瀬が少なく、ブイのような浮体式の風力発電設備も多くなると見られます。しかし浮体式は世界的にも実績がまだ多くありません。また、日本近海は台風がよく来襲するため、風車に相当な強度が必要となります。そのため、ヨーロッパの風車より建設費が割高になります。さらに風力発電所の完成と同時に、電力系統（送配電などの電力ネットワーク）の容量も増やす必要があります。現状では、風力発電に適した土地は北海道や東北の日本海側に集中しており、十分な送電ができるだけの系統整備が進んでいないからです。

課題も多い風力発電ですが、建設による経済効果は10兆円とも15兆円ともいわれ、大きな期待が寄せられています。

■図1-6　洋上風力発電の促進区域と有望な区域

国土交通省・経済産業省「洋上風力政策について」（令和4年2月）より再構成

7 電気料金はどこまで高くなる？

電気料金の上昇と激変緩和措置

電気料金の上昇が続いています。皆さんも実感として、そう思われているでしょう。

東京電力エナジーパートナーによると、2023年2月分の平均モデル（従量電灯B・30アンペア、使用電力量260kWh/月の場合）の電気料金は9,126円（激変緩和措置反映前）。前2022年8月分とほぼ並び、過去10年の最高となりました。過去の最高値で目立つのは2014年の8,509円でしたので、それをはるかに超えています。

2022年冬には「昨年より使用量を減らしているのに、電気料金がぐんと上がった」「一般家庭なのに、見たことのない金額になっている」と需要家（一般消費者）から悲鳴が上がりました。

電気料金は、2011年の震災以降、実は値上がりを続けてきました。2014年から16年までは、アメリカでシェールガスの生産が増えたなどの理由で原油価格が下がり、近年は横ばい状態が続いてきました。しかし、2021年以降、燃料費の高騰から再び上昇傾向となっています。

大手電力各社は、2022年11月に規制料金（従量電灯Bなど）の値上げを申請しました。東北、北陸、中国、四国、沖縄各電力は2023年4月から、北海道電力、東京電力エナジーパートナーは同6月から、28～45％の値上げです。

あまりの高騰に、政府では2023年2月から10月分まで（2023年1月から9月の使用分について）「激変緩和措置」の一環として、電気料金の補助を行うことを決め、実施しました。家庭用で使用電力1kWhあたり7円、企業で3.5円。平均家庭なら2,000円程度の値下げです。

さらに政府では、「厳密な審査が必要」との言葉で、値上げ申請の先送りを指示しました。値上げ時期は6月にずれました。

2021年から2022年にかけての上昇

電気料金が最近、値上がりしている理由は、LNG・石油などの燃料価格が高くなり、「燃料費調整額」が上昇したためです。

では、燃料費調整額とは何でしょうか。詳細は108ページを見ていただきたいのですが、石油・石炭・LNG（液化天然ガス）という化石エネルギーの輸入価格に合わせて料金を調整する仕組みです。輸入額が大きくなるほど上昇します。

燃料費調整額は、2021年10月からプラスに転じ、2022年4月にはこれ以上はない上限価格に達しました。さらに再生可能エネルギー発電促進賦課金の上昇も加わり、電気料金が非常に高くなりました。

また、2021年夏以降、コロナ禍から世界的に経済が回復しはじめ、電力需要が増加。さらに、2022年2月からのロシアのウクライナ侵攻で、ヨーロッパ各国がロシアからの天然ガス輸入に制限をかけたため、価格がもう一段上昇する結果となりました。

こうした燃料費の高騰によって、発電コストが上昇しました。先の燃料費調整額は、上限価格が東北電力を例にとれば47,000円程度で計算されていましたが、算出された平均燃料価格は80,000円を超えていました。倍程度になったわけです。コスト増に耐えられず、大手電力各社が規制料金の改正を、政府に申し出たのです。

● 今後の影響は？

今後の電力価格はどうなるでしょうか。

大手電力各社の値上げ申請は、再審査が行われ、ある程度の減額が行われました。提出時期の2022年11月に比べ、やや円安になって輸入価格が下がり、LNGなどの価格も落ち着きつつあるからです。

電気料金は1年のうち、夏・冬が高く、5～7月がもっとも低い傾向にあります。値上げ時期が当初の4月から6月に伸びると、それだけ需要家の負担は軽くなるわけです。そこには政府の、急速な値上げは国民感情を刺激するため避けたい、という意識も感じられます。

ただ、現在の燃料費上昇の根本的な理由の一つ、ウクライナ紛争はまだ収まりそうにはありません。欧米や日本が制裁のため、ロシアからの天然ガス・石油輸入を制限・禁止し、代わりの資源を奪い合うために、エネルギー価格が上昇するという構図は続くでしょう。

また、中国がゼロコロナ政策を修正したために起きる資源の需要増も影響しそうです。

燃料価格はしばらく高止まりが続くと思われます。

また、政府では原子力発電所の再稼働や運転期間の延長、さらには次世代原子炉の新増設を検討するなど、再度の原子力活用を進めていく方針です。2023年の夏以降、原発7基の再稼働が追加で行われる目標です。

原発の利用については賛否があるものの、再稼働が進めば、ある程度、電力供給が安定し、料金も落ち着いてくると思われます。

電気料金については、値上げが実施された後の2023年の夏、また消費量がピークを迎える冬が正念場と思われます。激変緩和措置は、2023年10月分までとなっており、その先は決まっていません。

その時までに、電気料金の高騰を防ぐ好材料は揃うのでしょうか。政府は、激変緩和措置などで、できるだけ値上げ時期を先延ばしし、粘りをみせようとしています。

電気料金は、ほぼすべての産業に影響があるため、値上げが物価高に直に結びつくからです。2022年から2023年の冬は、世界的な暖冬もあり、極端な危機は回避されたようです。ただ、2023年から2024年の冬に向けて、電気料金は厳しい状況を迎えます。極端な値上げに陥らないよう、脱ロシアの世界的な燃料供給ネットワーク作りも含めた、努力が必要とされるのではないでしょうか。

1
2
3
4
5
6
7
8
9
10
用語集
索引

◇コラム◇

2021 年 1 月に市場連動料金メニューが急激に上昇した理由

2021 年 1 月、電気料金の急激な上昇が大きな話題になりました。電力取引市場、日本卸電力取引所（JEPX）の電力スポット価格が、2021 年 1 月 15 日に最高値の 251 円 /kWh まで値上がりしたのです（図 1 － 7）。平常は 10 円 /kWh 程度の日も多いですが、実に 25 倍になりました。

2021 年初めは、東アジア全体に強烈な寒波が到来し、電気の需要が高まっていました。その上、日照不足で太陽光発電の能力が低下していたのです。

さらに発電の主力である LNG の輸入が、中国など東アジア各国の需要増や、世界の供給基地の相次ぐ事故で滞りました。コロナ検査の影響で、パナマ運河で運搬船が渋滞して運航が遅れたこと（通行できるのは 1 日 2 隻まで）も原因の一つです。在庫が減ったために、LNG 火力発電所の稼働が抑制され、発電量が不足しました。また、石炭火力発電所が、地震の影響で停止していたなどの悪条件も重なりました。

これで困ったのは、「市場連動型価格」を電気料金メニューとして契約していた需要者（一般の契約者）です。市場連動型は、JEPX が発表する 30 分ごとの電力価格によって料金が変わる方式。もとは太陽光発電による夏季の電力価格低下などによって、電気料金が下がるというのが売りのメニューでした。市場連動料金メニューを採用した需要者は、実に 80 万件あったということです。

ところが、2021 年の電力価格高騰によって、料金は実に 5 倍も上昇しました。普通の規制料金だった場合、月々 1 万円程度だった電気料金が、5 万円以上にハネ上がったのです。市場連動型料金の格安メリットは一気になくなり、あわてた需要家がメニューの切替を急ぐ、という姿が見られました。また、市場連動型メニューを採用している電力会社は、上限料金を設定し、負担増分を肩代わりするなど対応に追われました。

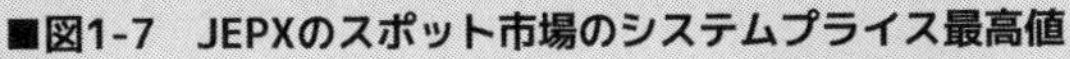

■図1-7　JEPXのスポット市場のシステムプライス最高値

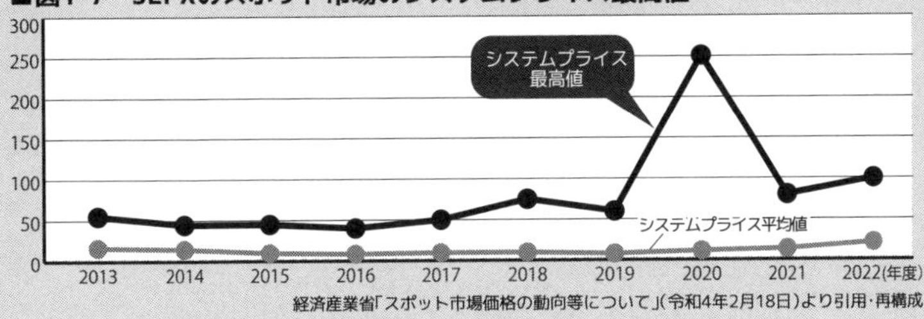

経済産業省「スポット市場価格の動向等について」(令和4年2月18日)より引用・再構成

8 送電のムダをなくせ！「日本版コネクト＆マネージ」から「再給電方式」へ

●日本の送電設備の制約とは

「系統接続」という言葉を聞かれたことがあるでしょうか。電力の「系統」とは発電から送電・配電にいたる電力システム全般のことです。「送電線ネットワーク」をイメージするといいでしょう。系統接続は、発電した電気を送電線に流すために、電力系統に接続することです。

この系統接続には、ちょっと面倒なルール（系統制約）があり、再エネ関連の送電で問題が発生していました。そこで「系統制約」をなくそうとルール改正や改善が行われています。

その一つが「日本版コネクト＆マネージ」です。さらに2022年12月からは、メリットオーダーによる「再給電方式」がスタートしました。

●日本版コネクト＆マネージとは

「コネクト（接続して）＆マネージ（管理する）」は、イギリスなどで行われた系統管理の手法を、日本に持ち込んだものです。

送電線の制約には、以下のようなものがあります。

・系統の容量の半分は、災害時などの緊急送電のために空けておく（N-1基準）。
・系統接続は、発電事業者の先着順に契約される。
・契約容量は「定格出力」、つまり発電できる最大限で設定される。

要するに、送電線の半分は使えず、先に契約した発電事業者が自分の発電できるいっぱいまで送電線を確保できるのです。

これまでの系統は、旧来の火力発電所や原子力発電所などの契約が多くを占めていました。新たに参入した発電者は、（現実的には結構空いていても）系統の空きがなく、送電契約しようと思ってもできませんでした。実際は系統の10％程度しか使われていないのに、新規参入した発電者は送電できない、という状況だったのです。

新たに系統の送電容量を増強するには、非常にお金と期間がかかります。新規参入した発電者の多くは、再エネの小規模発電事業者です。系

■図1-8　日本版コネクト＆マネージ

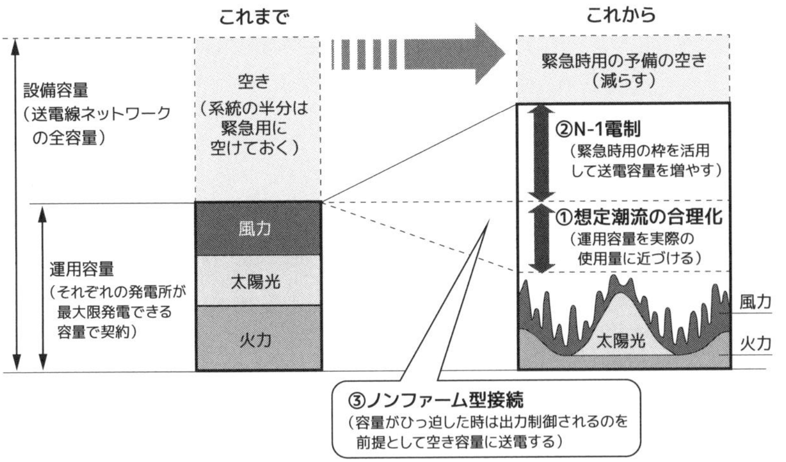

資源エネルギー庁「再生可能エネルギー大量導入・次世代電力ネットワーク 小委員会中間整理（第２次）での系統問題対策に関する事項の検討」（2019年2月25日）より再構成

統制約のおかげで、再エネ発電者が締め出されていました。

そこで政府では、系統制約の早急な解消のため、今ある電力系統を有効に使うためのルール改正、「日本版コネクト＆マネージ」を行うことに決めたのです。

● 日本版コネクト＆マネージの３つの方法

「日本版コネクト＆マネージ」には3つの方法があります（図1－8）。

（1）「想定潮流の合理化」

（2）「N-1 電制」

（3）「ノンファーム型接続」

（1）「想定潮流の合理化」

「想定潮流の合理化」とは、送電される容量を、より現実的なものに見直し、送電線の空きを作ろう、というものです。

これまでは、すべての発電事業者が、発電できる最大限（定格出力）で契約していました。しかし今後は、ピーク時間や通常の発電量などを考慮して、契約容量を決めます。太陽光発電や風力発電は、それぞれの発電量のピーク時間などが違うため、より効率的に送電線の空きを埋めることができます。2018年から全国で運用されています。

(2)「N-1電制」

複数(N)ある設備のうち、一つが故障することを「N-1故障」といいます。送電線の多くは1回線が故障しても、残りの1回線で送電できるよう、2回線以上を持っています。「N-1電制(電源制御)」は、緊急時の予備に空けられていた送電線の残り2分の1を使うというものです。ただし、緊急時には即時遮断するという条件です。2018年から部分的に開始され、2022年7月から本格運用されました。

(3)「ノンファーム型接続」

発電するのに必要な容量が確保されている系統接続を「ファーム型接続」といいます。「ノンファーム型接続」は、接続する容量を決めずに、その時のファーム型接続分の容量を見て、空きがあれば再エネ電源などの接続を行うものです。(それまでは、送電容量が超過すると思われる場合は、そもそも接続が許可されませんでした。)

ノンファーム型では、送電線が混んだ時に、出力制御が行われます。そのため、空き容量が少ない場合は、緊急時でなくても遮断が行われる可能性があります。2019年から試験運用が行われた後、2021年1月から、全国の空きのない基幹系統でスタートしました。

日本版コネクト＆マネージでの容量拡大は(1)「想定潮流の合理化」で590万kW、(2)の「N-1電制」で4,040万kW程度。(3)の「ノンファーム型接続」では、空き容量はより大きくなると考えられます。

●「再給電方式」とは

再給電方式は、2022年12月から開始された系統接続の方法です。これまでは、先に契約した電源が優先的に容量を確保できる「先着優先」でした。今後は「メリットオーダー」方式になり、混雑が発生した場合は、燃料費などの運転コストが低い電源から順に稼働させるようになります。逆にいえば、運転コストの高い調整電源が出力制御されます。

再エネなどの新規電源の接続は、原則制限されません。再給電方式は、系統の運用を行う一般送配電事業者が行います。ノンファーム型接続との併用です。将来的には、市場の中で安く落札された電源から送電線を利用する「市場主導型」のメリットオーダーも検討されています。

● 系統の増強も進んでいる

系統の増強も計画されています（図1－9）。北海道・本州間は、いずれ海底直流送電線で現在の90万kWに加え600万kWを新設。

東北・東京エリアは各6,500億円以上をかけて増強、東京・中部間のFC（周波数変換設備）も270万kW増強。西日本でも各エリアで数千億円単位の増強計画が立てられつつあります。

今後、新たな発電事業の進展で、生まれ変わろうとする電源ネットワーク。この10年で日本はその姿を大きく変えるかもしれません。

■図1-9　系統の増強計画

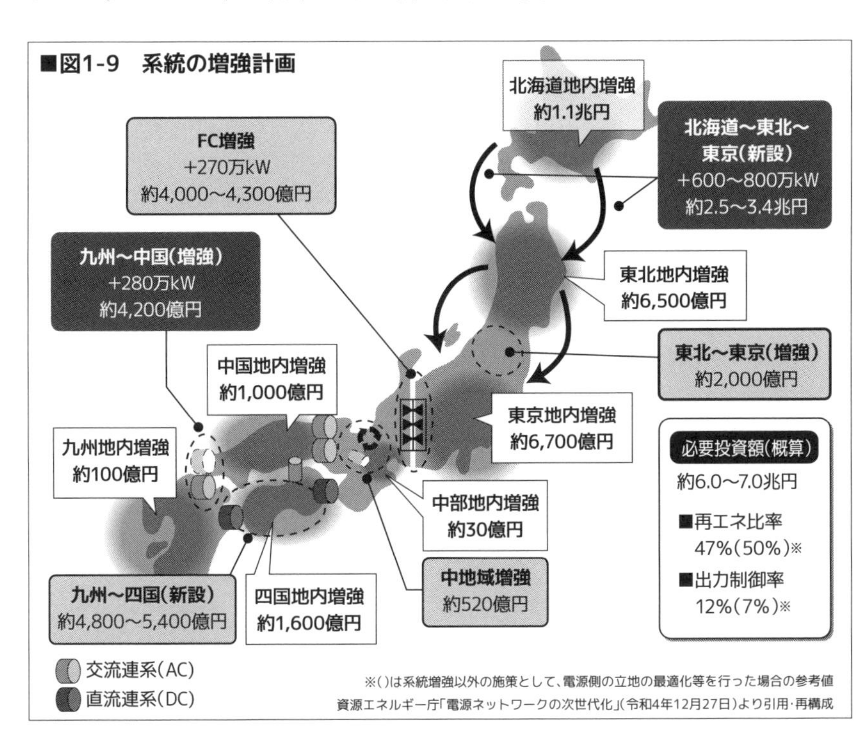

※( )は系統増強以外の施策として、電源側の立地の最適化等を行った場合の参考値
資源エネルギー庁「電源ネットワークの次世代化」(令和4年12月27日)より引用・再構成

9 「FIT」に代わり、2022年4月から「FIP制度」がスタート

●FIT（固定価格買取）制度が変わる

太陽光などの再生可能エネルギーで作った電力を、電力会社が市場価格より高く買う「FIT（固定価格買取制度）」。2009年から事実上開始され、再エネで作った電力を売る発電者が、非常に増えました。

この制度が変わろうとしています。新たに登場したのは「FIP（フィード・イン・プレミアム）制度」。電力を市場で売れば、売った分だけ補助金を上乗せしてくれる制度です。

FITは一般送配電事業者による全量買い取りが義務でしたが、FIPでは、いくら売電するかは自由。売電した分だけ儲かる仕組みです（図1－10）。

再エネで発電した電力がすべてFIP制度で取引されるわけではありません。太陽光発電なら（2023年度）、家庭用など発電容量50kW未満の設備はこれまで通りFIT制度が適用され、50～1,000kW未満はFITかFIPの選択制。1,000kW以上はすべてFIPの適用を受けます。

■図1-10　FIP制度の概要

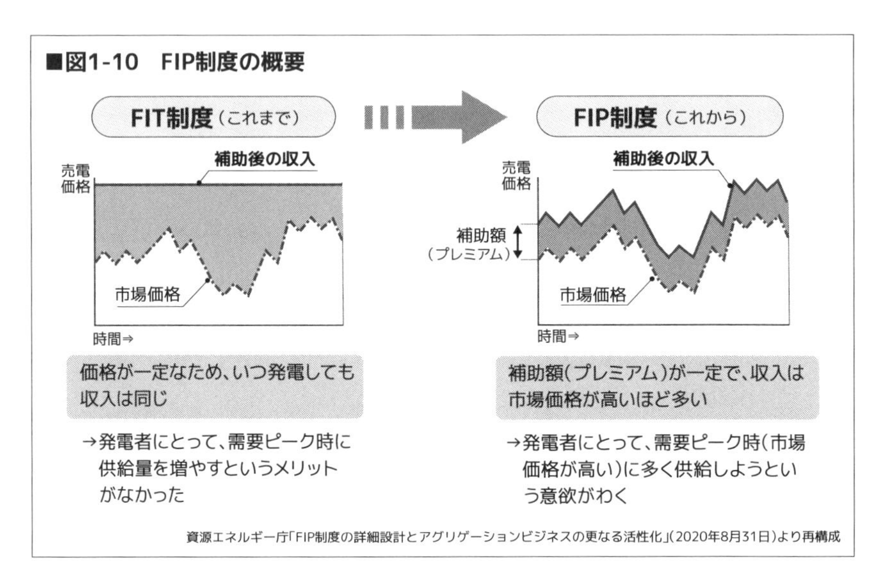

資源エネルギー庁「FIP制度の詳細設計とアグリゲーションビジネスの更なる活性化」（2020年8月31日）より再構成

● FIP制度とは

FIP制度とは、どんな制度なのでしょうか。FIT制度では、いつどの時間帯でも売電価格は同一で、全量が買い取られます。一方FIPでは、電力市場（日本卸電力取引所）で売買するか、小売電気事業者との相対取引で発電事業者が電力を売ります。全量販売する必要はありません。

FIT制度では、電力会社が再エネ電気を買い取る場合の「調達価格」（1kWhの単価）が定められていました。

FIP制度では、これに代わる「基準価格」と「参照価格」が定められます。基準価格は「再エネの電力が効率的に供給される場合に、必要とされる費用の見込み額をもとに定められるもの」。FIT制度の調達価格にあたり、当面は調達価格と同水準にすることになっています（図1－11）。

参照価格は、市場取引などにより発電事業者が期待できる収入です。参照価格は市場価格に連動し、1ヶ月ごとに見直されます。

FIPを行う発電事業者は、基準価格から参照価格を引いた「プレミアム」を補助金として受け取ります。すなわち、

プレミアムも、市場価格の変動により、毎月更新されます。

● 参照価格の決め方

では、参照価格はどのように決まるのでしょうか。参照価格は、

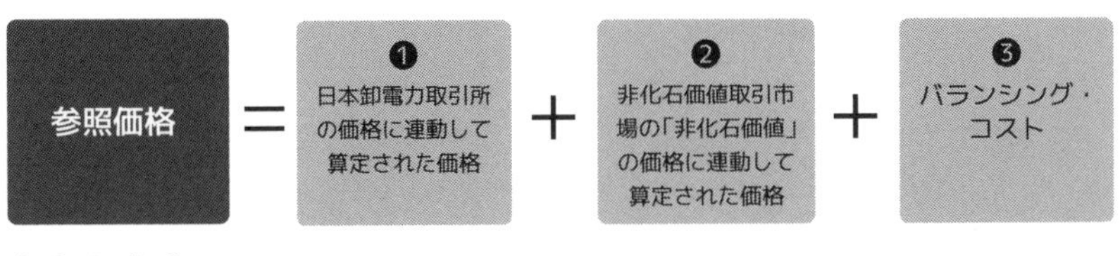

となります。

(1) は、日本卸電力取引所（JEPX）で取引される電力の価格です。

(2) 再エネで作る電力は、電力の価値そのものに加えて、非化石エネルギーで電力を作る価値「非化石価値」を持っています。「非化石価値」は非化石価値取引市場で証書として取引されており、価格を持っていま

す。その収益がプラスされます。

(3) FIP 制度では、発電事業者は発電する見込み量「計画値」を提出し、実際に発電した「実績値」と合わせる必要があります。これを「バランシング」といい、計画値と実績値で差(インバランス)が出た場合は、差の分の費用を払わなければなりません。これは、通常の発電事業者が行っていることです。FIT 制度ではインバランス料金は免除されていました。

FIP 制度では、発電事業者はインバランス料金を払う必要があります。しかし、インバランス料金を払うのは大変ですので、FIP 制度では、プレミアムの一部として「バランシング・コスト」という手当が出ます。バランシング・コストは、年度を重ねるにつれ漸減していく予定です。

● 再エネ事業の自立を促す FIP 制度

FIP 制度では FIT 制度と違って、電力会社の買取義務もなくなります。発電事業者は効率化やコスト削減の努力を行い、再エネ事業を事業として成り立たせ、洗練させていくことが必要とされます。

また、巨額になりがちだった「FIT 賦課金」を抑える効果もあります。

FIP 制度は、再エネ事業の自立をはかるものです。厳しい経営状況も散見される再エネ事業ですが、事業者にはより一層のアイディアとビジネスモデルの構築が必要となります。

■図1-11　FIP制度の価格の決め方

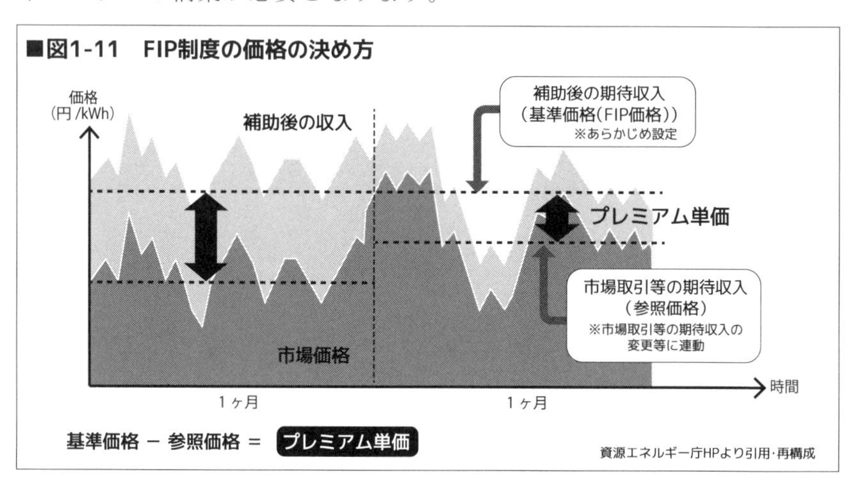

10／今の主力、「石炭火力発電」が廃止される？

●石炭火力は世界的に廃止の動き

2022年6月、ドイツで開催された先進7カ国首脳会議（G7）で、石炭火力発電所の「段階的廃止」が声明に盛り込まれました。G7に先がけて行われた気候・エネルギー・環境相会議では、「2030年まで」と期限も議論されました。しかし日本の反対やウクライナ侵攻の影響で、明記は避けられました。石炭火力の廃止は、世界的な流れです。

日本では、発電量の多くを石炭や天然ガスなどの化石エネルギーによる火力発電でまかなっています。中でも石炭火力は、東日本大震災以来、停止した原発を補う形で日本の発電の主力を担ってきました。

ところが、石炭火力は天然ガスや、太陽光などの再生可能エネルギーの発電に比べ、二酸化炭素など温室効果ガスの排出量が多いのです。

大手投資家や金融機関も、石炭火力発電所の建設に対して投資を止める「ダイベストメント」を進めています。気候変動に厳しい目を向け、石炭には金を出さないというのです。イギリスでは2024年に実質廃止、石炭への依存度が大きいドイツでも2030年までに全廃する目標です。

●日本でも旧式の石炭火力の9割が廃止

日本でも2020年7月に、温室効果ガス排出量の多い旧式の石炭火力発電所を、2030年度までに段階的に休廃止することが発表されました。

低効率の石炭火力発電所は、国内の全140基のうち、亜臨界圧方式（Sub-C）と、超臨界圧方式（SC）の114基と合計8割に及びます。そのうち約9割が休廃止されると見られています。一方、効率が良く温室効果ガスの排出量が少ない「超々臨界圧方式（USC）」などは残す方針です。

●実際の廃止には難問も

日本の電源構成は、天然ガスに次いで石炭が31.0%。実に3分の1弱が石炭火力です（2021年度）。これだけ依存していて、簡単に石炭火力を廃止できるのでしょうか。

日本では脱炭素化への道のりとして、2030年度には石炭火力を全電源の19%に下げる目標を立てています。代わりに再エネや原子力など非化石エネルギーによる発電を増やす予定です。

ただし、太陽光や風力が中心の再エネ発電は、日照や風の強さによって発電量が増減する弱点があります。再エネの発電量が減った場合のバックアップとして石炭火力が必要だという声もあります。

現実に、夏場・冬場の電力不足に見舞われている近年は、休止中の石炭火力を再稼働させてギリギリ停電を回避することもありました。

同じ化石エネルギーで温室効果ガス排出量の少ない天然ガスは、世界的な争奪戦の影響で価格が上昇しています。石炭火力の廃止は、そう簡単にできるのか疑問です。

●エリア別では、北海道・東北・北陸・沖縄に大きな影響が

石炭火力の休廃止に対する影響は、エリア間でも差があります。

石炭火力発電所の比率には地域差があります。全発電量に対して、東京・中部エリア21%、関西17%と大都市圏が低い反面、北海道42%、東北・北陸・中国は36～41%、沖縄は65%にもなります（図1－12）。

北海道・東北・北陸・沖縄は石炭への依存度が高く、しかも旧式の石炭火力が主力のエリアも残っています。政府では、沖縄エリアなど非効率な石炭火力の比率が高い地域には配慮を検討する、としています。

脱炭素化の達成には廃止を進めることが必須です。高いハードルをどうやって乗り越えるか、今後の政府の対応に注目です。

■図1-12　各電力会社における石炭火力の比率（2021年度）

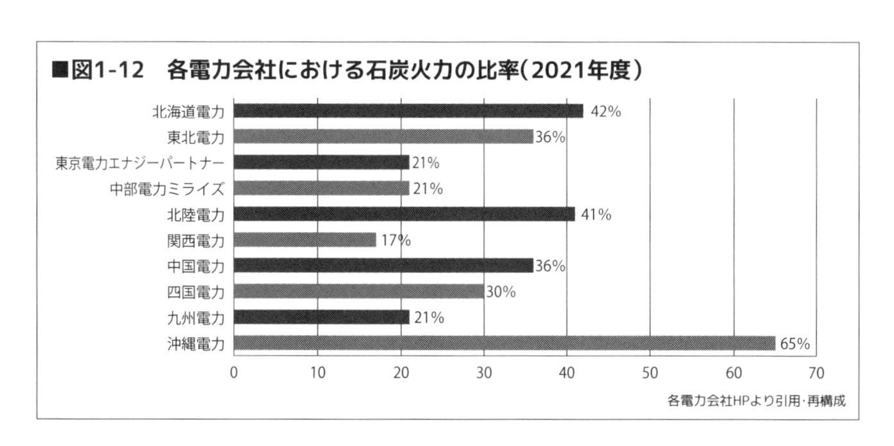

各電力会社HPより引用・再構成

11 スマートメーターで変わる生活

● スマートメーターで電力計測が変わった

あなたの家では、電気のメーターが「スマートメーター」に切り替わったでしょうか。日本国内では一部地域を除き、2023年末までには従来のアナログ式電気メーターからスマートメーターへの交換が行われます。また、大手電力会社から新電力へ切り替えたなら、必ずスマートメーターへの交換が行われます。工事費は無料。工事時間は30分ほどで済み、電気が止まることもありません。

スマートメーターは、意外に一般の人に知られていません。非常に静かに迅速に置き換わっているからです。

● スマートメーターとは

スマートメーターとは、電力を自動で検針するデジタルメーターです。メーターが自動計測した使用電力量を、30分ごとに電力会社に自動送信し、正確に記録してくれます。

今までの電気メーターは、アナログ式の誘導型電力量計でした。アナログ式では、月1回、検針員が訪れて目で数値を確かめて記録していました。ですから、自動検針のスマートメーターに移行したのは、人員コストの点でも大きな変化なのです。

スマートメーターへの切替えは、電力会社や皆さんの生活に大きなメリットがあります。月1回しか把握できなかった使用電力量が毎日30分ごと、1日48回計測できるので、どの家庭でいつ電力を多く使っているかが細かく分かるのです。

各電力会社では、スマートメーターに交換した家庭に対して、ネット上で使用電力量の変動がグラフで見られる「電気の見える化」サービスを行っています。また自宅だけでなく、離れて暮らす老親の家の電力量を見守ることができるなど、多彩なサービスを行う会社もあります。

● 家庭電力のIT化「HEMS」

スマートメーターは、ビッグデータ活用という面でも、電力需要の細かな分析やピーク時間の解析に威力を発揮しています。

最も活用されているのは、電力の需給管理です。各電力会社は、計画した電力の供給量と需要量を一致させ、誤差を少なく抑える必要があります。誤差が大きくなると送電が不安定になり、機器の動作がおかしくなったりするからです。

そこで、スマートメーターによる30分ごとの詳細な電力量計測と電力需要の予測管理が意味を持つのです。

また、スマートメーターの設置に始まるIT化・IoT化は、節電などに大きな威力を発揮します。たとえば、家庭で使用電力を効率的に管理できる「HEMS（ホーム・エネルギー・マネジメント・システム）」を導入すればどうでしょう。IoT技術で家電の電力量を最適になるように管理し、太陽光発電や蓄電池と組み合わせてエネルギー効率の良い住宅を実現することもできます。

さらにHEMSは、市街全体をIT化して電力管理も行うスマートシティの構想にも結びついています。たとえばトヨタ自動車は、静岡県裾野市にスマートシティ「ウーブン・シティ」の建設を進めています。

● 次世代型のスマートメーターは

スマートメーターの設置が開始されたのは、実は2014年。設置期限は10年間ですので、2024年からはメーターの交換が始まります。

そこで開発が進んでいるのが、次世代型のスマートメーターです。次世代型は、電力の計測時間が現在の30分単位から5分単位になります。機器との接続（Bルート）も独自規格から、一般的な無線LANにし、よりデータ交換がしやすくなる予定です。ただし5分単位でデータを送信すると、通信量が膨大になるため、一部だけをピックアップして計測する仕様になる予定です。

スマートメーターが計測するデータは、今後、個人宅の電力管理をより効率的にし、ゆくゆくは都市のエネルギー管理にも大きな役割を果たすと考えられています。

12 今や大規模発電所より「分散型電源」の時代

●最近増える「分散型電源」

最近は、自宅の屋根で太陽光発電をするなどの小規模の発電者が増えています。このような電力を、原発などの大規模な電源に対し、「分散型電源」といいます。分散型電源には、太陽光、風力、中小水力発電などの再エネをはじめ、ガスの熱を利用して電力を作るコジェネレーション・システム、水素を利用した燃料電池などがあります。電力を貯めておく蓄電池、蓄電池の役割を果たすEV（電気自動車）なども含まれます（図1－13）。分散型電源は、一つでは小さな電力しか作れません。しかしたくさん集まれば、大型発電所並みの発電ができます。しかも建設コストが安く、1ヶ所壊れても他の設備でフォローが簡単。災害で大型発電所からの送電が途絶えても、地区の分散型電源を集めて自前で発電できる、などのメリットがあります。太陽光や風力は天気に影響されるため、供給量がやや不安定です。けれど多くの電源を組み合わせて蓄電池なども併用し、IT技術で制御すれば、供給量を安定させられます。

分散型電源の発展形が、「VPP（仮想発電所）」です。複数の小規模発電設備をIT技術で結び、一つの発電所のように働かせるものです。

●分散型は自然災害にも「強靭性」を発揮

分散型電源が注目されているのは、災害に対しても強いからです。2018年の北海道・胆振（いぶり）東部地震では、事故による1ヶ所の発電所の停止から、連鎖的に道内の発電所がストップ。北海道のほぼ全域が停電するという史上初の「ブラックアウト」が起きました。翌年には千葉で鉄塔が倒れたために大規模な停電が発生しています。

災害による大停電は、基幹ネットワーク1本に頼りすぎた電力システムにも原因があります。ネットワークの一部が断たれれば、その先の地域への電力供給がストップするからです。そこで災害に強い「強靭性（レジリエンス）」を持った電源として、基幹ネットワークから独立した分散型が期待されているのです。

■図1-13　分散型電源のイメージ

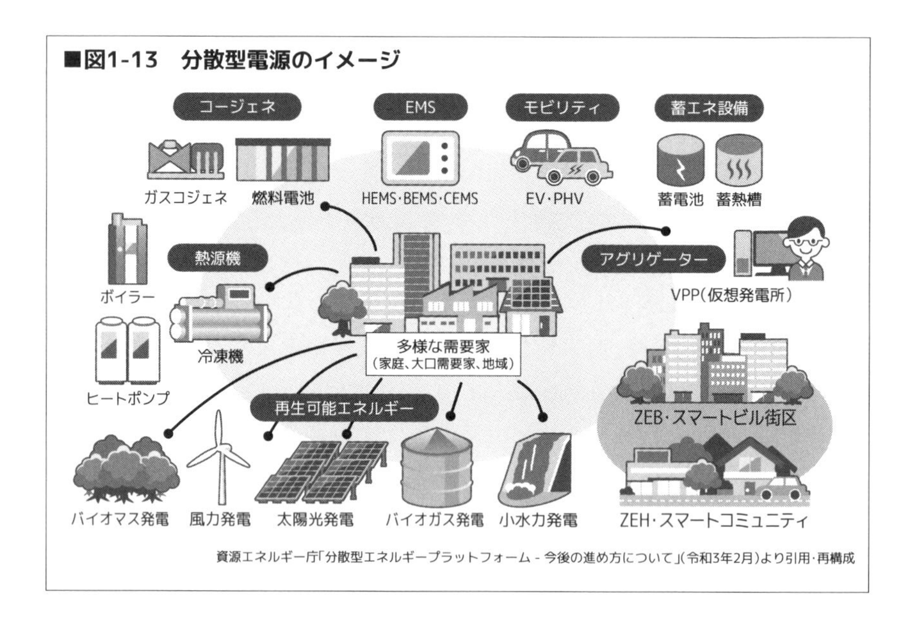

資源エネルギー庁「分散型エネルギープラットフォーム - 今後の進め方について」(令和3年2月)より引用・再構成

● 分散型電源の活用に向け、進む法整備

分散型電源の活用を目指して、法整備も進められています。

2020年の「エネルギー供給強靭化法」で登場したのは、「アグリゲーター」でした。「アグリゲーター」は、分散型電源を集めて小売電気事業者に提供する事業者。いわば分散型ネットワークの統括者です。

2022年4月からは、「配電事業者」制度がスタートしました。配電事業者は、送配電事業の「配電部門」、つまり変電所から需要者（消費者）までの配電ネットワークの運営を行う事業者です。一般送配電事業者とは別に、ネットワークの先端部分だけを運営するのです。

それに関連して、「指定区域供給制度」も創設されました。指定区域供給制度は、集落などの電力ネットワークを、普段から基幹ネットワークと切り離し、離れ小島のように独立させる制度です。これらの制度によって、電力ネットワークの末端部分が、独立できるようになります。災害が起きた時には、1ヶ所で停電しても、電力ネットワークからそこだけを切り離し、停電の影響を最小限に抑えられます。これから、本格的な分散型電源ネットワークが日本を覆うのかもしれません。

13 電力と新電力企業の未来はどうなる!?

● 電力不足解消、料金低下、脱炭素化が大問題

電力の問題を語ってきましたが、未来はどうなるのでしょうか。

日本が直面している課題は、深刻な「電力不足」とエネルギー価格の高騰、さらに再エネを中心とする「脱炭素化」の進展です。電力不足のため、廃止予定の石炭火力発電所の運転延長を行う国もある中で、脱炭素を同時に進めていくのは非常に難しいことです。

日本は、2030年までに「温室効果ガス排出46%減」と表明しました。国際的にもそれを達成する必要があります。日本は大きなジレンマの中にあるのです。

● 再エネは太陽光頼み。洋上風力は2030年前後に活発に

今後、再エネに関しては、太陽光を中心にますます増設が進むと思われます。東京都は2025年から行う一戸建て住宅の屋根へのパネル設置の義務化を行います。太陽光パネルを設置できる土地は少なくなっており、新たに屋根を利用しようという考えです。これは追随する自治体が多く現れるでしょう。一方で、使い終わった太陽光パネルの大量廃棄の問題や、発電施設設置のための土地の乱開発が進まないか、といった懸念もあります。

また、再エネのカギを握る太陽光パネルや蓄電池については、重要な素材となるレアメタルの多くを、中国が独占しています。地政学的な問題、たとえば台湾有事などが発生した場合、今のロシアに対するように中国との取引をすぐ止められるのか、という問題もあります。

太陽光以外では、洋上風力発電がキーになります。洋上風力発電所は建設期間が短くて済むため、徐々に運転を開始する施設が増えると思われます。それでも大規模な洋上風力が真価を発揮しだすのは、2030年前後からでしょう。それまでにどうやって温室効果ガス排出量を減らしていくのか。やみくもな太陽光パネルの増設でいいのか、といった問題もあります。

●LNG がやはり頼み。原発の再稼働がキーに

では再エネ以外はというと。LNG の輸入は引き続き増加するでしょう。脱ロシアで今は不安定ですが、新しい供給体制が確立されるにつれ、LNG 価格も落ち着くと思われます。しかし、世界中が LNG 奪取に目を向けている現在、価格は高めで推移していくと思われます。

石炭は廃止に向かうでしょうが、最新式の USC（超々臨界圧石炭火力発電）を中心に、再エネのバックアップとして根強く残るでしょう。

さらに2030年頃には、原子力発電所の再稼働がより進むと思われます。世論の反対など、難しい問題を抱える原発ですが、今の電力不足を緩和し、2030年の温室効果ガス削減目標を達成するために、他に強力な対策は今のところ見当たりません。風力など将来の再エネ中心の電力体制に日本が脱皮するためのツナギとして、必要とせざるを得なくなるでしょう。20年代後半からは、原発の新築も話題に上ると思われます。現在の政府全体が、どこか「脱炭素の最後の頼みの綱」として原発を見ている感じを受けるのは、気のせいでしょうか。

●電力はより賢くなる !?

その一方で、明るい話題もあります。

今後は DR（デマンド・レスポンス）が高度化し、双方向化が進むでしょう。一般家庭でも、節電にポイントが与えられるなど、国全体でのシステム化が進むと思われます。消費電力も抑えられ、電力供給や需要の調整がかなり「こなれて」くるのではないでしょうか。EV も2025年以降、相当数増加すると思われます。電力系統に関しても増設が続き、再エネで発電した電力を、広域のエリアに送電することも楽になるでしょう。

●新電力企業は統合が進む

新電力企業は、電力価格高騰に直面し、新規参入はかなり絞られてくると思われます。一時期、爆発的に増えた反動として、小規模の新電力同士の合併や、大手電力会社への統合が起きるのではないでしょうか。新電力にも激動の現在を生き抜く知恵が必要となります。

第２章　電力の歴史と法整備の進展

これまで、電力の最新トピックを語ってきました。では、日本の電力のしくみはどうなっているのでしょうか。ここからは、日本の電力のしくみを知るため、まず歴史を詳しく見ていこうと思います。

1 日本の電気事業のあけぼの

●スタートは明治19年。電力ブームで会社が林立

日本の電気事業のはじまりは、明治19（1886）年です。

この年、日本初の電力会社、東京電燈株式会社が東京市芝（現・東京都港区芝）で創業。翌明治20（1887）年11月に東京市日本橋の茅場町（現・東京都中央区）から送電を開始しました。その後10年で、名古屋・大阪・神戸・京都など各地に電力会社が生まれます。

明治時代後半になると、富国強兵政策や日清・日露戦争の勝利による経済発展により、電気需要が非常に高まり、電力会社が増えていきました。大正時代には電力会社が全国で約850社も営業を行うという、電力ブームが起きました。

●５大電力会社から国の管理下へ

当時は、小さな電力会社が林立する状況でした。しかし第一次大戦後の世界的な不況で、昭和初期には電力会社同士の企業合併が進みます。やがて東京電燈、東邦電力、大同電力、日本電力、宇治川電気の5社が規模を拡大して「5大電力会社」と呼ばれるようになります。電気事業はこの5社の寡占体制となりました。

その後、戦時色が強くなる昭和14（1939）年には、電力は国家統制下に置かれます。この年、政府によって全国の発送電を統括する、日本発送電株式会社が設立されました。この日本発送電を中心に、電力会社は地域別に9つの配電会社に再編。国の管理下におかれることになりました。

2　戦後、GHQによる「9電力体制」のはじまり

●戦後は9電力体制に

戦後になると、GHQにより戦時中の独占資本の解体が各業界で進んでいきました。電力業界も例外でなく、電気事業再編成審議会が発足し、新しい形での電気事業が模索されていきます。

昭和26(1951)年にはGHQポツダム政令により、全国を9エリアに分け、民間企業が発送配電の一貫事業を行う体制が新たに発足しました。これが2016年の電力自由化まで続いた、北海道電力、東北電力、東京電力、中部電力、北陸電力、関西電力、中国電力、四国電力、九州電力の「9電力体制」のはじまりです。

昭和39(1964)年には、電気事業の基本を定めた電気事業法が制定されました。昭和47(1972)年には、アメリカから沖縄が返還されるとともに沖縄電力が設立され、全国10社の体制が確立します。

3　電力自由化へ

●小売電力自由化の波が日本へも

長く続いた戦後の10電力体制でしたが、1990年代以降、徐々にその姿を変えていきます。きっかけは1980年代に始まった世界的な規制緩和・自由化の波でした。日本でも、日本電信電話公社などの3公社が民営化され、徐々にその流れは現れていきます。

電力の世界でも、1990年にはイギリスなどで小売電力の自由化が行われ、閉鎖的な電力業界への一般企業の新規参入が可能になりました。

●自由競争のメリットは

なぜ、自由化が行われるかというと、業界各社を自由に競争させることによって、コストの削減が積極的に行われ、またお客を獲得するために料金値下げやバラエティ豊かなサービスが生まれるなど、好ましい変化が起きるからです(図2－1)。

日本では、大手電力会社10社の独占によって、電気料金が外国に比

べ、かなり割高になっており、その高コスト構造やサービスの固定化が問題になっていました。

■図2-1　電力自由化のメリット

電力自由化で電力会社が増え、競争が起きると、
サービスの向上や電気料金の低下など、好ましい効果が起きる

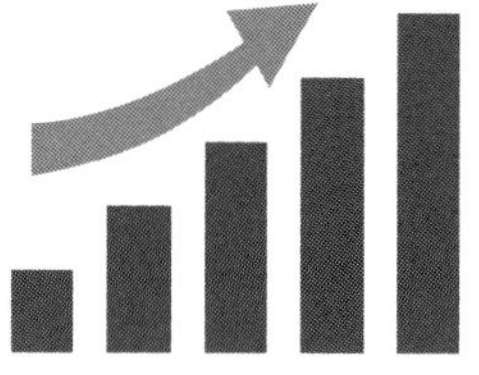

競争でサービスは向上

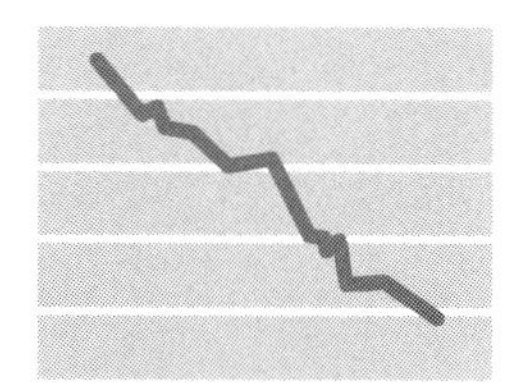

電気料金は低下する

4　1995年　第1次電気事業制度改革

●独立系発電事業者(IPP)などが創設

こうした批判の声を受け、1995年、31年ぶりに電気事業法の改正が行われました。改正の内容は以下の通りです。

第1に、これまでの電気事業者以外でも、自前の発電設備と送配電設備を持っていれば、「独立系発電事業者（IPP）」として、電力会社に電気を売ることができるようになりました。

また、電力ができるだけ安い価格で入手できるよう、調達には入札制度が採用されました。

第2に、「特定電気事業」が新たに作られました。特定電気事業は、発電設備や送配電網を持っていれば、決められた供給地点やエリアに電力小売を行うことができるという会社です。一見難しそうですが、高層ビルや巨大工場に、自社の発電装置を使って電気供給を行う会社や、電車の会社などがそれにあたります。

●料金制度にヤードスティック制度を導入

第3に、料金規制の見直しも行われました。見直しでは、使用電力量の多寡を減らす（平準化する）と見込まれる料金メニュー（たとえば深

夜電力）を「選択約款」として登録できるようになりました。

また、電気料金を安くするために、電力会社間の料金を比較して最安値をつけた料金を基準とする「ヤードスティック制度」も導入されました。さらに、輸入される化石燃料の価格を時価に反映させる「燃料費調整制度」も導入されました。

いずれも、割高だといわれる料金の低下を目指すものでした。

5 1999年 第2次電気事業制度改革

● 特別高圧部門の小売が自由化

1999年には、1995年に引き続き、第2次の改革が行われました。

この改革で、「電力小売の自由化」がスタートします。自由化は3段階で行われました。

1999年の改革では、まず特別高圧部門（契約電力2,000kW以上、2万V以上で受電）の小売自由化が行われました。自由化に伴い、10電力会社以外の企業でも需要家に電力を販売できる「特定規模電気事業者(PPS)」の創設が認められました。ここで自由化の対象となった需要家は、電力販売量全体の3割を占めました。

● 託送ルールの整備と料金規制の緩和

また、新たに創設されたPPSでも送配電が安定して行われるよう、託送ルールが整備されました。

さらに料金規制が緩和され、料金の値下げなど、需要家の利益を阻害しないと見込まれる場合は、新たな料金メニューを作っても届出のみでよいことになりました。これまでは認可制でした。

6 2002年 エネルギー政策基本法の制定

● 環境への適合や市場原理の導入が

電気事業法の改正と並行して、2002年には「エネルギー政策基本法」が制定されました。この法律は、日本のエネルギーの需要と供給についての基本方針を決める法律です。

基本方針は、(1)「安定供給の確保」、(2)「環境への適合」、(3)「市場原理の活用」の3項目です。

(1) の安定供給については、国際情勢が不安定な現在では、一つの資源に依存しすぎると輸入が突然ストップした時に危機が生まれます。そうした点から、エネルギー供給源を多様化し、自給率を高めるなど、エネルギー分野における安全保障をはかることが基本です。

(2) の環境への適合については、エネルギー消費の効率化のほか、太陽光や風力など、再生可能エネルギーの利用を進めることが定められました。

(3) の「市場原理の活用」では、電気・ガスなどの事業者が自主性を発揮し、需要家の利益が確保されることが謳われています。すなわち、小売自由化によって市場競争を取り入れ、値下げ等を促す目的が盛り込まれているといっていいでしょう。

7　2003年　第3次電気事業制度改革

● 電力市場「日本卸電力取引所(JEPX)」が創設

こうした背景のもと、2003年から第3次の制度改正が行われました。まず2003年には日本初の電力取引市場である「日本卸電力取引所(JEPX)」が設立されました。日本卸電力取引所では、翌日に受け渡しする30分単位の電力を取引する「スポット（一日前）市場」と、3日後から3年後までの電力を取引する「先渡市場」の2種類の市場が設けられました。自由な市場取引を行うことにより、市場原理を取り入れ、電力価格がより適正化する（安くなる）ことを目指したものです。JEPXは2005年から取引を開始しました。

● 電力自由化範囲の拡大も

小売自由化の範囲も拡大しました。2004年には高圧大口（契約電力500kW以上）、翌2005年には高圧小口（同50kW以上）の小売自由化が行われ、我が国の販売電力の6割が自由化されました。

1
2
3
4
5
6
7
8
9
10
用語集
索引

また、送配電事業を公正に運用するためのルールを決め、監視を行う「電力系統利用協議会（ESCJ）」が創設されました。ESCJは、やがて2015年に設立された「電力広域的運営推進機関（OCCTO）」に業務が引き継がれることになります。

さらに、大電力会社が送配電事業を自社に有利に行わないよう、情報遮断、内部相互補助の禁止などの規制が行われました。

託送料金の規制も、エリアをまたぐ送配電に掛けられていた「振替供給料金」が廃止され、どのエリアからどのエリアへまたいで電力を送っても、料金が加算されることはなくなりました。

8　2008年　第4次電気事業制度改革

●小売電力の全面自由化は見送りに

2008年には、私たち一般家庭のような低圧契約の小売電力について全面自由化が行われるはずでした。しかし、高圧市場が思ったように活性化しなかったこともあり、自由化は見送られました。

2008年の改革で行われたのは、同時同量制度に違反した場合に支払われる違約金「インバランス料金」の見直しです。小規模の新電力企業は、インバランス料金が発生しやすく、発生すると大きな負担となります。そこで、小さな違反ならインバランス料金の支払いを見送るという「裾切り制度」が実施されました。

また、日本卸電力取引所を活性化するために、受渡しの1時間前に契約が成立する「時間前（当日）市場」が創設されました。

こうして行われた一連の改革でしたが、参入してきたPPSが少なく、大きな変化は起きませんでした。需要家も含め、国民の電力に対する考え方が保守的で変化を望まなかった点が影響したともいえます。

ところがここで、電力改革にとって大きな分岐点が訪れます。2011年3月11日に発生した東日本大震災です。

9　2011年3月　東日本大震災発生

● 電力業界に大きな課題を突きつけた東日本大震災

2011年3月11日に発生した東日本大震災では、多くの人命が失われ、関東から東北にかけての広大な地域で停電が発生しました。

また、東京電力福島第一原子力発電所の被災によって全電源喪失、水素爆発の発生など、甚大な被害が発生しました。これにより国内の全原発が停止し、電力不足によって大都市で計画停電が行われました。

しかも、被災地から遠い無事なエリアから停電した場所へ電気を送ろうとしても、送電線の容量不足などにより十分な送電が行えませんでした。こうして、各電力会社のエリア越しの電力供給が十分ではないことも判明しました。

東日本大震災では、当時の電力システムのさまざまな問題点が浮き彫りとなりました（図2－2）。そこで、これらの問題に対する反省と適切な対処を行うため、推し進められたのが「電力システム改革」です。

■図2-2　東日本大震災が電力業界に残した課題

送電線の容量不足による、遠方エリアへの電力供給の不備

原子力発電所の事故と停止

大都市での長期の輪番停電

10 2015年4月　電力システム改革（1）：広域系統運用の拡大

東日本大震災の教訓から改革を決定

東日本大震災を受け、経済産業省では2011年11月に「電力システム改革に関するタスクフォース」を設置。翌2012年2月には専門委員会を設置しました。そして2013年4月に閣議決定されたのが「電力システムに関する改革方針」です。

改革方針では、(1) 広域系統運用の拡大、(2) 小売及び発電の全面自由化、(3) 送配電部門の法的分離の3つが示されました。

それに従い、2013年に第1弾の改正法が成立。翌2014年6月には第2弾、2015年6月には第3弾の改正法が成立しました。

エリアを越えた広域系統運用を

改革でまず行われたのが、(1) の広域系統運用の拡大です。

「系統」とは、全国に張り巡らされた送電線ネットワークです。改革では、東日本大震災の時に起きたようなエリア間での電力受け渡しの不備や容量不足の解消のため、系統を計画的に運用する組織が作られました。それが2015年4月設立の「電力広域的運営推進機関（OCCTO）」です。OCCTOの業務は、エリア単位で行われていた電力の需給計画や系統計画を全国規模で行い、各電気事業者の運用調整をすることです。また、送電インフラの増強計画も行います。

さらに、大規模な災害が発生して電力の需要がひっ迫した時などは、発電所の焚き増しなどを行い、電力の供給調整を行います。

その他に、OCCTOでは重要な業務として「スイッチング支援システム」の運用を行っています。

スイッチング支援システムは、電気を使う需要家が、電力会社を乗り換えたり（スイッチング）、引っ越して新たに電気を使い始めたり（再点）、止めたり（廃止）した時などに自動的に切替手続きを行うものです。

11 2015年11月　「パリ協定」合意

● 地球温暖化防止のための重要決定

引き続いて、電力システム改革の第2弾が行われるのですが、その前にエネルギー問題において重要な取り決めが行われます。2015年11月にフランスのパリで開催された国際会議「第21回　国連気候変動枠組条約締約国会議（COP21）」で採択された温室効果ガス削減に関する枠組み、通称「パリ協定」です。

「温室効果ガス」とは、二酸化炭素やメタンや窒素化合物のように、大気圏に溜まると地表から出る赤外線を吸収し、地球の温度を上げる気体です。地球温暖化は、異常気象や干ばつなどを引き起こします。

パリ協定では、「世界の平均気温上昇を産業革命前に比べて2度より十分低くし、1.5度を目標にする」と定めました。そのために、排出される温室効果ガスをできるだけ削減することが定められました。

温室効果ガスの排出には、石炭・石油などの化石エネルギーを燃やす発電所が大きく関わります。日本の排出量に関しては、エネルギー関連が9割を占め、うち4割が電力部門からの排出分だからです。

● 2030年には温室効果ガスを26%削減

パリ協定では、日本は「2030年までに温室効果ガス排出を2013年比で26%削減する」という目標を表明しました。さらに「2050年には温室効果ガス排出を80%削減する」としました。

日本の電源構成は2021年時点でも70%以上が石炭・天然ガス・石油などの化石エネルギーですので、目標達成のためには石炭などの大幅な削減が必要となります。

パリ協定で示された数値は、2018年の「第5次エネルギー基本計画」の策定のもととなりました。そして2021年の「気候サミット」で新たな目標が示されるまで、日本のエネルギー政策や、将来の電力のあり方に大きな影響を及ぼしました。

12　2016年4月　電力システム改革（2）：電力小売の全面自由化

●改革の中でも最も重要な「小売全面自由化」

2016年4月には、電力システム改革の第2弾として、電力小売の全面自由化が行われました。

「電力小売の全面自由化」は、電力システム改革の中でも最も大きな改革です。

これまでは2000年に特別高圧、2004年に高圧大口（契約容量500kW以上）、2005年に高圧小口（契約容量50kW～499kW）の需要家の自由化が行われてきました。しかし一般家庭や普通のオフィス、店舗が契約している50kW未満の契約は、まだ自由化がなされていませんでした。

●全国6,000万件、8兆円の市場

これまで低圧の電力は、東京電力など、大手電力会社10社としか契約が結べませんでした。しかし自由化により、電力会社を需要家が自由に選べるようになったのです。対象となる世帯・施設は全国で6,000万件、約8兆円もの市場が開かれました。

同時に、どのような会社でもライセンスを取得すれば電気事業に参入できることになり、新しい電力会社が一気に増えました。その数は2023年の段階で700社程度になります。

自由化の目的は、競争原理の導入による電気料金の適正化とサービスの多様化などです。現在は、各社が大手電力会社と比較して低価格な料金メニューを導入して差別化を図っています。

13　2018年6月　第5次エネルギー基本計画

●第5次は3E＋Sをさらに強力に

2018年6月には、4年ぶりにエネルギー基本計画が改定されました。最新のエネルギー基本計画の特徴は、環境面の重視です。

エネルギー基本計画では、これまで「3E＋S」（資源自給率を高め安

定した供給を行う（Energy Security）、環境への適合（Environment）、経済効率性を向上させ国民負担を抑制する（Economic Efficiency）、安全最優先（Safety）を満たすことが求められてきました。

第5次ではこの3E＋Sをさらに強力にし、以下の目標を掲げます。

・資源自給率に加え、技術自給率とエネルギー選択の多様性を確保する
・「脱炭素化」への挑戦
・コストの抑制に加えて日本の産業競争力の強化につなげる
・安全の革新を図る

エネルギーミックスの実現

第5次エネルギー基本計画では、パリ協定で定めた2030年の温室効果ガス26％削減に向けて、複数のエネルギー源を効果的に組み合わせた「エネルギーミックス」を実現するとしました。

そのため、2030年度までに、再生可能エネルギーを主力電源にするための布石を行うとし、低コスト化や、系統（送電線ネットワーク）を再エネ電源が使用する場合の制約を取り払う努力を行うとしています。また、太陽光など発電量が不安定な電源については、他の火力発電所などを利用し、調整力を確保するとしています。

さらに徹底的な省エネを行うとし、水素発電や蓄電技術、小規模の再エネ発電施設などの「分散型エネルギー」の推進を行うとしました。

2050年度に向けては、再エネを主力電源化し、よりクリーンな目標に向けて、石炭火力のフェードアウトを行うとしています。

14　2020年4月　電力システム改革（3）：発送電分離

送配電部門を小売部門と別会社に

2020年には改革の第3弾、「発送電分離」が行われました。大手電力会社の送配電部門と小売部門を別会社にする改革です。

戦後の電気事業は、発電、送配電、小売の各部門を一つの会社が担う

一貫体制でした。しかし改革により発電部門の分離自由化が行われ、送配電部門も法的分離されて、別会社となったのです。

なぜ発送電分離を行うかというと、電力を発電所から需要家に送る「送配電事業」が小売部門と同じ会社だと、送配電（託送）のルールや料金を、自分の会社に有利に設定する可能性があるからです。これでは新しく参入した小売電気事業者が不利になります。

送配電部門を別会社にすることで、新規参入した電力会社にも公平な制度が整ったといえます。

発送電分離では、一般送配電事業者が小売電気事業や発電事業を行うことを禁止するとともに、グループの取締役などの兼職禁止が定められています。2020年4月には、すでに送配電部門を別会社としている東京電力と一貫体制を継続する沖縄電力を除いた大手8社と電源開発が、発送電分離を実施し、別会社を発足させました（表2－3）。

■表2-3　分社後の名称

小売電気事業者	送配電事業者
北海道電力	北海道電力ネットワーク
東北電力	東北電力ネットワーク
東京電力エナジーパートナー	東京電力パワーグリッド
中部電力ミライズ	中部電力パワーグリッド
北陸電力	北陸電力送配電
関西電力	関西電力送配電
中国電力	中国電力ネットワーク
四国電力	四国電力送配電
九州電力	九州電力送配電
電源開発	電源開発送変電ネットワーク

15 2022年4月　エネルギー供給強靭化法

●電力インフラを自然災害などに負けないものに

そんな中で、電気事業法などの改正を盛り込んだ新たな法律が国会で可決・成立しました。2022年4月から施行された「エネルギー供給強靭化法」です。

この法律は、自然災害や地政学リスクに負けない、強靭な電力インフラを作る（電力レジリエンス）ことを目的とします。台風や地震などの大きな自然災害が起きても、供給が寸断したりストップしたりしない、また海外の政治情勢が変化して燃料輸入がストップしても安定した電力を得られるような電力システムを目指しています。

この法律の制定に合わせ、電気事業法の他、再エネ特措法や海外で資源開発を行う行政法人に関する「JOGMEC法」も改正されました。

●配電事業者やアグリゲーターを法制化

電気事業法の中で、大きく改正された点は「配電事業者の創設」でしょう。これまで、発電所から変電所まで電気を送る「送電部門」と、変電所から一般家庭やオフィスまでの「配電部門」は、一般送配電事業者が一貫して業務を行っていました。

そうした送配電ネットワークの「配電部門」を独立させ、免許制の配電事業者が業務を行う、というものです。

これは、再エネなどの分散型電源ネットワークの参加をうながすものです。たとえば災害で停電が起きた場合など、太陽光発電などの再エネ電源を持つ配電事業者がいれば、基幹ネットワークから切り離された自分のネットワークを運用して、停電を防ぐことができます。こうしたレジリエンス（災害対応強靭化）の向上が期待されます。

さらに、新しい事業者が参入することで、先端技術を活用した配電設備の運用が進み、効率化やコスト削減などが期待されます。

また、太陽光などの分散型電源を一括して運用する事業者「アグリゲーター」が、新たに法律上位置づけられるようになりました。

●託送料金の適正化やFIP制度の創設も

他にも、この法律では「託送料金の適正化」が行われるよう、レベニューキャップ制度の導入も決められました。レベニューキャップ制度は、収入に一定期間、上限を設けるものです。これまでは総括原価方式がとられていましたので、コスト削減を行っても収益には変化がありませんでした。しかし、レベニューキャップ制度はコスト削減を行うと収益の増加に結びつくので、送配電事業者の積極的な努力が促されます。

また、再エネ特措法の改正では、大規模太陽光や風力発電などの助成制度が、FIT(固定価格買取制度)から、「FIP(フィード・イン・プレミアム)」方式へ移行されます。FIPは、電力の市場価格に連動して助成金が上乗せされる方式です。FIPでは、送配電事業者の買取義務はなくなりますが、一定額の助成金は確保されます。

16 「カーボン・ニュートラル宣言」と「グリーン成長戦略」

●石炭火力の廃止や再エネ海域利用法も

日本の電気事業は、再エネへのエネルギーシフトに向けて大きく舵を切ろうとしています。

2019年には、「再エネ海域利用法」が制定されました。海上で風力発電所を建設するために、事業者が指定海域を30年間占有できるという法律です。洋上風力発電所は、次世代の電力供給のホープとして、日本各地で建設が始まりつつあります。

2020年には当時の梶山経産相が「現在の低効率の石炭火力発電所を廃止する」ことを表明しました。また、投資会社や銀行では、化石燃料を利用する発電所の建設に対して、資金提供を止める動き(ダイベストメント)が広がっています。

●「カーボン・ニュートラル」宣言と「グリーン成長戦略」

そして2020年10月、日本は2050年までに温室効果ガスの排出を実質ゼロとする「カーボン・ニュートラル」を宣言しました。これに合わせて12月には政府が「グリーン成長戦略」を発表しました。

「グリーン成長戦略」は、気候温暖化への対応を成長の機会としてとらえ、積極的な対策を行うことで、「経済と環境の好循環」を作っていこうという政策です。これまでは経済の足かせとも見られていた環境問題に、積極的な投資を行い、新産業を生み出して成長につなげようということです。

グリーン成長戦略では、成長が期待される産業の14分野に高い目標を設定し、あらゆる政策を総動員して、カーボン・ニュートラルを実現するとしています。

中でも電力部門では、

(1) 再生可能エネルギーを最大限導入し、同時に系統（送配電ネットワーク）の整備を行い、洋上風力発電や蓄電池産業を成長分野にする。

(2) 水素発電を最大限追求し、水素産業を創出する。

(3) 火力発電は必要最小限使わねばならないが、二酸化炭素を回収・減少させるカーボン・リサイクル産業や燃料アンモニア産業を創出する。

(4) 原子力は可能な限り依存度は下げながらも、引き続き最大限活用し、安全性に優れた次世代炉の開発を行う。

としました。

17 「気候サミット」から「第6次エネルギー基本計画」、そして今へ

● 石炭火力の廃止や再エネ海域利用法も

日本は2021年4月に、世界40ヶ国が集った「気候サミット」で、「2030年には温室効果ガス排出を2013年比で46%削減し、さらに50%の高みを目指す」と宣言しました。第1章でも述べた通り、以前のほぼ倍にあたる、ハイレベルで野心的な目標設定です。

目標を受け、2021年11月には、3年ぶりに「第6次エネルギー基本計画」が発表されました。2018年に発表された第5次に比べ、エネルギーをめぐる状況が大きく変わったので、注目を集めました。

内容は、3つのパートに分かれています。

(1) 東京電力福島第一原子力発電所の事故後10年の歩み

(2) 2050年カーボン・ニュートラル実現に向けた課題と対応

(3) 2050年を見据えた2030年に向けた政策対応

うち、(2) の2050年カーボン・ニュートラル実現に向けた課題と対応では、電力部門は、再エネや原子力など実用段階にある脱炭素電源を活用し、着実に脱炭素化を進めるとともに、水素やアンモニアによる発電、CCUS（二酸化炭素貯留・利用・回収技術）、カーボン・リサイクル

による炭素貯蔵･再利用を前提とした火力発電などのイノベーション（新技術の創造・革新）を行うとしています。非電力部門では、脱炭素化された電力による電化を進め、鉄鋼業など高熱が必要で電化が難しい部門は、水素や合成燃料を使って脱炭素化をはかるとしました。

(3) の2050年を見据えた、2030年に向けた政策対応では、

・再エネの主力電源化をはかり、最大限の導入をうながす。
・原子力は安全を最優先しながら、原子力規制委員会の新規制基準に適合すると認められた場合、再稼働を進める。
・安定供給を大前提に火力発電の電源比率をできるだけ引き下げる。また、水素やアンモニアなど脱炭素燃料への置き換えや、CCUSを推進する。
・水素やアンモニアを新たな資源とし、社会実装を加速していく。
・住宅・建築物の省エネ性能の引き上げなど、国民自身の省エネへの取り組みも重要。

としました。

●大きく変動する電力事情

こうして、脱炭素化へ歩もうとする日本の電力業界ですが、その道のりは平坦なものではありません。

「脱炭素化」という目標そのものを覆すような事件が数多く発生しています。

一つは、第1章でも紹介したように、2021年から断続的に起きる深刻な電力不足です。出力コントロールが比較的難しい再エネ電力が増えると、電力不足への対応はますます難しさを増すでしょう。

エネルギー確保という面からも、世界的な燃料価格の高騰やLNG争奪戦、ウクライナ紛争の影響によるLNG・原油の確保の難航といった問題にさらされています。

脱炭素どころか、電力そのものが不足してしまうような、エネルギー政策の根源を揺るがす事態が起きているのです。

環境先進国のドイツでさえ、ロシアからの天然ガス供給を大幅削減することに伴い、自国の石炭火力の発電量を増やす決定をしたほどです。

ウクライナ紛争はまだ続き、LNG 価格の高騰も先が見えません。
　日本の電力史は、今まさに激動の時代を迎えているといっていいでしょう。

第３章　電力業界の基本を学ぼう

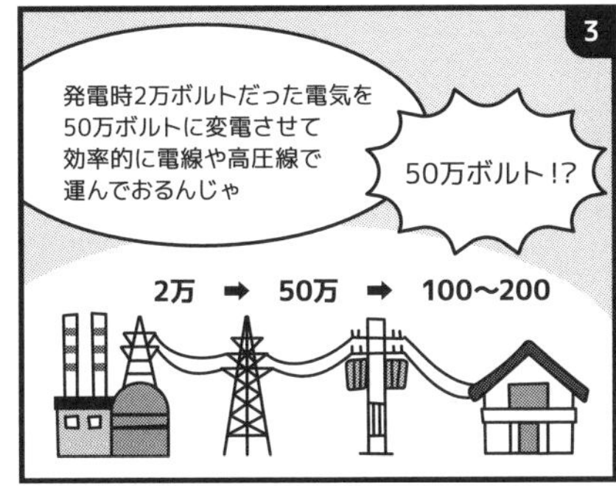

1　電力はどうやってお宅まで届けられるのか

●発電されてから送電所に送られるまで

ここからは、皆さんの身近にある電力の基礎について話してみましょう。まず、電気はどうやってご自宅に届くのでしょうか（図3－1）。

電気は、まず発電所で作られます。発電を行うのは発電事業者です。発電所の種類は数多くありますが、日本の電源構成で多いものからいえば、LNG（液化天然ガス）・石炭・石油などの火力発電所、原子力発電所、水力発電所などです。その他、太陽電池による太陽光発電、風力発電、地熱発電、バイオマス発電などの再生可能エネルギーによるものが挙げられます。発電所で作られた電気は、数千～2万V（ボルト）の高圧の電力になります。

●送電所から配電設備まで

発電所の電気は、発電事業者から一般送配電事業者に渡され、27万5,000～50万Vという超高圧に変電され、送電線に送り出されます。それを「送電」といいます。超高圧に変電する理由は、できるだけ高圧にした方が送電する時に失われる電力が少なくなるからです。

超高圧で送電された電気は、「超高圧変電所」で15万4,000Vにまで変電されます。

それから、各社によって多少違いはありますが、「一次変電所」に送られて6万6,000Vに変電されます。変電された電気の一部は、大規模工場や鉄道などに送られ、各施設の変電設備で変電されて事業に使われます。

残りの電気は「中間（二次）変電所」に送られて2万2,000V（電力会社によっては3万3,000V）に変電されます。この電気の一部も工場などに送られ、施設内で変電されて事業に使われます。一次変電所を出た残りの電気は「配電用変電所」に送られ、ここで6,600Vに変電されます。

●配電から自宅まで

6,600Vに変電された電気は、工場などに送られ、そこの変電設備

1
2
3
4
5
6
7
8
9
10
用語集
索引

(キュービクル) で変電されて事業に使われます。

家庭や小規模オフィス、工場などで使われる電気は、さらに配電用変電所から電柱の上にある柱上変圧器 (トランス) に運ばれ、100V もしくは200V に変電されて、引込線から住宅やオフィスに届けられます。変電所から工場や家庭へ電力を送ることを「配電」といいます。

■図3-1　電気が自宅に届くまで

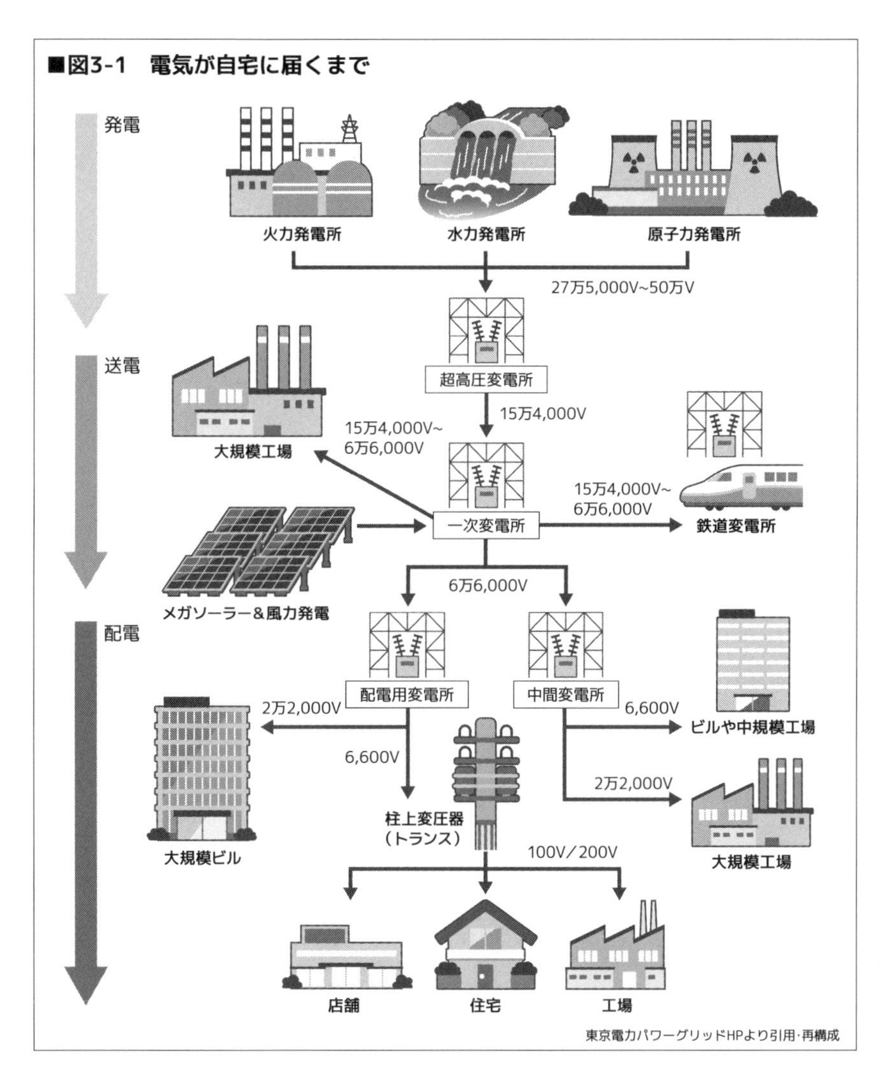

東京電力パワーグリッドHPより引用・再構成

2 電力契約には低圧・高圧・特別高圧がある

自宅もしくは施設に届く電力は、契約によって、低圧・高圧小口（契約電力50kW ～ 499kW）・高圧大口（契約電力500kW以上）・特別高圧の4種類に分けられます。契約の区分は契約電力の大小で分かれます。

● 低圧

「低圧」は契約電力50kW未満のもので、一般家庭や小規模の商店などで使われます。普通の家庭では、この低圧契約が一般的です。「従量電灯」や「動力」契約は低圧契約にあたります。柱上変圧器（トランス）によって100Vか200Vに電圧を下げられた電力が配電されます。

● 高圧大口・高圧小口

「高圧」は、契約電力50kW以上のもので、中規模の工場やオフィス、商業施設などで使われます。変電所で電圧6,600Vに下げられた電気をキュービクル（高圧受電設備）によって受電し、100Vや200Vに変圧して利用します。低圧と違って、高圧契約では、需要家はキュービクルを設置し、電気主任技術者をおく必要があります。

「高圧」契約はさらに高圧小口（契約電力50kW ～ 499kW）と高圧大口（契約電力500kW以上）の2種類に分かれます。

高圧小口の多くは「実量制」で契約電力が決められます。実量制の契約電力は、当月とそれ以前の11ヶ月の最大需要電力（その月最も大きいデマンド値＝30分単位で区切った平均の使用電力量）で決まります。よって契約電力は、最大需要電力が上下するごとに毎月変わるわけです。一方、高圧大口は、電力会社との相談で個別に決まります。

● 特別高圧

「特別高圧」は、受電電圧2万V以上でかつ契約電力2,000kW以上のもので、大規模工場などの契約です。高圧で電力を引き込むために専用の変電設備や送電線・塔が必要となるため、大規模な工事が必要となります。電気主任技術者の設置も必要です。

3 供給地点特定番号とは

● 供給地点特定番号とは

供給地点特定番号とは、電力を使っている地点（供給地点）を特定するために、地点ごとに振られた22桁の番号です。電力供給の「住所」のようなものといえます。電気料金の明細票には、この供給地点特定番号が記載されています。

契約者が1人でも、供給地点が複数ある場合（実家と工場など）は、複数の供給地点特定番号が与えられます。

供給地点特定番号は、下のような構成になっています。

供給地点特定番号（22桁）

エリア（2桁）	0は低圧 1は高圧以上	各エリアで設定。お客様番号（12~17桁）が含まれる	固定値（2桁）
03-	0	123-4567-8901-2345-67	00

● 供給地点特定番号の見方

供給地点特定番号の最初の2桁は、全国を10に分けた「エリア」を示します。エリアは01：北海道、02：東北、03：東京、04：中部、05：北陸、06：関西、07：中国、08：四国、09：九州、10：沖縄となります。

次の1桁は、低圧／高圧の別を示します。0が低圧で1が高圧と特別高圧です。

次の17桁は、各エリアによって別々ですが、住所番号や電力種別、契約個数などが示されます。最後は固定値などが入ります。

このように、供給地点特定番号を見ると、エリアなどが判別できるようになります。

太陽光などの発電者の場合、発電地点には「受電地点特定番号」が付与されます。供給地点特定番号と同じ22桁です。

4 電力会社のエリアはこのように分かれている

●日本の電力会社のエリア

電力会社は、かつては発電から送配電、電力小売にいたるまで、10のエリアごとに1社が設けられ、発・送・配電と小売まで一貫して事業を行っていました。

この大手電力会社のエリアは電力小売の自由化、分社化が行われた現在も、一般送配電事業者の供給区域エリアとして残っています。電力会社のエリア分けは下のようになっています（図3－2、表3－3）。

■図3-2　一般送配電事業者のエリア別供給地域

■表3-3　一般送配電事業者のエリア別供給区域

電力会社	供給区域
北海道電力ネットワーク	北海道
東北電力ネットワーク	青森県、岩手県、秋田県、宮城県、山形県、福島県、新潟県
東京電力パワーグリッド	東京都、神奈川県、埼玉県、千葉県、栃木県、群馬県、茨城県、山梨県、静岡県（富士川以東（芝川町内房を除く））
中部電力パワーグリッド	愛知県、三重県（一部を除く）、岐阜県（一部を除く）、静岡県（一部を除く）、長野県
北陸電力送配電	岐阜県（飛騨市神岡町）、富山県、石川県、福井県（一部を除く）
関西電力送配電	大阪府、京都府、兵庫県（一部を除く）、奈良県、滋賀県、和歌山県、福井県（美浜町以西）、岐阜県（関ヶ原町今須）、三重県（熊野市（新鹿町、磯崎町、大泊町、須野町、二木島里町、二木島町、波田須町、甫母町、遊木町を除く）以南）
中国電力ネットワーク	鳥取県、島根県、岡山県、広島県、山口県（中国5県）、兵庫県（赤穂市福浦）、香川県（小豆郡，香川郡直島町）、愛媛県（越智郡上島町、今治市上浦町、大三島町、伯方町、吉海町、宮窪町、関前大下、関前岡村、関前小大下）
四国電力送配電	香川県、高知県、徳島県、香川県（一部を除く）、愛媛県（一部を除く）
九州電力送配電	福岡県、佐賀県、長崎県、大分県、熊本県、宮崎県、鹿児島県
沖縄電力	沖縄県

5　電力に関わる事業者にはどんな種類がある

ここまで、発電から送電・配電にいたるまでの流れを解説してきました。こうした事業は、前述の通り、かつては「東京電力」や「関西電力」などの大手電力会社が一貫してすべてを行ってきました。

しかし、電力自由化や送配電分離などが実施された今は、別々の事業者がそれぞれの業務を行っています。

電力業界にはどんな事業者があるのか、見ていきます。

● 発電事業者

発電事業者とは、発電所を所有して発電を行う事業者のことです。

正確にいえば、発電設備の容量が1,000kW以上で、供給する電力の合計が1万kW以上であり、その上で年間の発電電力量のうち5割以上を系統に送電していることなどが要件です。

ライセンスは経産大臣への届け出制です。

発電事業者には、大手電力会社の発電部門をはじめ、独立系発電事業者(IPP)、中小規模の発電設備を持つ新電力企業や再エネの発電事業者などが幅広く含まれます。

●一般送配電事業者

発電事業者から受けた電気の送配電を行う事業者です。発電所から自社の送電線・変電所を通って、需要家まで電気を送り届ける役目を担います。かつては大手電力会社の送配電部門でしたが、2020年4月から法的分離が行われ、独立した企業となっています。

国内には、北海道電力ネットワーク、東北電力ネットワーク、東京電力パワーグリッド、中部電力パワーグリッド、北陸電力送配電、関西電力送配電、中国電力ネットワーク、四国電力送配電、九州電力送配電、沖縄電力の10社があります。

●送電事業者

一般送配電事業者に、送電用の電気設備を使って、電力の振替供給を行う事業者です。現在は、電源開発送変電ネットワーク、北海道北部風力送電、福島送電の3社のみが許可を受けています。

●特定送配電事業者

たとえばJR東日本のように、駅や電車の線路のような一般とは異なる特定の地点に、自前の送電設備や変電所を使って、電気を供給する者のことをいいます。小売事業もできますが、登録が必要です。

●小売電気事業者

発電事業者から市場取引などを通じて購入した電気を、一般のお客様(需要家)に販売する者のことです。2016年に電力小売が完全に自由化されると、瞬く間に登録事業者が増えました。2023年には700社程度の事業者が登録を行っています。

6 電力は株のように市場で売買される

●1日前の電力を取引する「一日前（スポット）市場」が中心

今の電力業界を語るうえで忘れてはならないのが電力取引です（図3−4）。発電事業者が作った電力は、（直接取引を除いたものが）電力市場に入札に出され、小売電気事業者がそれを相場価格で買い取ります。

電力が、株のように取引されているのです。取引を行っているのは、日本卸電力取引所（JEPX）という市場が代表的です。

ここでは、電力を実際に流す1日前に取引を行う「一日前（スポット）市場」を中心に活発な取引が行われています。他に、スポット市場での取引後に、当日の1時間前まで電力を取引する「時間前（当日）市場」、3年後までの電力を取引する「先渡市場」なども開設されています。

電力市場については、第7章をご参照ください。

■図3-4　電力の市場取引

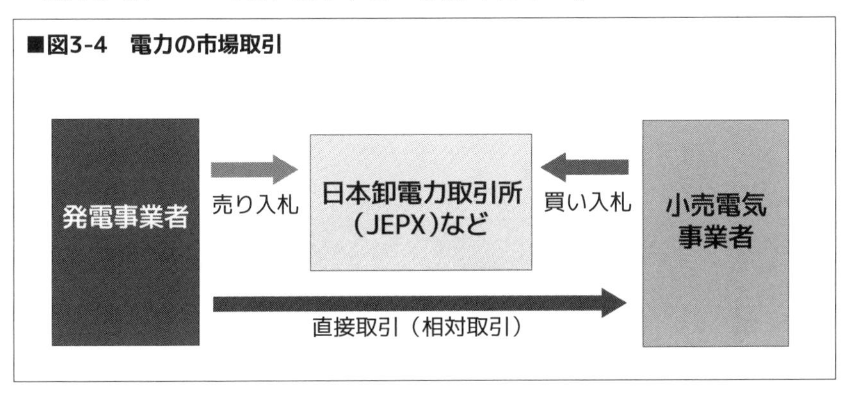

7 各電気事業者はどのように協働する？

● 発電事業者から小売電気事業者までの流れ

それでは、各電気事業者はどのように協働して仕事を行っているのでしょうか（図３－５）。

現在の電力システムは、発電事業者が発電した電気を、一般送配電事業者が発電所から送電線や変電所を使って家庭やオフィスまで流し、小売電気事業者が需要家と契約を結んで売るというしくみです。

小売電気事業者は、発電事業者に電気料金を支払い、一般送配電事業者に送配電にかかる「託送料金」を支払い、それに自分の利益を上乗せしてお客様（需要家）に電気を売ります。

発電事業や送配電事業が小売と分かれているので、小売電気事業者は誰でも登録さえすれば、安定した品質の電気を需要家に届けられるのです。

■図3-5　電力に関わる事業者

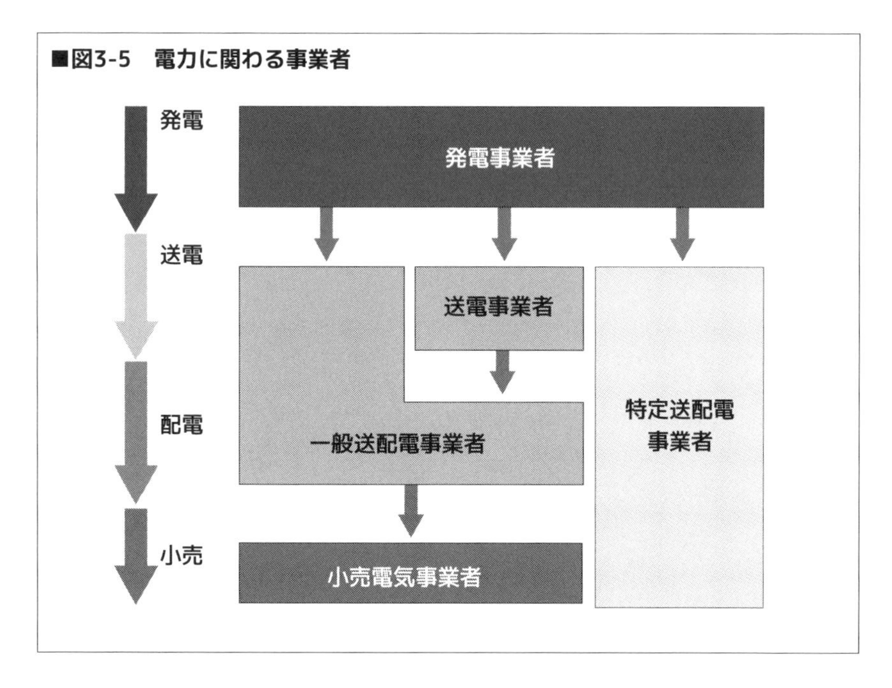

8 日本の電源（発電所）にはどんな種類がある

● 日本の電源構成は

日本の発電所は、どのようなエネルギーをもとに電気を作っているのでしょうか。

資源エネルギー庁によると、2021年度の電源構成（速報値）は、下のようになります。

総発電電力量1兆327億kWhのうち、

・天然ガス 3,555億kWh（34.4%）
・石炭3,205億kWh（31.0%）
・石油等 764億kWh（7.4%）
・原子力 708億kWh（6.9%）
・水力 778億kWh（7.5%）
・再生可能エネルギー（水力除く）1,317億kWh（12.8%）

となっています（図3－6）。

このうち、水力を除く再エネの内訳は、

・太陽光 861億kWh（8.3%）
・風力 94億kWh（0.9%）
・バイオマス 332億kWh（3.2%）
・地熱 30億kWh（0.3%）

となっています。

■図3-6　日本の電源構成（2021年度）

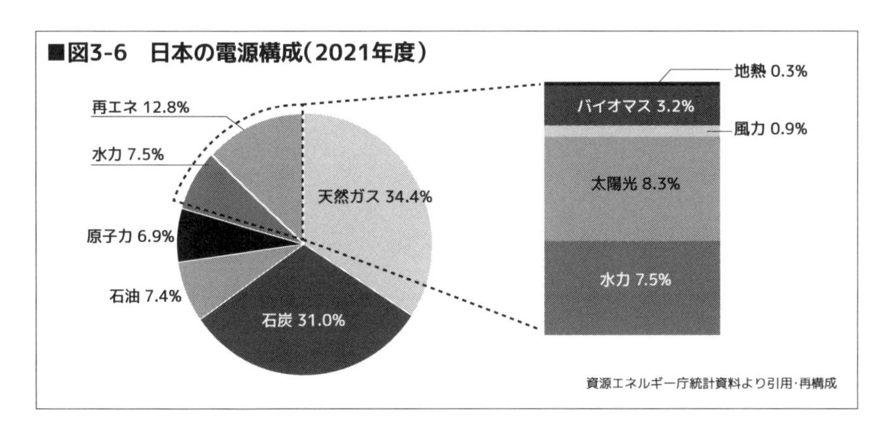

資源エネルギー庁統計資料より引用・再構成

●天然ガス、石炭が主力で、再エネは発展途上

近年の傾向として天然ガス（LNG）が一番多く、続いて石炭、次に水力、原子力の順です。天然ガスや石炭、石油などは、いわゆる「化石エネルギー」にあたり、そのほとんどを輸入に頼っています。

原子力は2010年までは総発電量の30％近くを担っていましたが、2011年の事故以降は比率を落としています。その代わりに比率を上げていたのが石炭です。

太陽光や風力などの再生可能エネルギーは伸びていますが、まだ発展途上といえます。

●発電方式はタービンが主流

発電方式として多いのは、火力発電や水力、原子力発電などで使われる、「電磁誘導」の原理を使った「タービン方式」です。

「電磁誘導」とは、電線を巻きつけたコイルの中心で磁石を高速で回転させると、コイルに電流が流れるという現象です。モーターに電気を流すと、ドーナツ状に配置されたコイルに磁場が発生し、軸に取りつけた磁石が回転して軸を回しますが、それとちょうど逆のしくみと考えればよいでしょう。

発電の多くは、この電磁誘導の原理を利用し、水力や蒸気の力でタービンを回して発電を行います。

太陽光発電のみは、タービンを使わず太陽電池パネルによって電気を作る発電方式です。

次ページ以降は、各々の発電の方式を少し詳しく見ていきましょう。

9 発電方式（1）：火力発電

● 石炭などを燃やした熱でガスを発生させ、タービンを回す

火力発電所は、石炭やLNG(液化天然ガス)、石油などを燃焼させた熱を使い、水などを高温にして蒸気やガスを発生させ、タービンを回すという方式の発電所です。

ローコストで発電できるため、世界で最もよく使われる方式です。安定して電力を発生させることができ、焚き増しなども比較的自由にできるため、便利に利用されています。

このうち水蒸気を発生させる方法を「汽力発電」、ガスを使う方式を「ガスタービン発電」といいます。

● 汽力発電

汽力発電は、石炭やLNGなどをボイラーで燃やした熱で高温の水蒸気を発生させ、タービンの羽根車を回し、タービンに繋いだ発電機を回して発電する方式です(図3－7)。

● ガスタービン発電

ガスタービン発電は、石油やLNGなどを燃やした燃焼ガスでタービ

■図3-7　汽力発電のしくみ

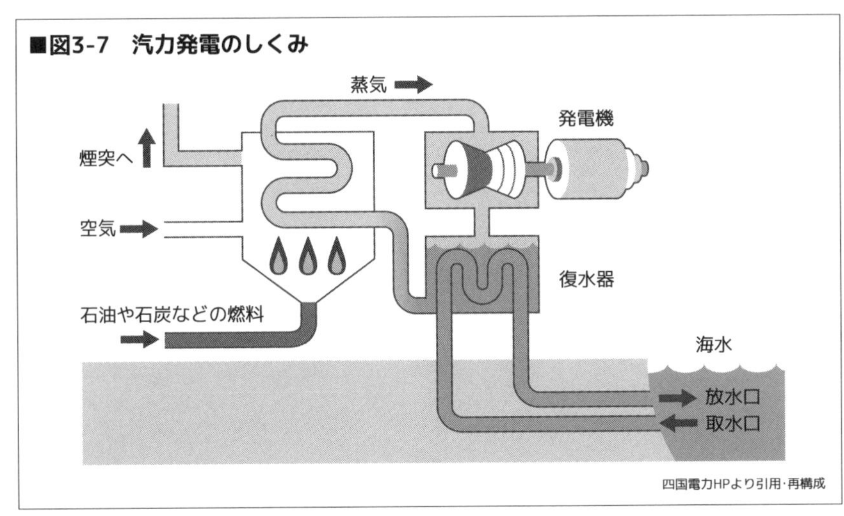

四国電力HPより引用・再構成

ンを回し、タービンに繋いだ発電機を回す方式です。ジェット機のエンジンにもこの方式が使われています。汽力発電に比べ、小型で出力が高いことがメリットです。

●コンバインドサイクル発電

コンバインドサイクル発電は、ガスタービン方式と汽力発電方式を組み合わせた発電方式です（図3－8）。

コンバインドサイクル発電では、まず圧縮空気の中で燃料を燃やしてガスを発生させ、タービンを回して発電します。さらに高温のガスの余熱で水を蒸気に変え、蒸気タービンを回して発電する、2重の発電方式です。効率が良く、温室効果ガスの排出が少ない利点があります。

火力発電は、現在主力の発電方式です。ただし石炭や石油などの燃焼時に二酸化炭素などの温室効果ガスを大量に発生させるため、石炭火力発電所などは世界的に廃止される方向で進んでいます。

■図3-8　コンバインドサイクル発電のしくみ

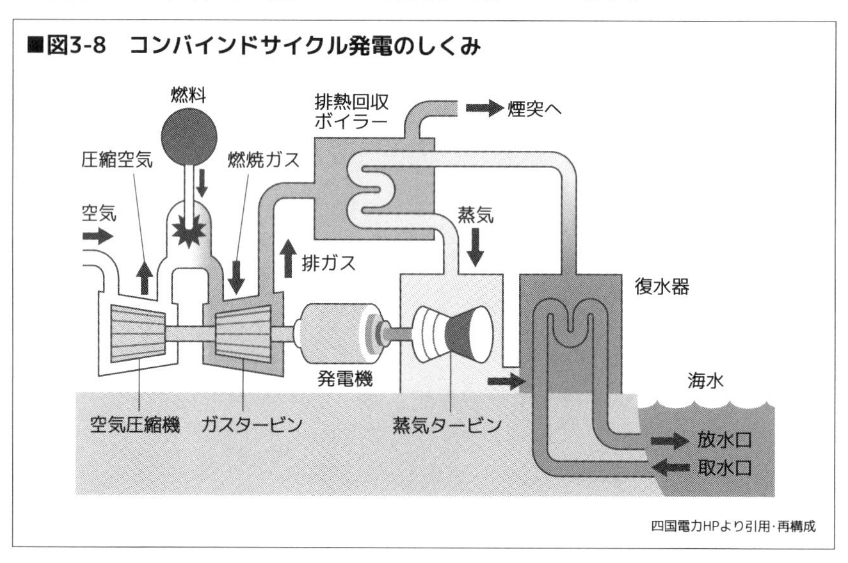

四国電力HPより引用・再構成

10 石炭火力発電所の種類

1
2
3
4
5
6
7
8
9
10
用語集
索引

● 世界的に廃止が進み、日本でも一部廃止に

火力発電所の中でも、石炭をエネルギーとする石炭火力は岐路に立たされています。温室効果ガスを大量に排出するため廃止する国が増えたからです。日本でも2020年7月に、当時の経産相が非効率な石炭火力発電所を2030年度までに順次休廃止すると発表しています。

石炭火力発電所にはいくつかの種類がありますが、「非効率な石炭火力発電所」とは、亜臨界圧石炭火力発電所（Sub-C）と超臨界圧石炭火力発電所（SC）のことを指します。

政府では、このSub-CとSCを廃止し、最新型で効率が良く温室効果ガスの排出が少ないUSCとIGCCを残す予定です。

それぞれの石炭火力発電所の特徴を見てみましょう。

● 亜臨界圧石炭火力発電（Sub-C）

ボイラーがドラム式の発電機を使った発電方法です。石炭火力発電所では石炭を燃やしてその熱で水を蒸気に変え、その勢いでタービンを回して発電を行います。亜臨界圧石炭火力発電では、その蒸気圧力が22.1MPa（メガパスカル、1MPa＝約10気圧）未満で蒸気温度が374度未満のものです。この状態では水と蒸気が混合した亜臨界の状態となります。Sub-C式は、2030年度までに休廃止される予定です。

● 超臨界圧石炭火力発電（SC）

「超臨界圧ボイラー」を使って水を高圧・高温にし、少ない燃料で効率よく蒸気を発生させ、その蒸気でタービンを回して発電を行う方式です。SCは蒸気圧が22.1MPa以上で、蒸気温度が566度未満のものをいいます。SC式は、2030年度までに大部分が休廃止される予定です。

● 超々臨界圧石炭火力発電（USC）

最新の石炭火力発電の一種です。水を高圧力・高温にして発電するSC（超臨界圧石炭火力発電）方式のうち、蒸気圧が22.1MPa以上で、蒸気温度が566度以上のものをいいます。

石炭火力は排出物が多いことが難点ですが、USCは二酸化炭素や硫黄酸化物、窒素酸化物の排出が少なく、利点が多い方式です。

日本では、老朽化した石炭火力発電所をUSCにリニューアルする計画が徐々に進んでおり、蒸気温度700度以上のA-USC（先進超々臨界圧石炭火力発電）の研究も進められています。USCは、2030年度以降も残される予定です。

●石炭ガス化複合発電（IGCC）

石炭火力発電の一種で、石炭を細かく砕き、ガス状にして炉で燃焼させて発電する方式です。IGCCは「Integrated coal Gasification Combined Cycle」の略称です。

コンバインドサイクル発電と組み合わせ、まずガス状にした石炭を熱してガスタービンを回転させて発電します。さらに排熱で水を沸騰させて蒸気を発生させ、蒸気タービンを回して発電します。

IGCCは効率が非常によく、USCを上回るとされます。1986年より研究が続けられており、2013年に商用運転を開始。現在は、福島県の復興電源として2基の建設が予定され、2020年代には運転が開始される見込みです。IGCCは2030年度以降も残される予定です。

11 発電方式（2）：水力発電

● 水の落下する力を利用してタービンを回す発電方式

水力発電は、水の落下する力でタービンを回し、発電を行う伝統的な発電方式です。温室効果ガスの排出が少ないため、再生可能エネルギーとして期待されています。

水力発電には、水の引き込み方によりいくつかの方式があります。

● 流れ込み式

取水口から川の水をそのまま引き込む形の方式です。川の流水量の変化により、発電量が左右されるというデメリットがあります。

● 調整池式

川の上流に水を貯める調整池を設けた方式です。調整池に数日から1週間分くらいの水を貯めておき、流れる水の量を調整して発電量を均一にします。調整池はダムほど大きなものではありません。

● 貯水池式

川の上流にダムを設けた方式です。調整池方式と比べ大規模なもので、一般的な水力発電所はこの方式です（図3－9）。

● 揚水式発電

上流の高台と低地の2ヶ所に貯水場を設けておき、電力の余る夜間などに低地から高台へポンプで水をくみ上げ、必要な時に水を落として発電する方式です（図3－10）。一種の蓄電装置として使われています。

● 中小水力発電

以上は、いずれもダムなどを利用した大規模な方式ですが、最近はコンパクトな「中小水力発電」が再エネ電力として注目を集めています。

「中小水力発電」は3万kW未満の水力発電で、流れ込み式か水路に直接設置する方式をとります。中でも特に小さな1,000kW未満のものを小水力発電といいます。中小規模の河川の他、農業用水路や工場や下水処理施設の水を利用して、発電が行えることがメリットです。なお、中小水力発電は FIT の対象です。

■図3-9　貯水池式水力発電

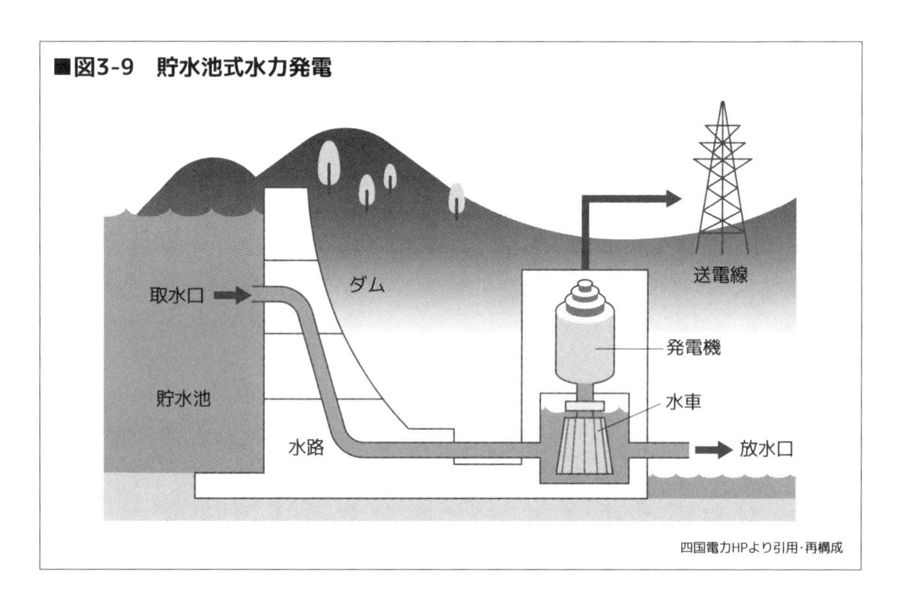

四国電力HPより引用・再構成

■図3-10　揚水式水力発電

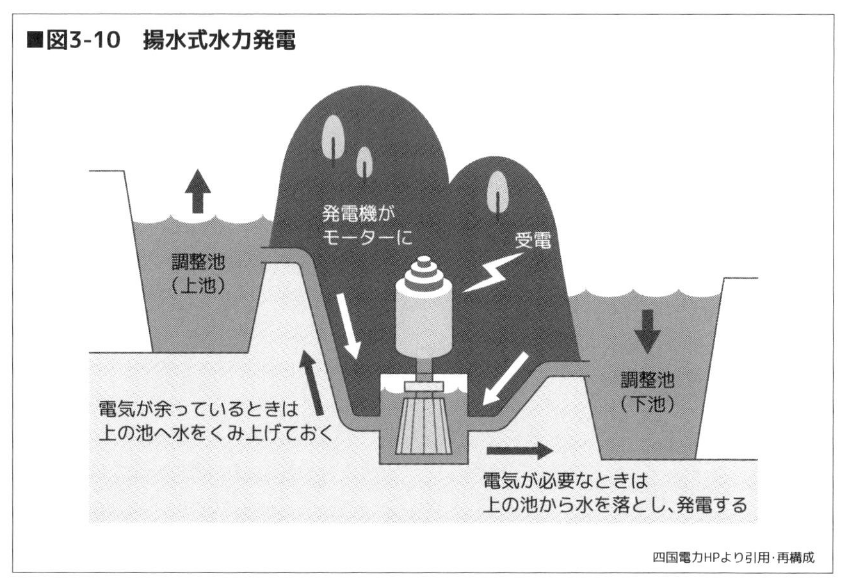

四国電力HPより引用・再構成

12 発電方式（3）：原子力発電

1
2
3
4
5
6
7
8
9
10
用語集
索引

●核分裂の熱で蒸気を作り、タービンを回す方式

原子力発電は、ウランなどの放射性物質に中性子を当てて「核分裂」を起こし、分裂時に出る熱で水を蒸気にしてタービンを回す方式です。

原子力発電では、核分裂を起こしやすくするために「減速材」（発生する中性子の速度を落とすもの）を使います。中性子の速度が速すぎると核に当たりにくくなるからです。この減速材に使われる素材には黒鉛や軽水、重水などがありますが、日本では軽水（真水）を使った「軽水炉」が主流です。軽水炉は、安全性が高く、世界で最もよく使われている方式です。

軽水炉には「沸騰水（BWR）型」と「加圧水（PWR）型」があります。

●沸騰水（BWR）型

原子炉の圧力容器内にある水を沸騰させ、発生した蒸気をそのままタービンまで送って回転させ、電気を発生させる方式です。放射性物質を含んだ水がタービンまで送られるというデメリットがあります。

●加圧水（PWR）型

原子炉の圧力容器内の水を沸騰させてパイプに巡らし、パイプ越しに外にある別の水に熱を伝えて沸騰させ、水蒸気を発生させてタービンを回す方式の原子炉です（図3－11）。沸騰水型と違い、パイプ内の水が原子炉の外に出ることがないので安全性が高いといえます。

●今後再稼働されるかが課題

原子力発電所は建設費が非常に高く、建設期間も長くかかります。しかし発電コストが安く、温室効果ガスの排出も少ないというメリットがあります。ただし、ご存じのように2011年の東日本大震災による事故のため、原発に対する世間の目は厳しく、現在再稼働している施設は非常に少ないのが現状です。

政府の立てた2030年の計画では、全電源のうち、原子力の比率は

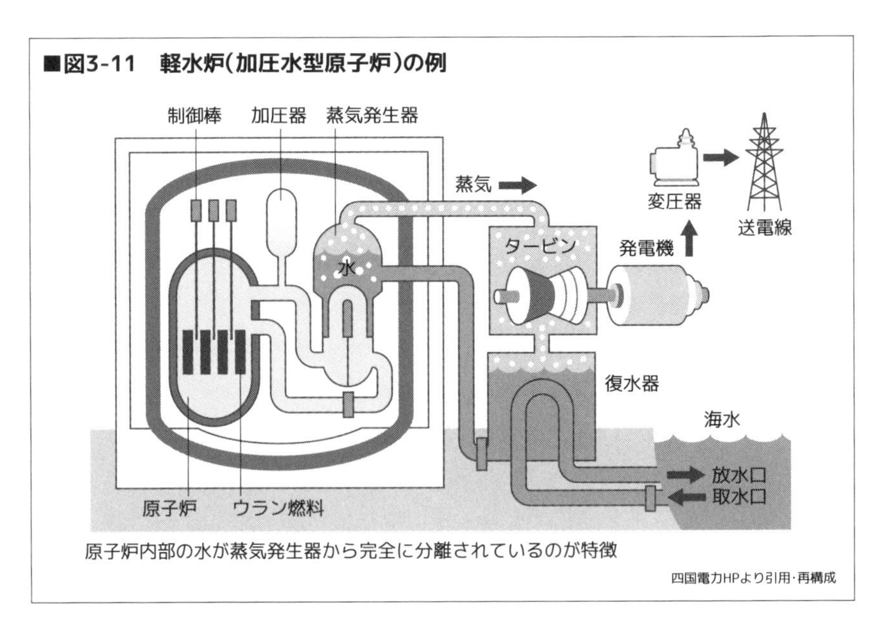

■図3-11　軽水炉(加圧水型原子炉)の例

原子炉内部の水が蒸気発生器から完全に分離されているのが特徴

四国電力HPより引用･再構成

20 ～ 22%程度とされていますが、そうした理由から、達成には疑問符がつきます。

13　発電方式（4）：再生可能エネルギーの発電

再生可能エネルギーによる発電には、太陽光発電をはじめ、風力、地熱、水力、バイオマス、太陽熱発電、波力発電など多様な種類があります。

再生可能エネルギーに関しては、第6章で詳しく解説します。

14 ベースロード・ミドル・ピーク電源とは

これまで解説してきた発電方式は、その使い方によって3種類の電源構成区分に分けられます。

それが、ベースロード電源・ミドル電源・ピーク電源の3種類です。

● ベースロード電源

ベースロード電源とは、発電コストが比較的安く、24時間安定して一定の電力量で出力できるタイプの電源です。逆に、一度運転し始めると一定量の出力を続けられるものの、柔軟に出力調整をすることが難しいという問題があります。

石炭火力・原子力・水力・地熱発電などがこれにあたります。

● ミドル電源

ミドル電源とは、発電コストがベースロード電源に次いで安い電源です。安定して24時間供給できる上、必要な電力量の大小によって出力調整を行うこともできます。

LNG（液化天然ガス）火力発電などがこれにあたります。

● ピーク電源

ピーク電源とは、発電コストは高いものの、焚き増しなどの発電量調整がしやすいため、夏場など使用電力量がピークを迎える時間帯などに補助的に使用される電源です。

石油火力や揚水式水力発電などがこれにあたります。

これら3種類の電源については、通常はベースロード電源を使い続け、ミドル電源で日々の電力量の微調整を行うといった使い分けをします。そして、夏季の電力ピーク時などに、臨時で大量の電力が欲しい時にはピーク電源を足して調整を行います。

15 送電・配電とはこんな仕事

● 送配電とは、発電所の電気を需要家まで送り届ける仕事

発電方式の次に、送電・配電の仕事についてみてみましょう。

発電所で作られた電気を、実際に使用するお客様（需要家）まで送り届ける仕事を送配電といいます。そのうち、発電所から最後の変電所（6,600Vに減圧）まで届ける仕事を「送電」、変電所から自宅やオフィスまで届ける仕事を「配電」といいます。

送配電の仕事は、現在は主に日本に10社ある一般送配電事業者が行っています。一般送配電事業者は、「電力システム改革」の第3弾として2020年に行われた「発送電分離」で発電事業者や小売電気事業者などと分離され、独立した企業となりました。

● 送電・配電の業務とは

送電の業務は、送電塔や送電線、開閉所（発電所と送電所を繋ぐスイッチが設置された施設）などの「送電設備」や、変電所や変換所などの「変電設備」を組み合わせた送電ネットワークを設置し、その管理と運用を行う仕事です。一方の配電業務は、電柱や電線、トランス（柱上変圧器）、電力メーター、家庭のアンペアブレーカーなどの「配電設備」を設置し、需要家まで電力を送り届ける業務です。

送配電の業務は、こうした送配電ネットワーク（電力系統）を使って電力供給を行うことです。

● 託送供給（接続供給・振替供給）とは

小売電気事業者が調達した電力を、一般送配電事業者が自社のネットワークを経由して、需要家に送ることを「託送供給」といいます。

託送供給には「接続供給」と「振替供給」があります（図3－12）。

「接続供給」は自社エリアの発電所から自社の送電線ネットワークを経由して、需要家に電力を供給する業務です。一方、「振替供給」は自社の送電線ネットワークを経由して別のエリアの需要家へ電力を中継する業務です。自社エリアの発電所から別エリアの需要家に電力を中継する

■図3-12　接続供給と振替供給(地内・中継)

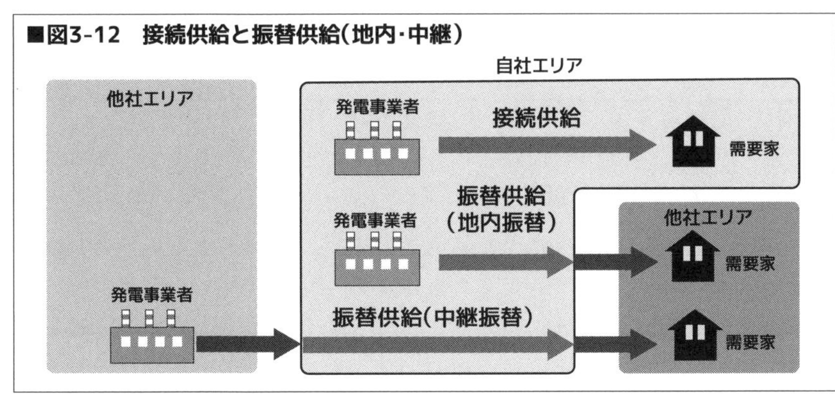

ことを「地内振替」、他社エリアの発電所から電力を中継し、さらに別エリアの需要家に電力を中継して送ることを「中継振替」といいます。

● アンシラリーサービスとは

また、ただ供給するだけでなく、電気の電圧と周波数を安定して維持することも業務に含まれます。この維持管理を行うため、一般送配電事業者は24時間常時監視を行い、送電の調整を行ったり発電所に焚き増しの依頼を行ったりします。こうした維持管理の業務を「アンシラリーサービス」といいます。

● その他の業務

送配電には、他にもいくつかの業務があります。

「電力量調整供給」は、発電事業者が供給した電力に上下動があった場合、その差分を引き受ける業務です。

「最終保障供給」は、契約していた小売電気事業者が倒産するなどの理由で、高圧以上の需要家が電力供給を受けられなくなった場合、最終保障として電力を供給する業務をいいます。

「離島供給」は、本土の送配電ネットワークと接続していない離島で電力を供給する義務のことです。

送配電業務は一般送配電事業者が行っていますが、2022年から特定の区域においては配電業務はライセンス制になり、独立した事業者が業務を行うケースが現れると思われます。

16 小売電気事業者の仕事は

●自由化でさまざまな分野から各社が参入

2016年に低圧契約が全面自由化され、小売電気事業者は一気に数を増やしました。小売電気事業者の業務は、一般のお客様（需要家）と電力契約を結び、発電事業者から直接または市場取引で電力を購入し、送配電事業者に託送料金を払って、電力を送り届けてもらうことです。

数多くの企業が小売電気事業者として登録を行っていますが、発電や送配電の設備を自前で準備する必要がないため、さまざまなジャンルから参入が行われています。

たとえば、旧大手電力会社はもちろんですが、ガス会社（都市ガス・プロパン双方）、石油会社などのエネルギー産業、携帯電話会社、CATV会社などの電気通信事業者、太陽光発電などの再生可能エネルギー企業、生協、不動産会社、ハウスメーカーなどが次々と小売電気事業に参入しています。

エネルギー企業、電気通信事業者などはガスや携帯など他の契約とセットで、不動産・ハウスメーカーなどは住宅の分譲・賃貸契約と合わせて、などというようにセット販売割引で割安感を出し、売り上げを伸ばす戦略もあるようです。

●小売電気事業者の課題

こうして大手企業などの参入が目立つ一方で、登録だけ行って実際には販売を行っていない事業者や、経営破綻・撤退した企業も見られます。課題の一つとしては、旧大手電力会社に肩を並べるような規模の電力会社が育っていないことです。

政府では、消費者保護の目的で設けていた規制料金を、2020年から撤廃する予定でした。しかし低圧分野で「エリアシェアが5%以上の競争業者が2社以上育っていない」という理由で見送りました。

まだ大手を驚かすほどの小売電力業者は現れておらず、最近では、電力の市場価格の高騰などで、事業撤退や倒産をする事業者も増えてきました。今後の動向に注目が集まります。

17 新電力企業の種類

2016年にスタートした電力小売の全面自由化で、数多くの新電力企業が誕生しました。新電力企業は、その性格によって、いくつかのパターンに分けることができます。

●ガス会社系

都市ガス会社、LPガス会社などが電力部門を新設したパターンです。ガス会社などはガス契約とセットで電気料金を割引するサービスで需要家を獲得しています。ガスも2017年から自由化されていますので、逆に大手電力会社がガス部門に進出するケースもあります。大阪ガスなどが代表的です。

●石油会社系

石油会社が電力販売を行うケースです。ガソリンスタンドのポイント付加や割引サービスなどが受けられるなどのメリットがあります。エネオス、出光興産などが代表的です。

●通信企業系

携帯電話会社が出資し、電力会社を運営するタイプです。携帯電話のユーザーは携帯契約とセットで有利な料金プランが用意されます。ソフトバンクのSBパワー、KDDIなどがこれにあたります。

●CATV系

ケーブルTVネットワークが出資し、電力会社を運営するタイプです。CATVのユーザーは携帯契約とセットで有利な料金プランが用意されます。ジェイコムなどがこれにあたります。

●生活協同組合系

生活協同組合が出資者となって電力会社を運営し、組合員にお得な料金構成で需要家を募るタイプです。コープこうべなどが代表的です。

● ハウスメーカー系

ハウスメーカーやデベロッパーが電力部門を持つケースです。ZEH住宅の建設・販売とセットで電力契約を行い、HEMSサービスや有利な割引がある契約を行う場合などがあります。大和ハウス、ミサワホームなどが代表的です。

● 地産地消型（ご当地電力）

地方自治体が出資者となって電力会社を運営し、地元住民を需要家とするタイプで、「ご当地電力」とも呼ばれます。地域の特性を生かし、地域で再生可能エネルギーなどによって発電された電力を消費し、町おこしを行います。また、分散型の特性を生かし、災害などが起きた時に独自の電源として稼働させ、停電を防ぐという効果もあります。

福岡県みやま市のみやまスマートエネルギーなどがあります。

● 再生可能エネルギー特化型

太陽光発電事業者などから電力供給を受け、再生可能エネルギーで発電された電力を小売販売する新電力企業です。再エネのみで作られたグリーン電力を使いたい法人、個人の需要家のニーズが望めます。今後、脱炭素化への取り組みが進むにつれ、需要家が増加することが見込まれます。

● 企業連動型

企業が、自社工場などの専用として使うために、電力会社を立ち上げるパターンです。造船会社など大型工場を各地に持つ企業などの例があります。

この他にも、エネルギー・マネジメント系の企業が運営する電力会社など、多彩な企業が参加しています。

第4章　電気料金の決め方

今度は身近な電気料金について、話を始めましょう。

基本的な電気料金メニューは、各電力会社の「電気需給約款」の中で定められています。また、時間帯別や季節別のメニューなど、「電力需要の負荷平準化」に役立つメニューは「選択約款」に記されています。「電力需要の負荷平準化」とは、昼夜の違いや夏冬の季節によって使用電力量が上下するのを抑えることです。こうした電気料金は、どのように決められているのでしょうか。

1　電力小売自由化前と自由化後では違う料金

●料金計算の仕方が変わった

電力の小売全面自由化が行われ、大きく変わった点の一つが料金計算の仕方です。

自由化前、電力小売を大手電力会社10社が独占していた時代は、料金は「総括原価方式」という方法で算出されていました。総括原価方式が生み出されたのは昭和8（1933）年。なんと戦前から採用されている方法です。

●総括原価方式とは

総括原価方式というのは、将来3年間において電気を作って需要家まで届けるのにかかると思われる費用（営業費）を算出し、そこに予想される利益（事業報酬）を足し、そこから電力以外で得られる収入（控除収益）を引いた総額を「総原価」とし、その総原価が全電気料金収入と一致するように料金を算出する方式です。すなわち、

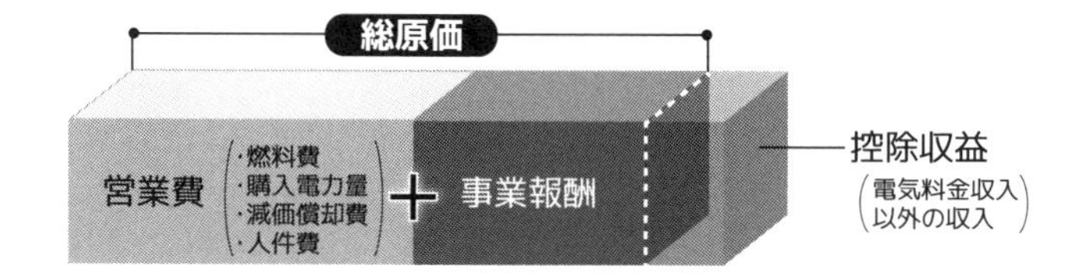

となります。事業報酬には、電力会社の持つ固定資産などの事業資産の3%程度が充てられることになっています。電気料金は、この総原価

を使用電力量によって頭割りにすることで求められます。

ところがこの方式は、原価の出し方が分かりにくい上、利益率があらかじめ決められているために、電力会社が営業努力やコスト削減への努力をしなくなりがちだ、という批判がありました。

また、巨大設備を作ったほうが資産が増えて総原価が大きくなり、電気料金が高くなる（つまり利益が増える）ので、無駄な設備投資が増える、というデメリットもあります。

こうして総括原価方式は、「日本の電気料金が高い一因だ」と批判されていました。そこで競争原理を入れてコスト削減努力をさせようと、2016年に、新たな料金設定の方式が導入されたのです。

●現在の電気料金の計算方式

現在の電気料金は、一般的な（自社の発電設備を持たない）小売電気事業者では、以下のような総額の決め方がなされています（図4－1）。総括原価方式より、より算出方法がクリアになったといえるでしょう。

ただし、総括原価方式による規制料金制度は、消費者保護の観点から、経過措置として存続が延長されることになっています。

電力の自由化によって急激に電気料金が高くなった場合などに、需要家にデメリットをもたらさないためです。

■図4-1　現在の電力料金の計算方式

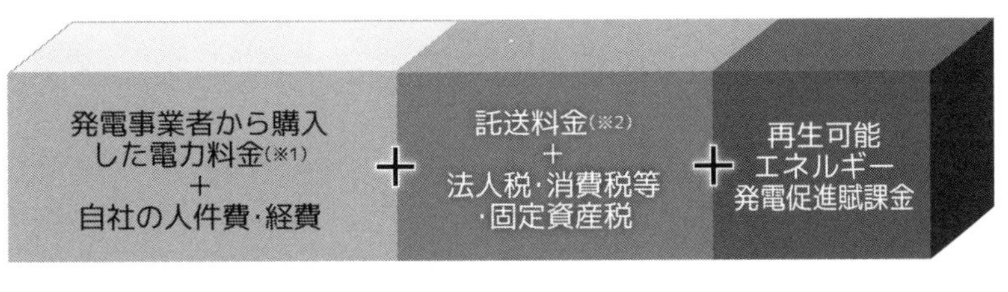

※1：発電にかかった料金です。自分の会社に発電施設がある場合は、自社の発電施設からの燃料費・減価償却費・修繕費・その他経費がこれに代わります。
※2：託送料金は送配電にかかったお金です。送配電にかかる人件費・修繕費・減価償却費・固定資産税が含まれます。託送料金には他に、電源開発促進税、賠償負担金、廃炉円滑化負担金が含まれます。

2 電気料金の基本は、基本料金＋電力量料金

では、一般の電気の消費者、すなわち需要家が支払う料金メニューはどういう構成になっているのでしょうか。

● 一般的な電気料金は「基本料金＋電力量料金」

一般的な電気料金の形式は、下のようになります。

このうち、「基本料金」は、使用電力量が増減しても毎月変わらない一定料金のことです。「電力量料金」は、1kWhあたりの単価に、1ヶ月の使用電力量を掛けたもので算出されます。「再エネ賦課金」は、FIT制度にもとづき、電力会社が買い取っている再生可能エネルギー電力の費用を、需要家が分けて負担するものです。これも1kWhあたりの単価に使用電力量を掛けて計算されます。

なお、電力量料金は「燃料費調整額」で増減が行われます。「燃料費調整額」は、日本では海外から輸入する石炭・石油・天然ガスなどの化石エネルギーが多いため、月ごとに変動する燃料の輸入価格を調整するため加算（減算）されるものです。「燃料費調整額」も1kWhあたりの単価に、使用電力量を掛けたものです。

よって「電力量料金」の算出方法は、下のようになります。

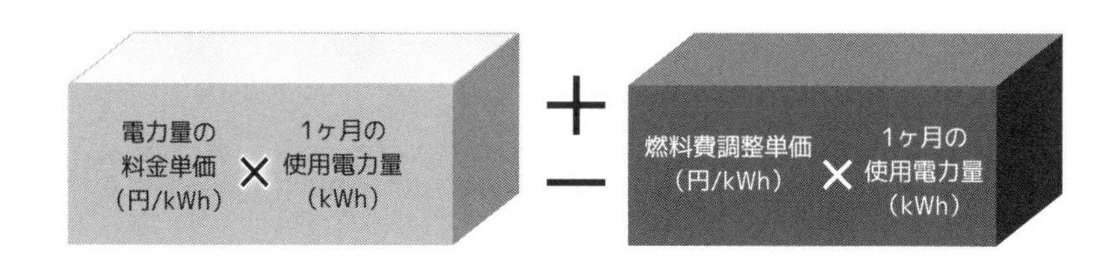

3 基本料金の「アンペア制」と「最低料金制」

電気料金で最もポピュラーなのは、低圧の「従量電灯」です。

規制料金の一つですが、一般家庭の多くがこの「従量電灯」で契約を行っています。

従量料金の特徴は、基本料金が電力会社によって「アンペア制」と「最低料金制」に分かれていること、それと電力量料金が3段階の従量制であることです。

まず、従量電灯の基本料金から見ていきましょう。

● アンペア制

「アンペア制」とは、基本料金が10A・15A・20A・30A・40A・50A・60Aと契約アンペアごとに変わっていく方式です。

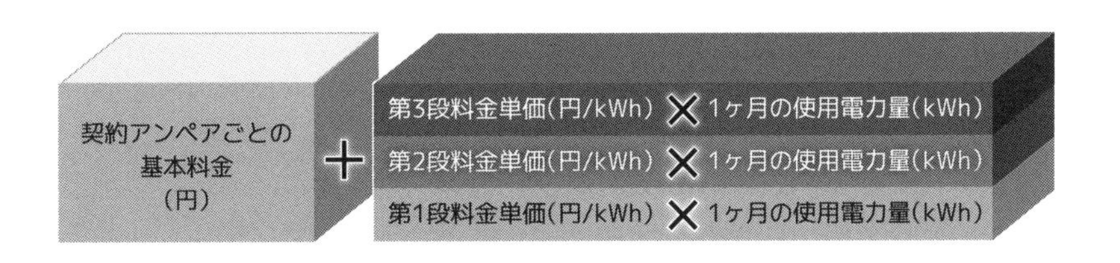

アンペア制の契約では、最初に契約アンペア数を決めます。一度に使う電力量が契約アンペアを超えたら、家のアンペアブレーカーが落ち、電気が止まるしくみです。なお、5Aの契約もありますが、非常に契約電力量が小さいため（たとえば洗濯機などは5A以上必要なので動きません）、特殊な契約といえます。

「アンペア制」を採用しているのは、北海道電力、東北電力、東京電力エナジーパートナー、中部電力ミライズ、北陸電力、九州電力の6社です。

● 最低料金制

「最低料金制」は、毎月必ずかかる固定料金が「最低料金」として設定されている方式です。たとえば関西電力では、使用電力量15kWhまでに固定額の最低料金がかかり、15kWh以上が第1段料金となります。

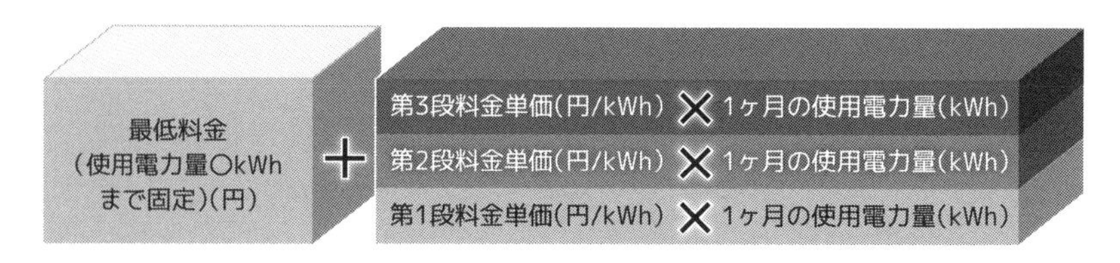

「最低料金制」を採用しているのは、関西電力、中国電力、四国電力、沖縄電力の4社です。最低料金制のエリアにも安全ブレーカーが設置されていますが、使用アンペアによってブレーカーが落ちることはありません。

4 電力量料金で最もポピュラーな「3段階料金」

1
2
3
4
5
6
7
8
9
10
用語集
索引

● 3段階料金制のあらまし

「従量電灯」などの電気料金をもう一つ特徴づけているのが、電力量料金の「3段階料金」です。従量電灯は前述の通り、以下のような構成になっています。

従量料金は、電気を使った分（従量）だけ増える料金です。電力会社から通知される「電気料金のお知らせ」などを見ると、明細に「1段料金○○円、2段料金○○円、3段料金○○円」と書いてあります。それが3段階料金です。

3段階料金は、電力量料金を3つのクラスに分けます。たとえば

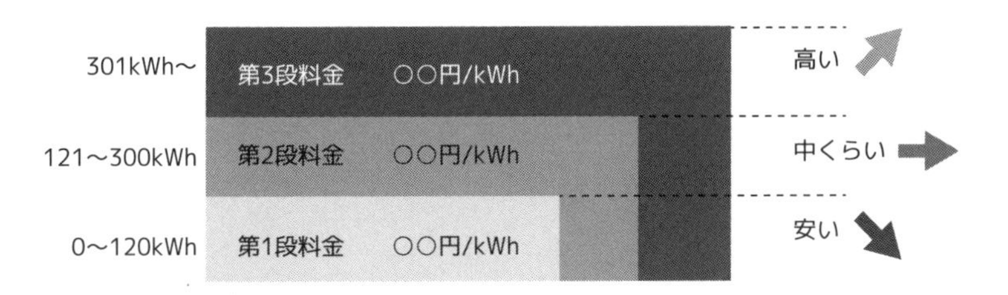

のように、それぞれ1kWhあたりの単価が決まっています。

第1段料金は、使った量が120kWhまでの単価、第2段料金は同じく121~300kWhの単価、第3段料金は301kWh以上（北海道電力は281kWh以上）の単価で、料金計算をする時には、使った量にそれぞれの単価を掛けて算出します。たとえば月の使用電力量が400kWhだとすると、

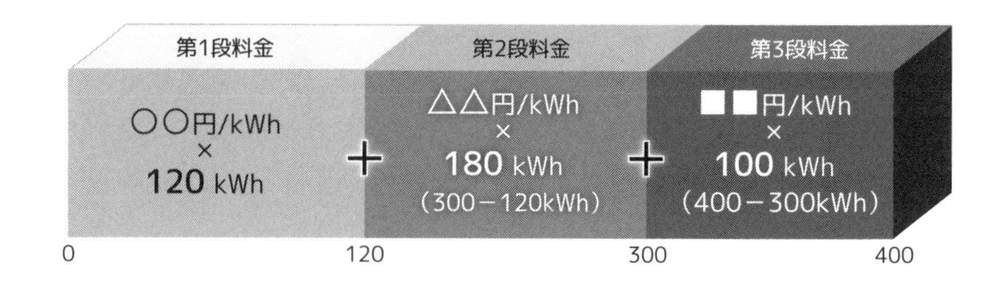

となり、第1~3段料金を足して電力量料金を算出します。

●３段階料金制のポイント

3段階料金制のポイントは、電気を使えば使うほど料金が高くなっていくことです。買い物などでは大量に買えば安くなるのが普通ですが、電気料金は逆になっています。

第1段が安いのは、電気が生活に必須のものであるため、低所得者層に優しく、といった観点からです。

第2段は平均的な一般家庭の使用を考え、平均的な料金にしてあります。第3段は省エネ・節電をうながし、使い過ぎを戒めるという観点から割高になっています。

3段階料金は、規制料金時代の料金制度として、規制の撤廃により廃止の方向で考えられています。しかし、当面は継続されることになっています。

5 その他の基本料金の決め方

● 基本料金のパターン

電気料金の内訳は、前にも述べたように主に基本料金と電力量料金からなります。

そのうち「基本料金」とは、電気を使わなくても、毎月一定額必ず支払わなければならない料金です。基本料金は電力会社の設備などの整備に使われます。

基本料金の決め方には料金メニューによっていくつかパターンがあります。先に従量電灯のアンペア制と最低料金制を紹介しましたが、それ以外には、次のようなものが代表的です。

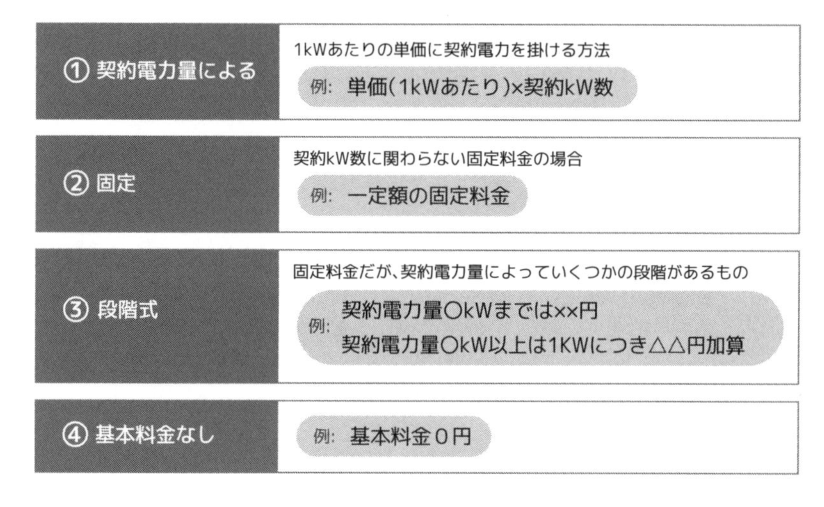

特に高圧や特別高圧料金には、①や③のパターンが多くあります。

また、最近の新電力企業などでは、他社と差別化を図るために、基本料金0円を目玉にしているところもあります。

6 契約電力の「実量制」とは

●「実量制」は、高圧小口の契約電力に多い

他に注意しておきたいのは、基本料金の額を決める上で重要になる「契約電力」の決め方です。

契約電力は、契約を結ぶ時、「これ以上使いません」という使用電力量の上限を決めておくものです。低圧のアンペア制などでは、ブレーカーが設定してあります。そのため、30Aで契約したとすれば、実際に30A以上を一度に使った場合、ブレーカーが落ち、それ以上の電力は使えなくなります。

高圧小口や一部の低圧契約の場合、契約電力の決定方法は「実量制」になります。「実量制」とは、当月とそれ以前11ヶ月の最大需要電力（最大デマンド値）のうちから最大の値を算出し、それを契約電力にするという方式です。「最大需要電力（最大デマンド値）」とは、需要家が使った電力の30分ごとの平均電力量（デマンド値）をとり、そのうちの1ヶ月での最大の値です。最大需要電力は毎月変動があるので、最大値が変わったら、契約電力も変わります（図４－２）。

■図4-2　実量制の契約電力の算出方法

当月と過去11ヶ月の最大需要電力を比較して、最大の値が契約電力となる

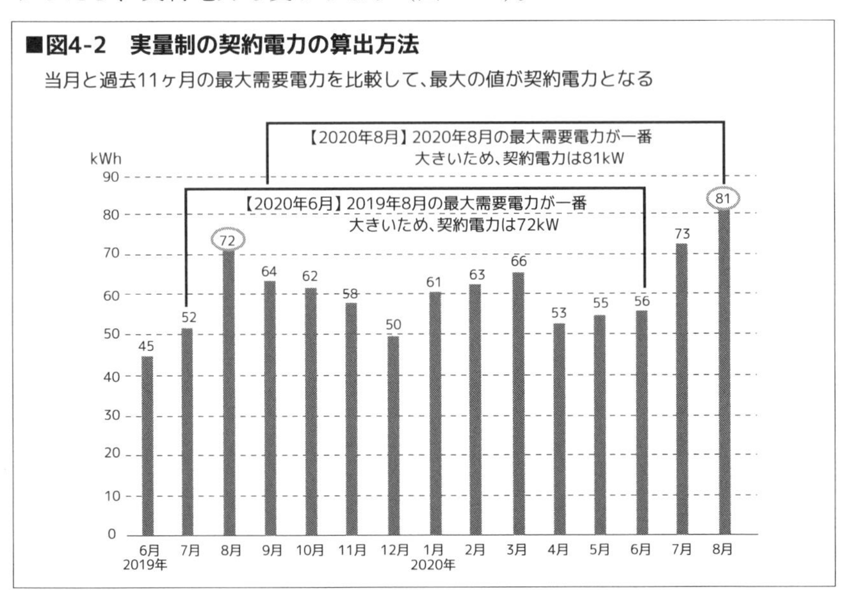

7 「季節別料金」や「時間帯別料金」

その他にも、さまざまな料金メニューを選ぶことができます。

● 季節別料金

「季節別料金」は、夏など使用電力量が多くなる季節の料金を高く、その他の季節の料金を安くしたものです（図4－3左）。その他の季節の使用電力量を増やし、省エネをうながす効果があります。

● 時間帯別料金

「時間帯別料金」は、夏の昼間などのピーク時の電力料金を他の時間帯に比べて高くし、逆に人が動かず使用電力量が少なくなる夜間や休日などの電気料金を安くする「深夜料金」「休日料金」を設定したメニューです（図4－3右）。こちらも省エネをうながす効果があります。

一般に火力発電所などは、発電量を細かく増減させることが難しいため、エアコンなどの使用が増える夏の昼間には電力が不足し、逆に人が働かない深夜や休日には、電力が余ります。

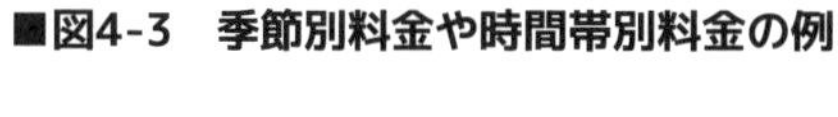

■図4-3　季節別料金や時間帯別料金の例

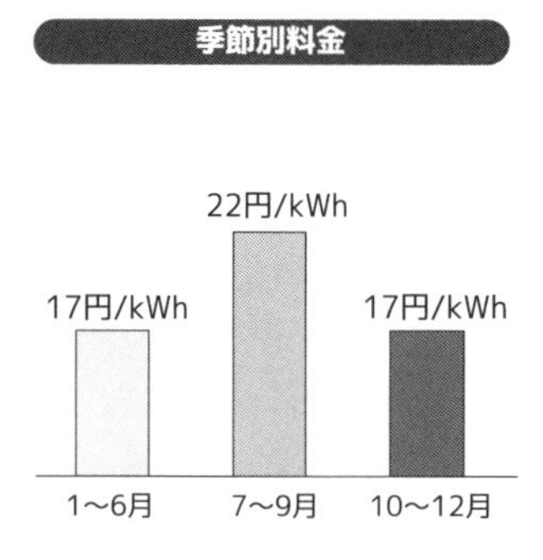

使用電力量の増える夏だけ料金を高くし、使用電力量を抑える。
冬場に使用電力量が多い企業などにはメリットがある

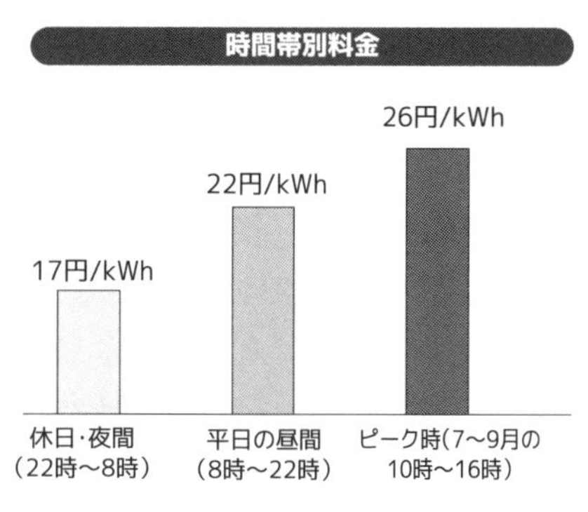

電力の余る夜間や休日などの料金を安くする。
深夜に稼働する工場などにはメリットがある。
夏のピーク時には料金を高くし、使用電力量を抑えるですから、夏のピーク時間には電気料金を上げて節電をうながしたり、逆に夜間は安くして、無人の工場を動かすような業者にメリットのある料金メニューを設けたりするのです。

夜間に安い深夜電力を利用して湯を沸かして貯める「エコキュート」なども、こうした料金メニューを利用してコスト減の効果を生み出しています。また、休日しか開かない施設などは、「休日料金」のメニューを利用するとメリットが生まれます。

8 その他の電気料金メニュー

他にも用途は限られますが、下のような料金メニューがあります。

● 定額電灯

ネオンサインや店の電子看板、アパートの共用部分の照明など、ごく小さく限られた照明・小型機器用に安く利用できる契約です。1灯ごといくら、1機器いくらの契約となります。

● 農事用電力

田んぼなどのかんがい排水用や育苗用、脱穀用など、限られた農業用途に使われる電力契約で、シーズンを限ったものもあります。非常に安い料金に設定されています。

● 自家発補給電力（自家補）

需要家が自分の発電機を持っていて、その補助として電力契約を行う場合の契約メニューです。普段は自分の発電機で発電し、停電時や補修の時などに臨時に電気を電力会社から補給してもらう契約です。

● 臨時電力

短期間の工事現場などで使われる、1年未満の電力契約です。

9　電力自由化で新しく誕生した料金メニュー

● 規制料金の代わりに生まれる新料金プラン

これまでの電気料金は、法律で定められた規制料金でした。電力自由化の方針から、規制料金は撤廃される予定でしたが、現在も継続されています。まだ大手電力会社に対抗できる競争相手が育っておらず、規制がなくなると、大手電力会社が急激な値上げを行っても、中小の電力会社が対抗できず需要家が高い料金で契約するしかなくなるからです。

こうして規制料金は残りましたが、新規参入した電力会社から、新しい料金メニューが生まれています。その代表的な例を見てみましょう。

● 格安プラン

大手電力会社とほぼ同じメニューながら、基本料金や電力量料金が安くなっているサービスです。新電力企業の多くが採用しています。

● セット料金プラン

たとえばガス会社が電力参入し、電気とガスをセットで契約すれば料金を割引くというプラン。他にCATVなどとのセット割引もあります。

● 会員割引プラン・地域在住者プラン

生協などの会員であれば、電気料金の割引が受けられるというプランです。会員に登録することが条件です。地域密着型の電力会社であれば、地産地消の電力を使った割引サービスも受けられます。

● ポイント付与プラン

契約すればマイレージや○○ポイントなどが付与されるプランです。

● 卒FIT契約併用プラン

太陽光発電の設備を持っている人で、売電契約とセットで電力契約を結ぶというパターンです。電気料金の割引に加え、発電した電気を使用電力量と相殺するなどのサービスが受けられます。

10 託送料金とは

託送料金とは

ここで、電気料金の3～4割を占める「託送料金」について説明しておきましょう。託送料金は、発電所から需要家の供給地点までの送配電にかかるお金で、一般送配電事業者に支払われます。

託送料金には、送配電にかかる人件費・修繕費・設備費用（減価償却費）・固定資産税が含まれます。

託送料金は、需要家が受電する電圧によって料金単価が変わり、高い順から低圧、高圧、特別高圧となります。低圧の方が高いのは不思議ですが、高圧契約は変電設備が不要なため、安くなるのです。

託送料金には他に、電源開発促進税、賠償負担金、廃炉円滑化負担金が含まれます。

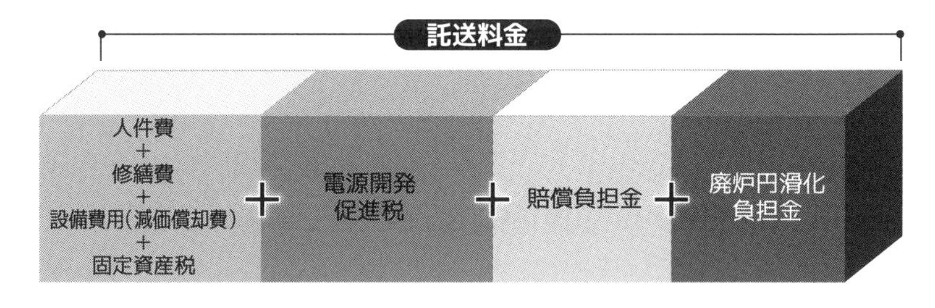

電源開発促進税

「電源開発促進税」とは、発電所などの設置にかかる費用を負担するために一般送配電事業者にかけられた税金です。一般送配電事業者が、託送料金に上乗せしています。

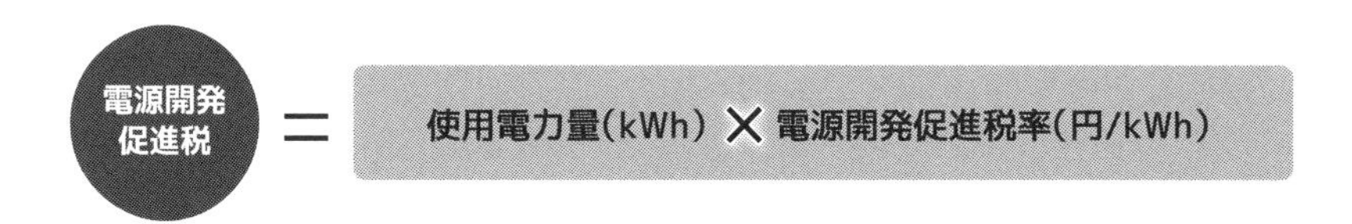

賠償負担金

「賠償負担金」とは、福島第一原子力発電所の損害賠償に使われる約

2.4兆円のお金を、需要家が電気料金の一部として負担するお金です。賠償金の回収には40年程度かかる予定です。

● 廃炉円滑化負担金

「廃炉円滑化負担金」とは、原発への依存度を下げるという政府の基本方針のもと、原子炉の廃炉にかかる費用を、需要家が電気料金の一部として負担するお金です。

11 再生可能エネルギー発電促進賦課金とは

再生可能エネルギーに関しては、第6章もご参照ください。

発電者が再エネで発電した電気は、「再生可能エネルギー固定価格買取（FIT）制度」にもとづき、電力会社が固定価格で買い取ります。

「再生可能エネルギー発電促進賦課金」とは、電力会社が固定価格で買い取る費用を、需要家が負担するものです。

再エネ発電促進賦課金の料金計算は、下のようになります。

12 燃料費調整額とは

●燃料費調整額とは

電気料金を計算する上で、もう一つ重要なものに「燃料費調整額」があります。

ご存じのように、日本は石油・石炭・LNGといったエネルギー資源の多くを輸入しています。発電に使うエネルギーの多くは、そうした輸入化石エネルギーであるため、月々によって価格が大きく変動してしまいます。

「燃料費調整制度」は、そうした価格変動を電気料金に反映させるものです。輸入価格が高くなれば、電気料金に上乗せし、逆に安くなれば電気料金から差し引かれます。

このように、制度にもとづいて調整された金額が、「燃料費調整額」です。

●燃料費調整額の決め方

燃料費調整額は、下のように1kWhあたりの「燃料費調整単価」に使用電力量を掛けたもので決められます。

前月より輸入価格が上がればプラスになり、下がればマイナスになります。

燃料費調整単価は、燃料価格の３ヶ月平均値（平均燃料価格）にもとづき、２ヶ月後に電気料金に反映されます。たとえば1～3月の燃料価格の平均値は、6月分の料金に反映されます。

燃料費調整単価は、石油・石炭・LNGの３ヶ月平均燃料価格に係数を掛け、足し合わせたもので算出されます。電力会社ごとに算定式は異なりますが、一例を見てみましょう。

■燃料費調整単価の算定方法(例:東北電力)

まず、3ヶ月の「平均燃料価格(原油1キロリットルあたりに換算)」を算定して、その値をもとに燃料費調整単価を算出します。

平均燃料価格の算定式

A＝平均燃料価格の算定期間における１klあたりの平均原油価格
　係数α＝0.1152
B＝平均燃料価格の算定期間における１tあたりの平均LNG価格
　係数β＝0.2714
C＝平均燃料価格の算定期間における１tあたりの平均石炭価格
　係数γ＝0.7386
とすると

平均燃料価格＝Aα＋Bβ＋Cγ（100円未満四捨五入）

燃料費調整単価の算定式

平均燃料価格と基準燃料価格 31,400 円 で比較
【燃料費調整】
・プラス調整（平均燃料価格が、基準燃料価格を上回った場合）
（平均燃料価格－31,400 円）×基準単価／ 1,000
・マイナス調整（平均燃料価格が、基準燃料価格を下回った場合）
（31,400 円－平均燃料価格）×基準単価／ 1,000
※基準単価は平均燃料価格がキロリットルあたり 1,000 円変動した場合の値。契約メニューごとにあらかじめ設定してあります。低圧の場合は 0.221 円です。上限価格（47,100 円）は、2022 年 12 月から撤廃されました。

13 電気料金の力率割引

その他、電気料金を計算する場合に割引や割増を設ける場合があります。代表的なものは力率割引（割増）です。

●力率とは

力率とは、発電所から送られた電力のうち、有効に使われた電力の比率です。発電所から送られてくる電力のうち、機器により実際に使われる電力を「有効電力」といいます。その一方で、使われなかった電力を「無効電力」といいます。

この有効電力が、送られてきたすべての電力（皮相電力）のうちの何％にあたるかを示したものが力率です。

ちなみに皮相電力と有効・無効電力の関係は下の式で示されます。

皮相電力^2＝有効電力^2＋無効電力^2

●力率割引とは

力率が高いほど、有効に使われる電力が多いということで、電力会社では、力率の高低に応じて割引・割増制度を設けています。

たとえば力率の設定（基準力率）が85％とすると、力率が上がるごとに基本料金が割引され、また下がるごとに割増されます。

割引は電力会社各社によって差はありますが、たとえば低圧の場合、基準力率以上は基本料金の5％割引、基準力率以下は5％割増を行い、高圧の場合は基準力率を1％増減するごとに基本料金を1％ずつ割引・割増するといった形です（中部電力の場合）。

第５章　受付から完了まで、電力契約の手順

ここまで、電気料金のしくみを見てきましたが、一般ユーザー（需要家）が電力契約を行う時はどのような手順で行うのでしょうか。

引っ越しや新築、建物の取り壊し、それから電力会社の乗り換えなどで、電力会社との契約を行うケースは、多々あります。

その契約それぞれについての手順があります。ここでは、それをみてみましょう。

1　まず申込を行う

電力会社との契約を行う場合、まず申込を行います。現在では、申込は電話やインターネット（スマートフォン）上から行うのが一般的です。

申込の種類には、以下のようなものがあります。

- ●新設…新築で新たに電気契約を行うことです。
- ●再点…内線設備の工事を伴わない電力供給の開始申込。つまり、引っ越しなどで過去に休止していた電気を、工事なしで新たに配電すること。
- ●スイッチング…電力会社を乗り換えて別の電力会社と契約すること。現在の電力会社との契約を止めて別の会社へ移ることを「スイッチング廃止」、別の電力会社から新しい電力会社へ移ってくることを「スイッチング開始」といい、廃止と開始はセットで行われます。
- ●廃止…内線設備の工事を伴わない電力供給の停止申込。つまり引っ越しなどで今まで使っていた電気を止めることです。
- ●撤去…内線設備の工事を伴う電力供給の停止。つまり家の解体などで電力を止めることをいいます。
- ●アンペア変更…契約アンペア数の変更です。
- ●需要家情報変更…需要家の氏名や連絡先・電話番号などの変更です。
- ●増設・減設…同一地点で、内線設備の工事を伴う電気設備の増設や減設を行うこと。工場などで電気設備を増やしたり減らしたりする場合に使われます。

このうち、「新設」と「増設」、「減設」については、一般送配電事業者が住宅や工場の電気工事を行います。そこで、使う人ではなく、電気工事業者から一般送配電事業者に対して申込手続きが行われます。

それ以外については、小売電気事業者が、電力広域的運営推進機関（OCCTO）の運用する「スイッチング支援システム」を使って、ネット上から手続きを行います。

手続きの大まかな手順は以下の通りです。

1. 申込者（需要家）が、小売電気事業者に申込を行います。
2. 小売電気事業者が申込を受け付けます。
3. 小売電気事業者は、申込の内容に沿い、申込者と契約を結びます。（アンペア変更や需要家情報変更の場合は、契約の変更のみです。）
4. 小売電気事業者が契約内容によって、スイッチング支援システムを通じ、スイッチング・再点・廃止などの手続きを行います。
5. スマートメーターの取り付けを行います（スマートメーターに切り替えていない家のみ）。
6. 手続き完了後、申込者が電気の使用を開始します。

BreakTime

パワー電力株式会社 代表取締役『エナジー社長』

- 決して顔を出さない影が薄い謎の人物。
- 社長なのに存在感がない。
- 非常に多忙で表に顔を出せないという説と小心者との説がある。
- 「日本一の新電力会社になる」という大きな野望をもつ。
- 特技は節電。

2 「スイッチング」の場合の手順は？

● スイッチングの意味

申込手続きの中でも、新電力の小売電気事業者にとって重要なのはスイッチング手続きです。「スイッチング」とは「切り替える」こと。つまり、電気を使っている需要家が、今契約している現小売電気事業者から、別の新しい事業者に乗り換えることです。

2016年に一般家庭で使う低圧電力の小売が自由化され、一般の消費者（需要家）が小売電気事業者を自由に選べるようになりました。資源エネルギー庁の調査では、電力会社を乗り換えたのは、全需要家の2割に及びます。

乗り換えの増加で、スイッチング手続きも頻繁に行われるようになりました。膨大な手続きをスピーディに行うため、電力広域的運営推進機関（OCCTO）が、一連の手続きを自動化する「スイッチング支援システム」を運営しています。

● スイッチングの具体的な手順

スイッチングの際には、

(A) 今までの現小売電気事業者が契約を廃止する（スイッチング廃止申込）

(B) 新しい小売電気事業者が契約を開始する（スイッチング開始申込）

の2つの申込が行われます。

この2つの申込が、一般送配電事業者（大手電力会社）のもとに揃う（マッチングする）と契約成立となります。

2つの申込が行われるわけですが、一般のお客様（需要家）は、新しい小売電気事業者に「スイッチング開始申込」をするだけです。通常、今までの事業者への廃止申込は、新しい事業者が代行します。

スイッチングの手続きは、新小売電気事業者の申込により前述の「スイッチング支援システム」を経由して行われます（図5－1）。

需要家がスイッチングを申し出た場合、新小売電気事業者の業務手順は、右ページの通りとなります。

1 申込者(需要家)から、新小売電気事業者がスイッチングの申込を受け付けます。
新事業者は、申込者の供給地点特定番号などを照合し、スイッチング支援システムの設備照会を行って、申込者の申告した情報に不備や間違いがないか確認します。
申込時には、需要家がスマートメーターを設置しているかどうかも確認します。
スマートメーターが設置されていない場合は、マッチング終了後に速やかに設置が行われます。
※高圧契約の場合は、申込者と新事業者、一般送配電事業者が必要に応じて事前検討を行う場合があります。

2 申込者の情報に不備がないと確認できたら、
新事業者が、スイッチング支援システムに「廃止取次」を申込みます。
(需要家から直接、現事業者に「契約廃止」の申込を行う場合もあります。)

3 スイッチング支援システムが、廃止取次の登録を行います。
スイッチング支援システムから、現事業者に廃止判定をするようメール通知が行きます。

4 現事業者が廃止判定を行います。
判定は、契約番号や住所・氏名などを照合して本人確認ができた場合、OKと判断されます。
現事業者は、廃止判定の結果をスイッチング支援システムに回答します。

5 スイッチング支援システムが、廃止可否(廃止判定の結果)の登録を行い、
新事業者へ廃止可否の結果がメールで通知されます。

6 廃止可否の結果を見て、現事業者が、一般送配電事業者にスイッチング廃止の申込を行います。また、新事業者側は、廃止可否の結果を見て、一般送配電事業者にスイッチング開始の申込を行います。

7 スイッチング開始申込と廃止申込が期日までに揃ったら、一般送配電事業者は「マッチング判定」を行い、その合否をスイッチング支援システムに登録します。

8 新事業者が、一般送配電事業者からマッチング判定の結果を取得し、
申込者に結果を連絡します。

9 スマートメーター設置が必要な場合は、一般送配電事業者が申込者に連絡し、
工事を行います。

10 期日に一般送配電事業者がスイッチング作業を行い、
作業完了の結果をスイッチング支援システムに登録します。

11 新事業者が、スイッチング支援システムから作業完了結果を受け取り、
申込者へ作業完了結果を通知します。

●マッチングとは

マッチングとは、新・現小売電気事業者からのスイッチング開始申込と廃止申込が一般送配電事業者のもとに揃うことです。期日までに不備なく揃った場合に、スイッチングが成立し、小売電気事業者の切替えが行われます。

■図5-1　スイッチング(SW)の手続き

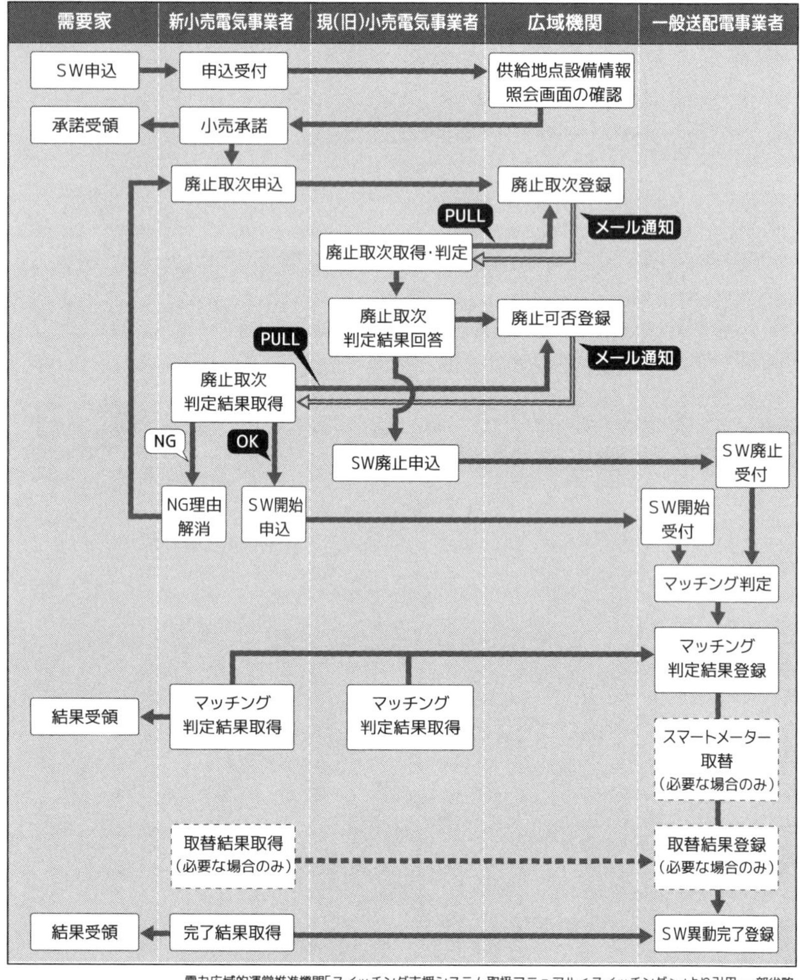

電力広域的運営推進機関「スイッチング支援システム取扱マニュアル<スイッチング>」より引用･一部省略

3 「再点」の場合の手続きは?

「再点」の具体的な手順

「再点」とは、前述のとおり、設備工事を伴わない新規の電力供給の申込のことです。引っ越しなどの場合に、休止していたマンションの部屋の電気を再び使い始めたり、新しくオフィスや工場を借りたりする場合がこれにあたります。

需要家が再点を申し出た場合、小売電気事業者の業務手順は、以下のようになります（図5－2）。

1 申込者(需要家)が、小売電気事業者へ「再点」の申込を行います。申込を受けた小売電気事業者は、スイッチング支援システムに設備情報の照会を行い、申込者の情報に不備がないかを確かめます。

2 小売電気事業者が申込者に電力供給を承諾したことを伝えます。

3 小売電気事業者が、スイッチング支援システムを通じて一般送配電事業者へ「再点申込」を行います。

4 一般送配電事業者が再点申込を受け付けます。
スマートメーター設置が必要な場合は、当該エリアの一般送配電事業者が申込者(需要家)に連絡し、工事を行います。

5 期日に一般送配電事業者が再点作業を行い、作業完了の結果をスイッチング支援システムに登録します。

6 小売電気事業者が、スイッチング支援システムから作業完了結果を受け取り、申込者に作業完了結果を通知します。

「遡及再点申込」とは

再点の申込日については、需要家から使用開始前に申し込まれることが原則です。再点希望日が指定できるのは、申込を処理した日から31日以内となっています。

ただし、マンションなどへ入居する時などは、入居後すぐに使用を開始する場合（たとえば、需要家が入居時にブレーカーを開いてしまう場合など）もあります。

そこでスイッチング支援システムでは、実際に申し込んだ日より申込日を前倒しする「遡及再点申込」もできるようにしています（申込日の31日前まで）。

■図5-2　再点の手続き

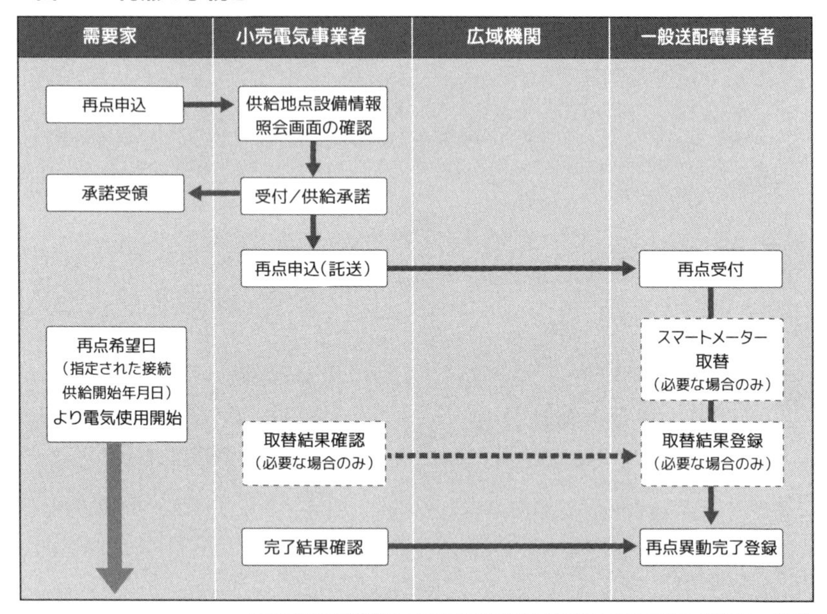

電力広域的運営推進機関「スイッチング支援システム取扱マニュアル<再点>」より引用・一部省略

4 「廃止」の場合の手続きは？

1
2
3
4
5
6
7
8
9
10
用語集
索引

●「廃止」は需要家の退去などで、電気の使用を停止すること

「廃止」とは、需要家が引っ越すなどで退去し、電気の使用を停止することです。廃止の手続きを行う場合も、スイッチング支援システムを使って、一般送配電事業者に申込登録を行わなければなりません。

廃止は、低圧契約と高圧契約では、キュービクル（受電設備）の有無などで手順が違います。ここでは低圧の場合について解説します。

廃止の手順には、【1】需要家が申し出るもの（図5－3）と【2】小売電気事業者が申し出るもの（図5－4）があります。

さらに、【1】需要家が申し出るものについては、再び電気が使われる時に備えて電気設備を残す場合と、建物が取り壊されるなどで電気設備を残さない場合があります。

【2】小売電気事業者が申し出るものは、需要家が電気料金未払いのため、電気を止める場合です。

それぞれ業務手順が違いますので、【1】【2】の2通りを紹介します。

●廃止手続きを行う場合の注意点

廃止の場合は、需要家に、同じ供給地点で他の契約がないかを確認しておく必要があります。

また、需要家が退去する時にブレーカーなどを切っておくよう指示する必要があります。別の誰かが入居した時に通電を行うと、残されている電気設備などが点灯して火事になる可能性があるからです。また需要家が在宅医療者で、人工呼吸器を備えているなどの可能性もあるため、事前の情報収集にも注意が必要です。

なお、スイッチングを申し込んだ需要家が、切替え前にクーリング・オフ（契約後、一定の期間内なら無条件で契約撤回ができる制度）を申し出て撤回を行った場合も、一般送配電事業者に廃止手続を行わねばなりません。この場合は、小売電気事業者の申し出による廃止となりますので注意が必要です。

【1】需要家が廃止を申し出た場合の業務手順

1 申込者（需要家）が、小売電気事業者に「廃止」の申込を行います。小売電気事業者は、スイッチング支援システムに設備情報の照会を行い、同一の供給地点に他の契約がないかなど、廃止を行うのに問題がないかを確かめます。

2 設備に問題がないなら、小売電気事業者が申込者に廃止を行うことを伝えます。

3 小売電気事業者がスイッチング支援システムを通じ、一般送配電事業者へ「廃止申込」を行います。

4 一般送配電事業者が「廃止申込」を受け付けます。

5 設備の撤去などの工事が必要な場合は、一般送配電事業者が申込者に連絡し、工事を行います。

6 一般送配電事業者が廃止作業を行い、作業完了の結果をスイッチング支援システムに登録します。

7 小売電気事業者が、スイッチング支援システムから作業完了結果を受け取ります。

8 申込者の廃止希望日に、電気使用が停止されます。

■図5-3　廃止（需要家申出の場合）の手続き

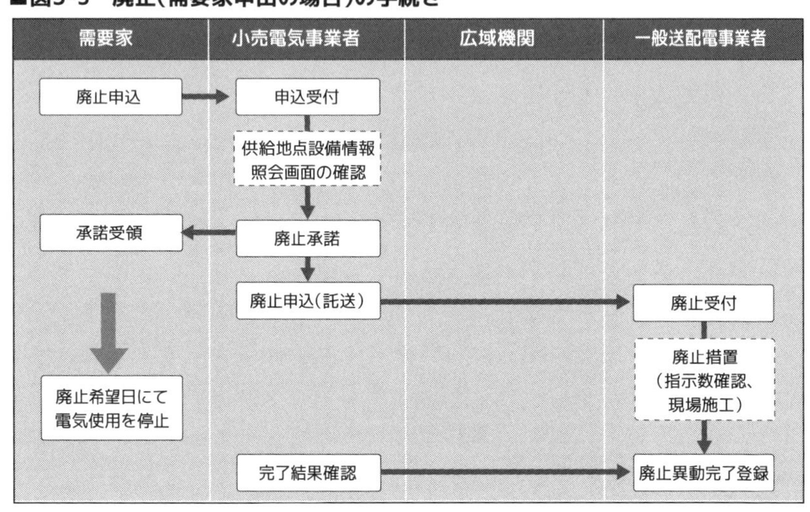

電力広域的運営推進機関「スイッチング支援システム取扱マニュアル<廃止>」より引用・一部省略

●【2】小売電気事業者が廃止を申し出た場合の業務手順

1. 小売電気事業者が、需要家へ「契約解約予告通知」を送ります（廃止の15日ほど前）。
2. 需要家が「契約解約予告通知」を受け取ります。
3. 通知後も需要家の未払状態が変わらない場合、廃止申込手順に入ります。
4. 小売電気事業者が、スイッチング支援システムに設備情報の照会を行い、同一の供給地点に他の契約がないかなど、廃止を行うのに問題がないか確認します。
5. 小売電気事業者がスイッチング支援システムを通じて、一般送配電事業者（大手電力会社）へ「廃止申込」を行います（廃止の10日ほど前）。
6. 一般送配電事業者が「廃止」を受け付けます。
7. 一般送配電事業者が、需要家に「供給停止予告通知」を送ります（廃止の5日ほど前）。
8. 一般送配電事業者が廃止作業を行い、作業完了の結果をスイッチング支援システムに登録します。
9. 小売電気事業者が、スイッチング支援システムから作業完了結果を受け取ります。

■図5-4　廃止（小売電気事業者申出の場合）の手続き

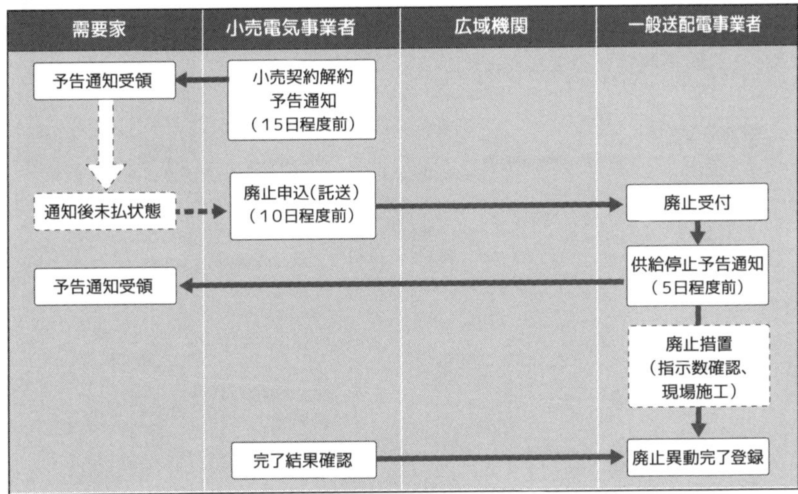

電力広域的運営推進機関「スイッチング支援システム取扱マニュアル<廃止>」より引用・一部省略

5 料金計算から支払いまで

●電気料金が請求されるまでの手順

実際に需要家の電力使用がスタートすると、1ヶ月後に電力会社からの電気料金の請求が始まります。では、電気料金が請求されるまではどんな手順で行われるのでしょうか（図5－5）。

低圧の場合は、スマートメーターによって1ヶ月の使用電力量が30分単位で計測され、一般送配電事業者のもとに通信で送られます。

一般送配電事業者では、そのデータ（確定値）を供給地点（電力を使用している場所）ごとに蓄積しておき、1ヶ月に一度、需要家が契約している小売電気事業者に通知します。（実際には、登録された確定値データを小売電気事業者の顧客情報管理システムが自動取得します。）

確定値は1ヶ月の使用電力量を毎日30分ごとに記録したものです。

小売電気事業者側では、入手した確定値データを供給地点ごとに計算し、1ヶ月の電気料金を需要家ごとに算出します。

電気料金の額は請求書にまとめられ、各需要家に送られます。

請求書を受け取った需要家は、口座振替・クレジットカード・コンビニ払いなどで、銀行や収納代行業者を経由して小売電気事業者に電気料金を入金します。

■図5-5　電気料金が請求されるまで

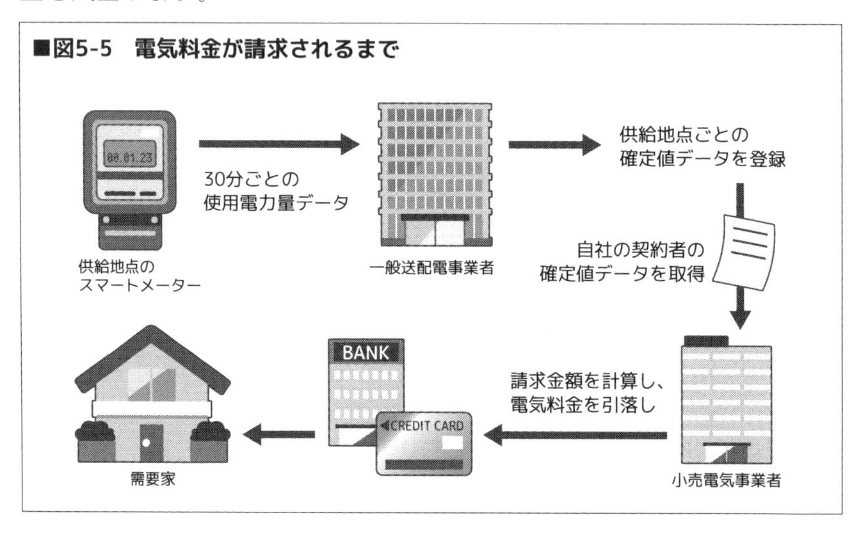

6　検針日・計量日とは

●「検針日」とは

1ヶ月の電気料金を決める時に重要になるのが「検針日」です。

検針日は、毎月の使用電力量を計測する日のことです。旧式の電気メーターを設置している家では、その日に電力会社の検針員がメーターの使用電力量を確認しに来ます（手検針の場合）。

現在では自動検針のスマートメーターが主流になり、検針員は訪れません。スマートメーターにより電力量が記録される日のことを「計量日」といいます。

検針日と計量日の定義は、下のようになります（図5－6）。

- **検針日**

  実際に検針を行う日。料金の算定を行う基準日となります。検針日は、各エリアの一般送配電事業者が決定します。

- **基準（基本）検針日**

  電力会社が区域別に定めた、検針日のグループのことです。日付になっていますが、その日に検針を行うという意味ではありません。基準検針日ごとに、毎月の実際の検針日が定められます。

- **計量日**

  スマートメーター（記録型計量器）により電力量と最大需要電力が記録される日です。

■図5-6　検針日と計量日

検針日

実際に検針が行われるとされる日
（スマートメーターの場合、検針員による手検針は行われません）

計量日

スマートメーターで使用電力量と最大需要電力が記録される日

● 分散検針と繰上検針

検針日の日の決め方には、分散検針と繰上検針があります。分散検針は毎月1日以外の各日に検針日を分散するもので、繰上検針は毎月1日に検針日を設定するものです。分散検針は低圧契約の場合、繰上検針は高圧以上の場合が中心でしたが、近年では1日に計量が集中することを避けるため、高圧小口契約などでも分散検針が採り入れられています。

検針日と「料金算定期間」の関係は、下のようになります（表5－7）。

- **分散検針の場合**

(1) 低圧契約で、手検針の場合
前月の検針日から当月の検針日の前日までが、電気料金の1ヶ月分

(2) 低圧契約（または高圧小口の一部）で、スマートメーター検針の場合（東京エリア）
前月の計量日から当月の計量日の前日までが1ヶ月分

(3) 低圧契約（または高圧小口の一部）で、スマートメーター検針の場合（東京エリア以外）
前月の基準検針日から当月の基準検針日の前日までが1ヶ月分

(4) 契約区分が高圧（一部除く）以上の場合（東京エリア）
前月の計量日から当月の計量日の前日までが1ヶ月分

(5) 契約区分が高圧の場合（東京エリア以外）
前月の基準検針日から当月の基準検針日の前日までが1ヶ月分

- **繰上検針の場合**

(1) 高圧契約以上の場合
前月の1日から末日までが1ヶ月分

■表5-7　検針日の区分

			電気料金の1ヶ月分
分散検針	低圧契約	手検針	前月の検針日～当月の検針日の前日
	低圧契約（または高圧小口の一部）	スマートメーター検針(東京エリア)	前月の計量日～当月の計量日の前日
		スマートメーター検針(東京エリア以外)	前月の基準検針日～当月の基準検針日の前日
	高圧契約(一部除く)以上(東京エリア)		前月の計量日～当月の計量日の前日
	高圧契約以上(東京エリア以外)		前月の基準検針日～当月の基準検針日の前日
繰上検針	高圧契約以上		前月の1日～末日

7 電力会社で使う顧客情報管理システム（CIS）

●申込から料金請求まで一貫して行えるCIS

ここまで、電力会社への申込から受付、料金請求・支払までの流れを見てきました。こうした業務の運用は、電力会社では一貫した顧客情報管理システム（CIS）などを導入して行うのが一般的です。

需要家が電力会社へ申込をする時は、現在では直接申し込む他、インターネットのフォームなどを使う場合が多いでしょう。

顧客情報管理システムでは、こうしたユーザー（需要家）との

・申込受付
・契約
・OCCTOのスイッチング支援システムとのAPI連携
・顧客管理
・使用電力量の確定値データの自動取得
・料金計算
・請求書発行
・銀行・決済代行・収納代行業者との請求データ連携
・需給管理システムとの自動連携
・会計システムとの自動連携

などの業務が一つのパッケージソフトで行えます。

一度導入しておけば、面倒なスイッチング支援システムとのAPI連携や顧客情報の一元管理、請求書の発行などがスムーズに行えます。

ホームページからお客様が入力した申込データを一括してファイルで取り込み、スピーディに業務を進行できるなど、省力化にも大いに役立ちます。

●各社から出ているCIS

顧客情報管理システムは、弊社・株式会社スリートのPowerCISをはじめ各社が出しており、月額10万円程度のリーズナブルな価格のものから導入費用が数千万円もするシステムまで各種あります。

新電力企業の事業規模を考えると、大がかりなシステムを一気に導入

するより、リーズナブルで機能的にも十分なものを考慮するのが適切ではないでしょうか。

弊社のPowerCISは導入費用が安く、リスクが低い上、導入までにかかる期間も標準機能でわずか3ヶ月と、非常にスピーディなのが大きなメリットです。

社内の作業連携をスムーズに行うためのツールとしても、導入を真剣に検討されてみるのはいかがでしょうか。

ちょこっとPR

● PowerCIS に関するお問合せは

株式会社スリート

住所：〒542-0081 大阪市中央区南船場4丁目6-10 新東和ビル5階

電話番号：06-6251-0315　FAX：06-6251-0314

ホームページ：https://www.threet.co.jp/

PowerCIS ホームページ：https://powercis.jp/

■ PowerCIS 画面例　©（株）スリート

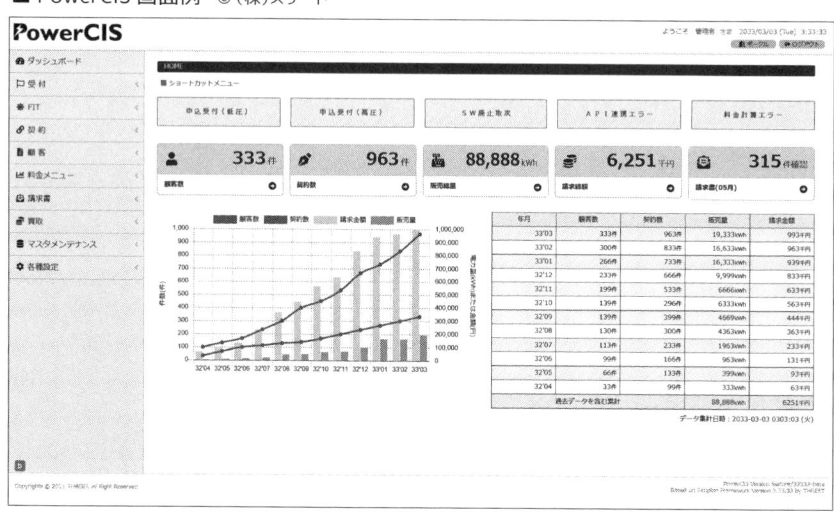

第６章　再生可能エネルギーとは

2020年10月、当時の菅首相が就任後の所信表明演説で「2050年までに、温室効果ガスの排出を実質ゼロにする」と述べました。ヨーロッパなどでは各国が同じ目標をすでに掲げていますが、日本もそれに並んだことになります。

この目標を達成するのに重要な役割を果たすのが、温室効果ガスの排出が少ない「再生可能エネルギー」です。

今、電力をはじめとするエネルギー業界では、「再生可能エネルギー」が非常に大きなテーマとなっています。再エネは、十年ほど前はまだ「環境保護」という1スローガンに過ぎませんでしたが、近年は新しい重要産業としての側面が強くなり、その規模も大きくなっています。

そこで、少し詳しく再エネについて解説したいと思います。

1 「再生可能エネルギー」とは何か

● 再生可能エネルギーの定義

「再生可能エネルギー（再エネ）」には、いくつかの定義がありますが、「使う以上に自然界から再生されるので枯渇することのないエネルギー」のことをいいます。

再エネは、太陽光や風力、水力など自然界から得られ、環境破壊の原因になる「温室効果ガス」の排出量が少ないエネルギーです。温室効果ガスとは、二酸化炭素や一酸化二窒素、メタン、フロンガスなどを指します。

現在の世界は、人間の手によって排出された温室効果ガスが地球を包み、地表から発出された赤外線を閉じ込めること（温室効果）によって温度上昇が起きているとされます（図6－1）。これが「地球温暖化」です。地球温暖化によって、異常気象や環境破壊などが起きているため、温室効果ガス排出のもとになる石炭や石油、天然ガスなどの化石エネルギーの燃焼を減らさなければなりません。

そのための代替エネルギーとして利用されるのが、温室効果ガス排出の少ない再生可能エネルギーなのです。

■図6-1　温室効果ガス

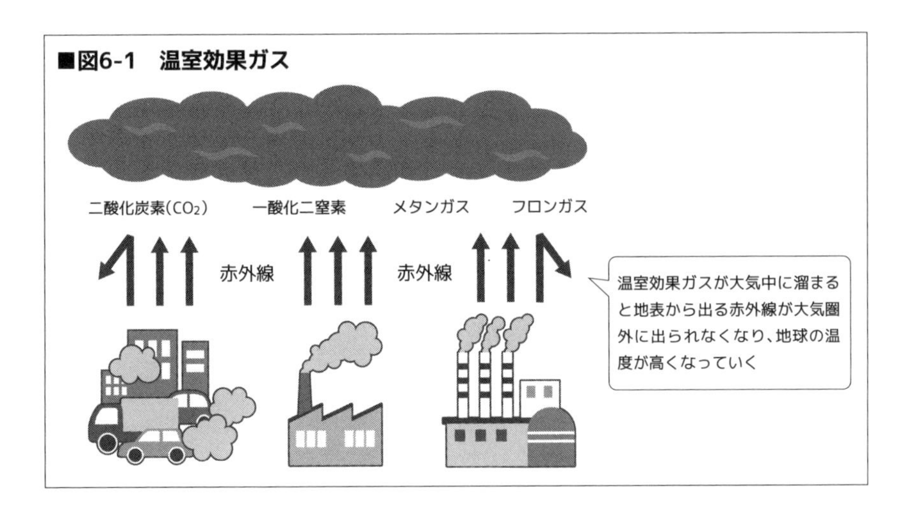

●再生可能エネルギーの種類

日本では、発電に利用する再生可能エネルギーとして、「太陽光」「風力」「地熱」「中小規模の水力」「バイオマス」が法律で定義されています。この他にも「太陽熱」「海洋波力」などを用いた方法が発電に利用されています（図6－2）。

再生可能エネルギーは、温室効果ガスの排出が石炭や石油、天然ガスなどの化石エネルギーに比べ数十分の1ほどしかなく、地球環境に優しいのが特徴です。

■図6-2　再生可能エネルギーの種類

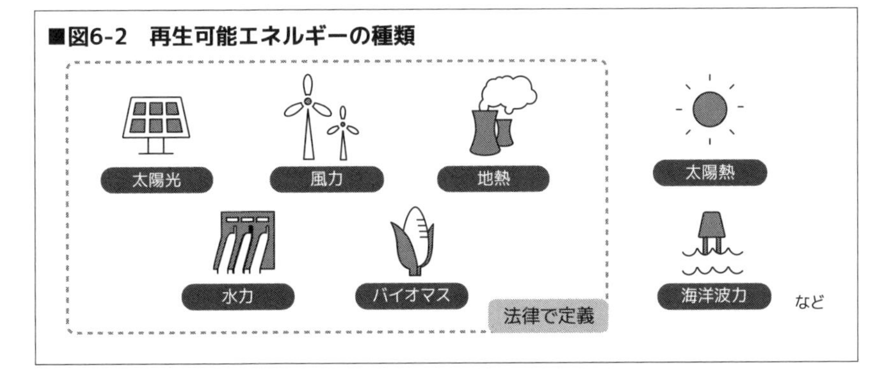

2 再エネによる発電（1）：太陽光発電

● 太陽電池とは

再生可能エネルギーで最もポピュラーなのは太陽光発電でしょう。

「太陽光発電」は、太陽電池パネル内部の半導体素子に光が当たると、素子の中の電子が移動して電気を発生させる方式で、「光起電力発電」と呼ばれます（図6－3）。

太陽電池には多くの種類がありますが、半導体素子の原料により、(1) シリコン系、(2) 化合物系、(3) 有機系に大きく分かれます。

(1) のシリコン系は、シリコンの単結晶・多結晶、アモルファス（非結晶）などを半導体素子の原料とするものです。

(2) の化合物系は、銅やインジウム、セレンなどが原料のものです。

(3) の有機系は、有機化合物を半導体素子の原料とするものです。薄く作ることができ、次世代の太陽電池として研究が進んでいます。

このうち、現在は (1) のシリコン系がもっとも多く使われています。

太陽光発電は、パネルの量産化が確立されていて設置コストが安く、また発電部分にタービンのような可動部がないため故障が少ないなどのメリットがあります。また住宅の屋根のような、小規模の分散配置にも向いています。

■図6-3　太陽光発電のしくみ（シリコン系の場合）

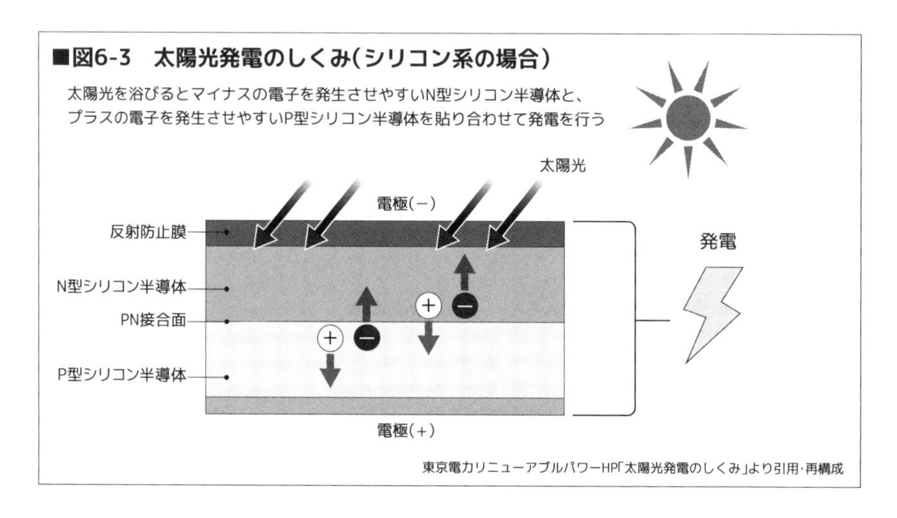

●日本での太陽光発電の分類

日本では太陽光発電のうち、発電量10kW未満のものを「住宅用太陽光発電」、10kW以上を「事業用太陽光発電」と分けています。

2009年の余剰電力買取制度（現在のFIT）の開始で、太陽光発電の導入は非常に増えました。初期には、買取料金が1kWhあたり40円程度と高く設定されたことも理由の一つです。2021年度には全導入量が累計で7,820万kW。再エネの中では最も多くなっています。

一方で、太陽光発電には、昼間しか発電できず天気によって発電量が変わるなどのデメリットがあります。発電した電気を蓄電池に貯めておくことはできますが、発電量のごく一部に過ぎず、蓄電池の大容量化が待たれるところです。

●PPAモデルとは

最近では、太陽光発電の新たな運用方法も多数現れています。

たとえば小規模の太陽光発電拠点を合わせて一つの発電所のように運用する「VPP（仮想発電所）」の実証事業が開始されています。

また、「PPA（Power Purchase Agreement）モデル」（図6－4）といい、事業者が需要家の施設の屋根や敷地に無償で太陽光パネルを設置して発電を行い、電気をそのまま需要家に販売するビジネスもあります。PPAモデルは、需要家にとっては設備投資をせずに、再エネで発電した安い電力を購入できるメリットがあります。設置した太陽光パネルは10～

■図6-4　PPAモデルのしくみ

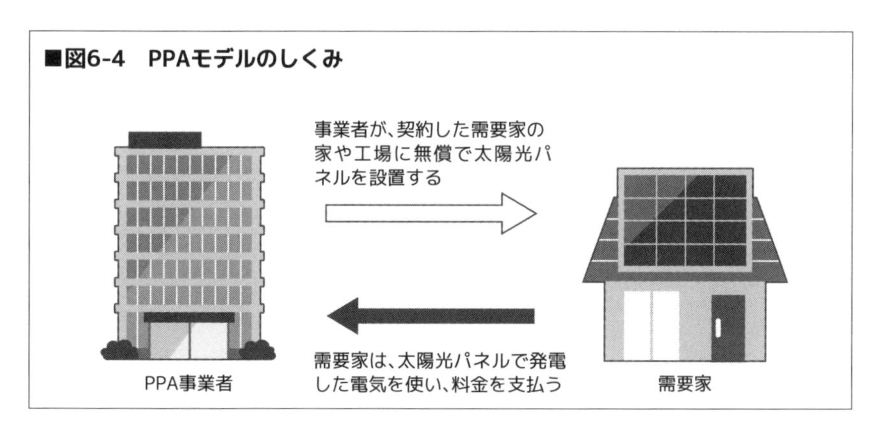

15年で需要家に譲渡されます。PPAには、発電事業者が直接、需要家の敷地内にパネルを設置する「オンサイトPPA」と、離れた場所に設備を置き、小売電気事業者を通じて電力を需要家に提供する「オフサイトPPA」があります。

コラムで述べるように、太陽光発電は問題もいくつか抱えています。しかし、政府では2030年までの温室効果ガス46%削減の目標に向かい、太陽光発電設備の大幅な増設を目指しています。たとえば、大規模な太陽光発電施設を設置しやすくするため、認可をスピードアップできるよう法改正を進めています。また、東京都をはじめ、新築住宅にいずれは太陽光パネルの設置を義務づける条例の制定も進んでいます。

◇コラム◇

太陽光発電が抱える「未稼働問題」と「2040年問題」

増え続ける太陽光パネルですが、その一方で問題も抱えています。

一つは、「事業用太陽光発電の未稼働問題」。太陽光発電事業者の中に、FIT認定を受けたものの、パネルの設置工事を行わない事業者が多数いることです。太陽光パネルは普及により年々値下がりしています。事業者は、FITの売電価格が高い時期に認可を受け、パネルが値下がりした時を狙って工事を行い、利益を得ようと待っているのです。

資源エネルギー庁では、2022年4月から従来より重い認定失効制度を施行しました。原則として、認定から3年以内の運転開始期限を過ぎた場合、期限後1年以内に系統連系工事着工申込をしないと、認定が失効します。申込をすれば失効にはなりませんが、3年以内に運転を開始しなければ失効です。この制度で、未稼働案件の減少が望まれます。

もう一つは「2040年問題」。太陽光パネルは鉛などの有害物質を含み、製品寿命は25～30年とされています。太陽光パネルはFIT制度の影響で2010年頃に大量に導入されました。それらが2040年頃に一斉に寿命を迎え、大量に放置・廃棄される懸念があるのです。資源エネルギー庁では2018年から、10kW以上の太陽光発電事業者に、パネル廃棄のため、廃棄費用に関する報告を義務化するよう定めました。さらに2022年7月から、廃棄費用（資本費の5%程度）を売電収入から10年間源泉徴収し、電力広域的運営推進機関に外部積立を行う制度がスタートしました。こうした問題が解消されるよう、関係者の努力が望まれるところです。

3 再エネによる発電（2）：風力発電

風力発電の方式

風力発電は、風の力によって風車に取りつけたタービンを回し発電する方式です。

風力発電機は、風車のタイプによって大きく2種類に分けられます。羽根が地面に対して垂直に立った(1)垂直軸型と、飛行機のプロペラのような(2)水平軸型です。(1)の垂直軸型は風の吹く方向に関係なく回り、回転音が静かだというメリットがありますが、大型化しにくく、あまり使われていません。

発電の主力となっているのは、(2)の水平軸型です（図6－5）。

水平軸型は、大型化できて比較的発電コストが低い特長があります。海外では羽根の直径が220m、高さ260mのものも現れています。東京都庁より高いといえばその巨大さが分かるでしょう。

風力発電のメリット、デメリット

風力発電は、工期が他の方式と比べて短く、事業化しやすいのもメリットです。また風車単位で発電を行うので、台風などで一部が壊れても、そこだけ止めて発電を続けられるメリットもあります。

一方で風力発電は、どうしても風まかせになるため出力が安定しない

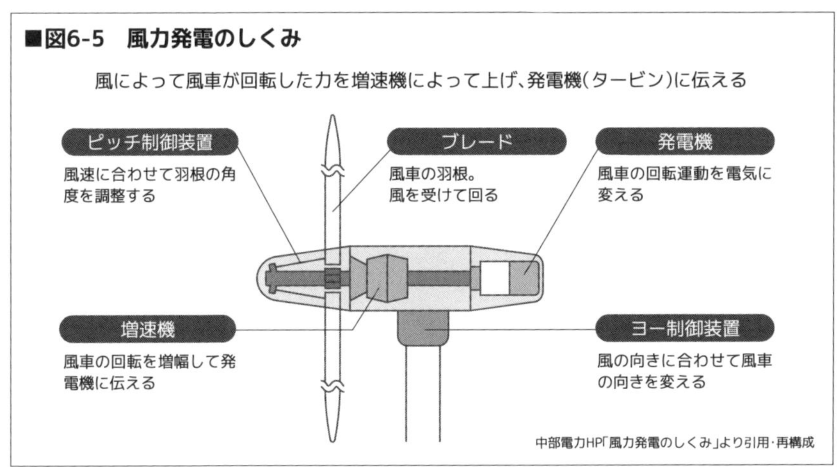

■図6-5　風力発電のしくみ

中部電力HP「風力発電のしくみ」より引用・再構成

というデメリットがあります。稼働音や低周波などの騒音被害を発生すること、景観に影響を与えることなどの問題もあります。また、設置には強い風が常時吹き続けるような環境が望ましいため、日本では適地が東北・北海道地方などに偏りやすいという問題があります。

● 北の地方で発展

現在、日本の風力発電の導入量は、2021年度末で約458.1万kW。全国で450以上の発電所が運転されており、稼働している風車の数は2,574基です。

設置数と電力容量を都道府県別にみると、多い順に青森県、秋田県、北海道、鹿児島県、三重県となっており、北の地域が上位を占めているのが分かります。

● 今後は洋上風力発電が増加

風力発電の風車の設置方法には「陸上型」と海の上に設置する「洋上型」があります。洋上型には、海底に土台を設ける「着床式」と、ブイのように海に浮かべる「浮体式」があります。

陸上型は設置が容易ですが、周辺住民との間での騒音や景観の問題が発生しがちなため、設置場所が限られてきます。

一方、洋上型は陸上に比べ設置場所を広くとれるため、大型化しやすいのが利点です。しかし、設置にコストがかかり、陸上との間に送電用の海底ケーブルを引く必要もあります。

日本では陸上型がほとんどですが、イギリスやデンマークなど海外では、遠浅の海を利用した洋上風力発電が急速に増えています。

洋上風力発電は、今後日本でも「再生可能エネルギー普及の切り札」として位置づけられており、進展が期待されます。（洋上風力発電については、第1章もご参照ください。）

4 再エネによる発電（3）：地熱発電

●地熱発電とは

地熱発電は、地下深くにある熱源（浸透した雨水などがマグマや熱岩などに熱され、高温の「熱水」として貯められている層）から水蒸気や熱水を取り出し、タービンを回して発電する方法です。

発電方式には各種ありますが、代表的なものに（1）ドライスチーム方式、（2）フラッシュ方式、（3）バイナリー方式があります。

●(1) ドライスチーム方式

ドライスチーム方式は、地中から取り出した熱水に含まれた水蒸気をほぼそのまま使い、タービンを回す方式です。

●(2) フラッシュ方式

フラッシュ方式は地中から取り出した熱水に含まれた水蒸気と熱水を分離し、水蒸気でタービンを回す方式です（図6－6）。

フラッシュ方式には、分離した水蒸気だけでタービンを回すシングルフラッシュ方式と、分離した後の熱水を減圧して水蒸気を作り、さらに

■図6-6　地熱発電のしくみ(シングルフラッシュ方式)

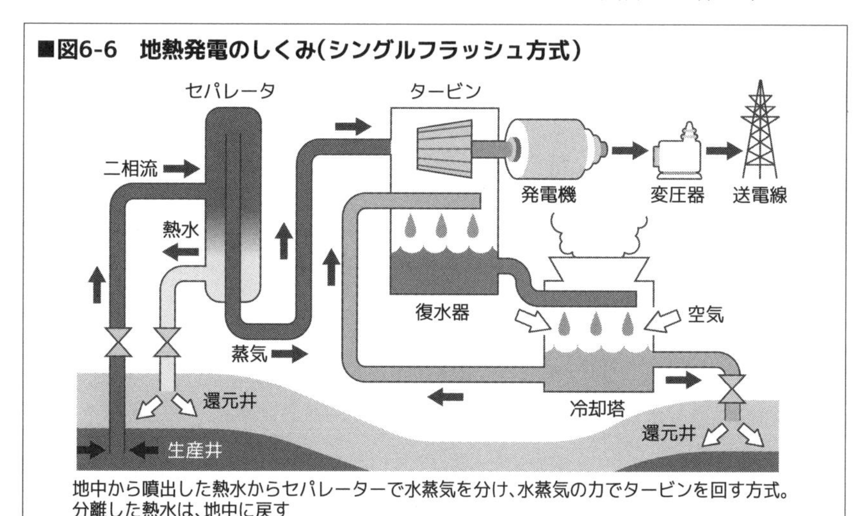

地中から噴出した熱水からセパレーターで水蒸気を分け、水蒸気の力でタービンを回す方式。分離した熱水は、地中に戻す

西日本地熱発電株式会社HPより

タービンを回すのに利用するダブルフラッシュ方式があります。日本の地熱発電では、シングルフラッシュ方式が最もポピュラーです。

● (3) バイナリー方式

バイナリー方式は、地下から取り出した熱水で、代替フロンなどの沸点の低い媒体を熱して蒸気にし、それでタービンを回す方式です。バイナリー方式は、国の政策として特に推進すべき「新エネルギー」に選ばれています。

● 地熱発電のメリット、デメリット

地熱発電は、一度設置してしまうと低コストで安定した電力が得られるため、ベースロード電源に位置づけられます。

日本は火山国なので潜在的な熱源が多く、地熱発電には有望とされます。ただし地熱発電は、他の方式に比べて開発コストが高く、建設にも10年以上かかるという問題があります。また、一定期間発電を続けると、熱水の出力が落ちてくるため補充井を掘る必要があります。さらに周辺住民や温泉などの観光業界からの反対なども根強いため、開発は大きくは進んでいません。

日本の地熱発電所は、火山の多い東北や九州地方に多く建設されています。

設備容量は1995年以来あまり増えておらず、2021年度の発電量は30億kW、蒸気の減少から発電量は横ばい傾向にあります。

5　再エネによる発電（4）：バイオマス発電

● バイオマス発電とは

バイオマス発電とは、木くずなどから作る木質ペレットや可燃ごみ、動物の糞尿などを燃やし、その蒸気でタービンを回転させて発電を行う方式です（図6－7）。

木などを燃やす時には二酸化炭素が発生します。しかし、木は生きている間に光合成で二酸化炭素を吸収しているので、差し引きゼロ（カー

ボン・ニュートラル）とみなされます。カーボン・ニュートラルな方式で電気を生み出すため、再生可能エネルギーの一種に含まれています。

バイオマスエネルギーの原料は、乾燥系（製材の廃材や麦わらなどの農業残渣（ざんさ）、建築廃材）、混潤系（食品加工廃棄物、家畜排せつ物、下水汚泥）、その他（セルロース、糖・でんぷん、産業食用油など）などに分かれています。

●バイオマス発電の種類

発電方式は原料によって以下のように異なります。

(1) 直接原料を燃やして水を熱し、水蒸気を発生させてタービンを回す方式
(2) 木質ペレットなどに熱を加えてガスを発生させ、ガスでタービンを回す方式
(3) 生ごみや排せつ物などを発酵させてガスを発生させ、ガスでタービンを回す方式

バイオマス発電は森林の多いカナダや北欧などで盛んです。本来は、地元で発生した可燃ごみや木くずなどをその土地で燃やす「地産地消」がバイオマス発電の理想といえます。日本では原材料を安定して補給できる場所が少なく、収集・運搬などにコストがかかるため、小規模の設備が多くなっています。ただ、発電量はやや増加しており、2021年度は332kWとなっています。

■図6-7　バイオマス発電のしくみ

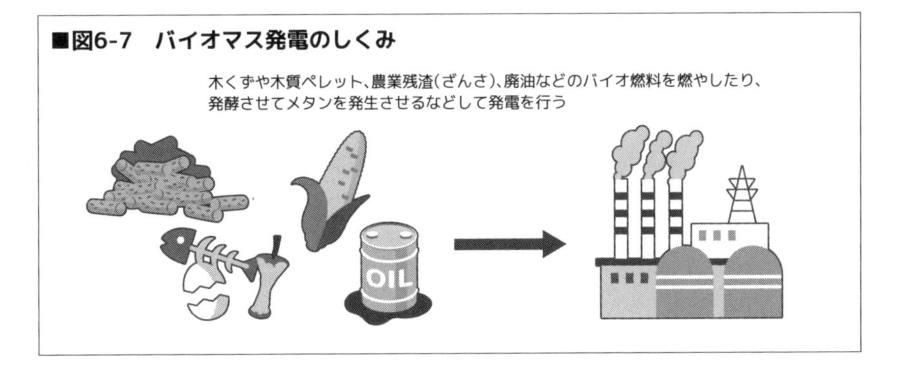

6　再エネによる発電（5）：中小水力発電

●発電容量が３万 kW 未満の水力発電

中小水力発電とは、発電容量が3万 kW 未満の水力発電を指します。中規模以下の水力発電は FIT 制度の対象となっています。発電容量3万 kW 未満が中規模の水力発電所、1,000kW 未満の水力発電所が小水力とされています。

●中小水力発電のメリット、デメリット

水力発電は温室効果ガスの排出が少ないため、再生可能エネルギーの一種です。しかし、大規模なダムはある程度建設されており、今後大幅な増強は難しい面があります。

一方で中小水力発電は、大型ダム式に比べ経済性は下がるものの、エネルギーの地産地消として今後の普及が望まれます。ただし、規模が小さいため、再エネに占める割合はごくわずかだと考えられます。

中小水力発電は、小川や用水路を利用したもの、排水路を利用したものなどに分類され、売電料金が農業用地の整備に活用されるなど、地域活性化に役立てられています。

7　再エネによる発電（6）：太陽熱・海洋発電

その他に、日本では普及していないものの、海外で利用されている再エネ発電もあります。「太陽熱発電」や、また実験段階ですが「潮力発電」「波力発電」などがその例です。

●太陽熱発電

太陽の光を鏡で集光器に集め、集光器の熱で水を沸かして水蒸気を作り、タービンを回して発電する方式です（図6－8）。

同じ太陽光を利用した太陽電池パネル方式と比べて設備コストが安く設置しやすいというメリットがあります。一方、効率は太陽電池より低く、太陽光が強烈な緯度37度以下のいわゆる亜熱帯・熱帯地域でなけ

■図6-8　太陽熱発電の例(トラフ・パラボラ方式)

太陽光を半円形の集光ミラーで反射させ、
集熱管の中の液体を熱してタービンを回す方式

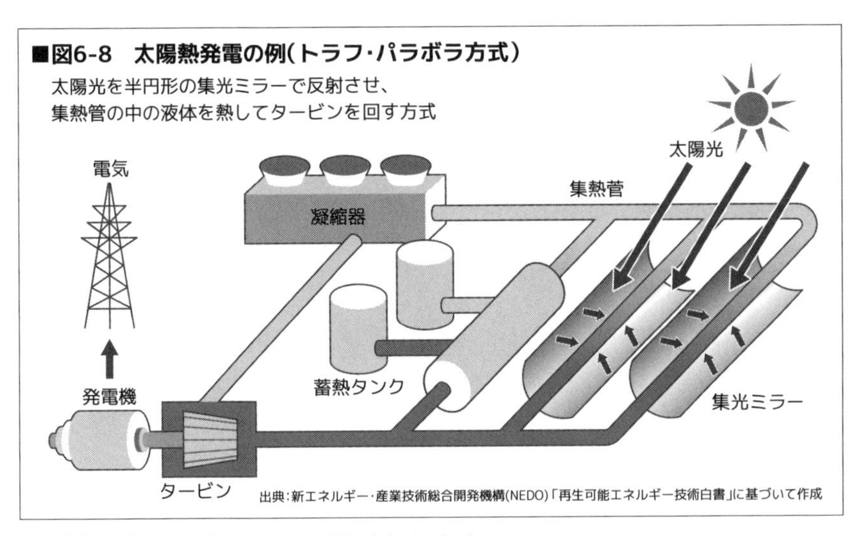

出典：新エネルギー・産業技術総合開発機構(NEDO)「再生可能エネルギー技術白書」に基づいて作成

れば実用化しにくいという面があります。

太陽熱発電の方式には、(1) 半円形の鏡で光を集め、集光部分に液体を通したパイプを設置して加熱させる「トラフ・パラボラ方式」、(2) 凹面の鏡を並べて光を集め、集光部分に液体を通したパイプを設置して加熱させる「リニア・フレネル方式」、(3) 集光ミラーを円形に並べ、中央のタワーに設置した集光器に光を集めて熱する「タワー方式」、(4) 大きな皿状のミラーで光を集め、集光部のタービンを回す「ディッシュ方式」があります。このうち、「リニア・フレネル方式」が主流です。

太陽熱発電は日本では実用化されていませんが、スペインやアラブ諸国、南米などで採用が進んでいます。

●海洋発電

海洋発電は、海のエネルギーを利用して発電を行う方式の総称です。海洋発電には以下のような種類があります。

(1) 潮力発電

海の中にタービンを沈め、潮の満ち引きで起きる流れを利用して発電を行う方式です (図6－9)。満潮時の海水を貯水池に貯めておき、干潮時の水位差を利用して放水して発電する方式などがあります。潮力発電は、ヨーロッパやカナダ、韓国などに設置例がありますが、日本では潮の流れが強い海域が少ないため実用化されていません。

(2) 波力発電

波の上下動をジャイロなどで回転力に変えて発電する方式です。波の力によって箱の空気が出入りするのを利用し、タービンを回す方式などもあります。発電コストが高いため、実験段階にとどまっています。

(3) 海流発電

親潮や黒潮など、海流の力を利用して海に沈めたタービンを回す方式です。まだ実験段階ですが、日本には海流の強い場所が多く、技術的課題も克服されつつあるので、今後の開発に注目が集まる方式です。ただ、発電施設が漁場にどんな影響を与えるかなどの研究課題も残されています。

■図6-9　潮力発電のしくみ

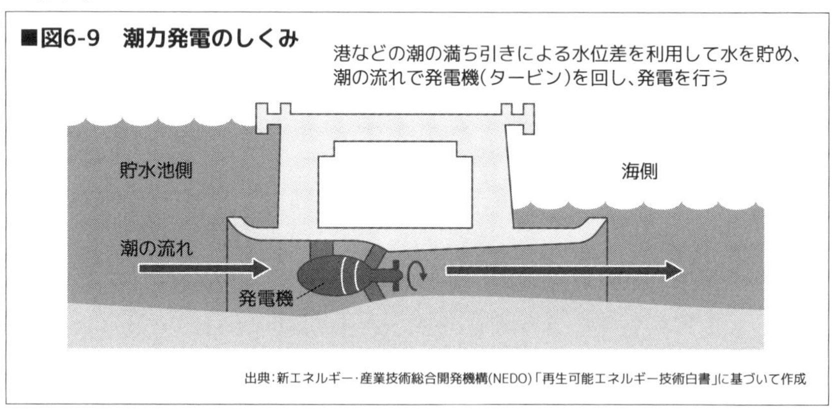

出典：新エネルギー・産業技術総合開発機構(NEDO)「再生可能エネルギー技術白書」に基づいて作成

8 2015年の「パリ協定」とは

●パリ協定での決定

ここまで、再生可能エネルギーの種類を見てきました。

では、どうして再エネに電力業界はじめ政府が積極的に取り組むようになったのか、その重要なきっかけとなった協定を解説します。

再エネに関しての世界の取り組み方は、2015年に開かれた「国連気候変動枠組条約締約国会議（COP21）」で合意されました。会議はパリで開かれたので、これを通称「パリ協定」といいます。

パリ協定は、2020年以降の気候変動問題に関する国際的な取り決めです。159ヶ国・地域が参加して、COP21が行われた翌年の2016年11月に発効しました。

パリ協定では世界共通の長期目標として、以下のことを掲げました。

・世界の平均気温上昇を産業革命以前に比べて2度より十分低くし、1.5度に抑える努力をする。
・21世紀後半には温室効果ガスの人為的な排出量と吸収源（森など）の吸収量を同じにするため、世界全体の温室ガスの排出量を減らすことに取り組む（図6－10）。

●パリ協定にもとづく日本の目標

この目標の実現のために、先進国はじめ参加各国が具体的な目標を定め、達成していくことになりました。

パリ協定での日本の目標は、2030年までに2013年比で温室効果ガス排出量を26％削減することでした。さらに2050年には、温室効果ガスの排出量を80％削減するという目標が立てられました。

その実現案として、電力部門では、2030年には十分な省エネを行いながら、電源構成を再生可能エネルギー22～24％、原子力20～22％、LNG27％程度、石炭26％程度、石油3％程度にするとしました（当時）。「エネルギーミックス」と呼ばれるものです。

■図6-10　パリ協定で決まったこと

●世界の平均気温上昇を産業革命以前に比べて2度より十分低くし、1.5度に抑える努力をする

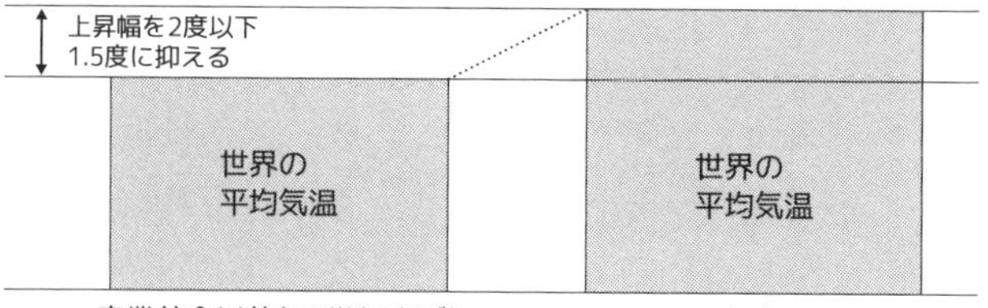

●21世紀後半には温室効果ガスの人為的な排出量と吸収源（森など）の吸収量を同じにするため、世界全体の温室効果ガスの排出量を減らすことに取り組む

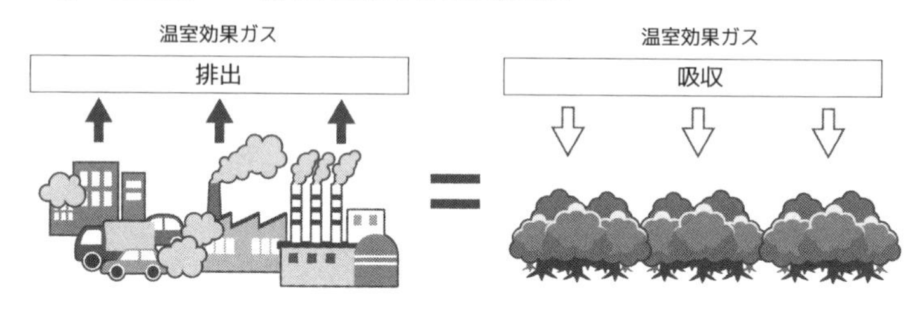

●パリ協定の後、さらなる目標の引き上げが

パリ協定は温室効果ガスの削減目標として、長く効力を持ちました。しかし現在では、ヨーロッパを中心とする各国が目標を「2050年には実質ゼロ（カーボン・ニュートラル）にする」と引き上げています。

それに合わせ、日本も2020年に「2050年には温室効果ガスの排出を実質ゼロにする」と発表しています。

この目標の順守のために、日本をはじめ各国で対応が急ピッチで進んでいるのです。

温室効果ガス削減のためには、排出の大きな部分を占める電力分野での取り組みが必須となります。

そのために、今後再エネ利用の電源が急速に増加することが見込まれています。産業界全体が再エネシフトを強める中、電力業界でも大きな変化が起きるだろうことが予想されます。

9 FIT（固定価格買取制度）の導入

1
2
3
4
5
6
7
8
9
10
用語集
索引

● 余剰電力買取制度から FIT 制度へ

日本では、再生可能エネルギーの導入増を目指して、2009年に「余剰電力買取制度」をスタートさせました。

この制度は先行する欧米にならったもので、太陽光発電パネルを設置した住宅や事務所などで作られた余剰電力を、電力会社が高い価格で買い取るというものです。買い取るための資金は、需要家の電力料金に上乗せして負担されます。

それまで太陽光発電は設置・運用コストが割高なため、導入が伸び悩んでいました。しかし買取価格を1kWhあたり48円（住宅用、2009年度）と高く設定したため、導入するユーザーが大幅に増加。太陽光発電が普及する起爆剤になりました。

「余剰電力買取制度」は2012年度から他の再生可能エネルギーにも拡大され、「FIT（固定価格買取制度）」として現在まで続いています。ただ、普及につれて負担も増大しており、買取価格は徐々に安く見直されています。

● FIT 制度の対象は

FIT 制度の対象となるのは、再生可能エネルギーのうち、太陽光・風力・中小規模の水力・地熱・バイオマスの5種類です（表6－11）。このFIT 制度の原資、つまり再生可能エネルギーで発電された電力を買い取るためのお金は、電気料金の一部として国民が支払っています。

それが、「再生可能エネルギー発電促進賦課金」です。

再エネ発電促進賦課金については、第4章もご参照ください。

FIT 制度は、前身の「余剰電力買取制度」のスタートから10年を過ぎ、再エネの導入に大きな役割を果たしています。

再エネが全発電量に占める割合は、2011年度で10.4％でしたが、2020年度には19.8％と、9.4％も伸びました。

2021年3月時点で、FIT 制度開始後の太陽光発電の導入量は、6,094万 kWh に上っています。

■表6-11　FITの買取期間と料金

●太陽光　(1kWhあたり調達価格等)※1

年度	入札制度適用区分	50kW以上 (入札制度適用外)	10kW以上 50kW未満	10kW未満
2023年度	入札制度により決定	9.5円	10円	16円
調達期間/交付期間※2	20年間			10年間

●風力　(1kWhあたり調達価格等)※1

年度	陸上風力 (入札制度適用区分)	陸上風力 (250kW未満)	陸上風力 (リプレース)	着床式 洋上風力	浮体式 洋上風力
2023年度	入札制度により決定 (15円)	15円	-	入札制度により決定	36円
2024年度	入札制度により決定 (14円)	14円	-		36円
調達期間/交付期間※2	20年間				

●水力　(1kWhあたり調達価格等)※1

年度	5,000kW以上 30,000kW未満	1,000kW以上 5,000kW未満	200kW以上 1,000kW未満	200kW未満
2023年度	16円	27円	29円	34円
2024年度	-	-	29円	34円
調達期間/交付期間※2	20年間			

●水力(既設導水路活用型)　(1kWhあたり調達価格等)※1

年度	5,000kW以上 30,000kW未満	1,000kW以上 5,000kW未満	200kW以上 1,000kW未満	200kW未満
2023年度	9円	15円	21円	25円
2024年度	-	-	21円	25円
調達期間/交付期間※2	20年間			

●地熱　(1kWhあたり調達価格等)※1

年度	15,000kW以上	リプレース	
		15,000kW以上 全設備更新型	15,000kW以上 地下設備流用型
2023年度	26円	20円	12円
2024年度			
調達期間/交付期間※2	15年間		

●地熱　(1kWhあたり調達価格等)※1

年度	15,000kW未満	リプレース	
		15,000kW未満 全設備更新型	15,000kW未満 地下設備流用型
2023年度	40円	30円	19円
2024年度			
調達期間/交付期間※2	15年間		

●バイオマス　(1kWhあたり調達価格等)※1

年度	メタン発酵ガス（バイオマス由来）	間伐材等由来の木質バイオマス	
		2,000kW以上	2,000kW未満
2023年度	35円	32円	40円
調達期間/交付期間※2	20年間		

●バイオマス　(1kWhあたり調達価格等)※1

年度	一般木質バイオマス・農産物の収穫に伴って生じるバイオマス固体燃料		農産物の収穫に伴って生じるバイオマス液体燃料（入札制度適用区分）	建築資材廃棄物	廃棄物・その他のバイオマス
	10,000kW以上（入札制度適用区分）	10,000kW未満			
2023年度	入札制度により決定	24円	入札制度により決定	13円	17円
調達期間/交付期間※2	20年間				

※1：FIT制度（太陽光10kW未満及び入札制度適用区分を除く）は税を加えた額が調達価格。FIT制度の太陽光10kW未満は調達価格。
FIP制度（入札制度適用区分を除く）は基準価格。入札制度適用区分は上限価格。
※2：FIT制度であれば調達期間、FIP制度であれば交付期間。
その他の詳細については、省略いたします。関係省庁等へお問合せください。

10 FIT制度の課題

●増大するFIT賦課金の国民負担

FIT制度の実施により、太陽光発電を中心として再生可能エネルギーの導入量は大きく増加しました。

しかし一方で、再生可能エネルギー発電促進賦課金（FIT賦課金）の額も増大し、2021年の時点では、賦課金の支払額が2.7兆円にも上っています。すなわち、再エネ設備で発電させるために、国民全員が電気料金に足して毎年2.7兆円も補助金を支払っているのです。

今後、2030年には、日本の全発電量における再生可能エネルギー比率を現在の16%から30%以上に増やすことになっています。

それにつれてFIT賦課金が増えるわけですから、額も膨大なものになります。今のままでは、1家庭あたりのFIT賦課金支払額だけで毎月数千円になるかもしれません。

●FITからFIP制度へ

試算では、2021年段階で2030年度の買取費用総額は4.5兆円にも上るとされていました（一般財団法人 電力中央研究所 社会経済研究所）。ただしこれは、再エネ電源比率が22～24%だった頃の数字です。2021年10月の第6次エネルギー基本計画では、2030年の再エネ電源比率は36～38%に引き上げられました。負担はさらに増えると思われます。

FITによる国民負担を抑えるためには、これまでいくつかの対策がとられています。

2017年には、FIT制度の大きな改正が行われました。事業用太陽光発電などの一部に入札制度を取り入れたのです。これによって競争原理を導入し、再エネ事業のコスト削減を行う目的です。

2022年度からは太陽光や風力発電について、FIT制度に代わり、市場連動型で、一定の補助額（プレミアム）を上乗せするFIP制度を導入。さらなるコスト削減を行っています。（FIP制度の導入については、第1章をご参照ください。）

2022年11月に、政府では電気料金の高騰に対する激変緩和措置として、企業向けに3.5円/kWhの金額を補助すると表明。2023年2月分（1月使用分）から実施しました。「FIT賦課金の負担を実質的に肩代わりする金額」ということです。

FIT賦課金が、企業や一般市民にとっても大きな負担となっている証左とも感じられます。

FIT・FIP制度には課題も多くありますが、今後も再エネの導入を促す影響力を保ち続けることは確実です。今後の改正には注意していく必要があります。

第7章　電力取引のしくみ

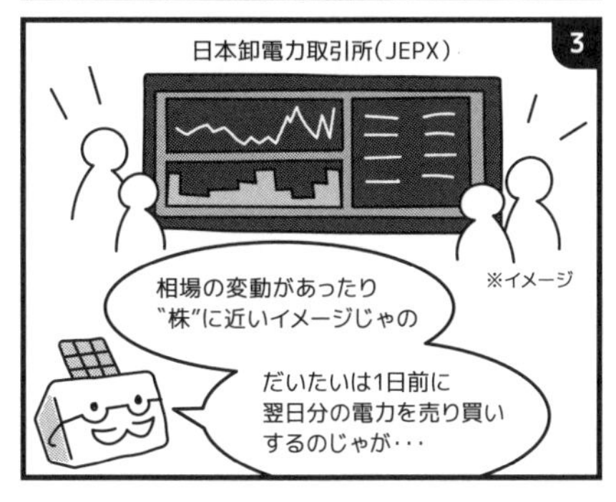

電力業界のさまざまなしくみについて解説してきましたが、電力の自由化に合わせて生まれたものに、「電力の市場取引」があります。電力を株式のように売買する「電力市場」は、日本では「日本卸電力取引所（JEPX）」などで行われています。

ここでは、日本卸電力取引所とそこで取引されるスポット（一日前）市場や時間前（当日）市場などの内容、さらに日本取引所の電力先物市場などについてもみていきましょう。

1　電力自由化で誕生した「日本卸電力取引所（JEPX）」

●日本卸電力取引所（JEPX）の誕生

電力自由化の進展に沿って生まれたのが、電力の取引を行う「電力市場」です。電力市場では、発電事業者が発電した電力を売り、小売電気事業者などが必要な電力を買い取ります。市場取引を行うことで、電力の買取価格が、需給のバランスがとれた安い適正な水準になることが期待されました。

海外では1990年代から、イギリスなど欧米を中心に電力市場が開設されていました。北欧各国などが参加する国際市場「ノルド・プール」も生まれています。

日本では、2003年の第3次の電気事業制度改革により、日本初の電力市場として「日本卸電力取引所（JEPX）」が誕生。2005年から取引を開始しました（図7－1）。

●日本卸電力取引所とは

日本卸電力取引所は会員制の市場で、取引を行うには会員になる必要があります。会員になるには、電気の実物を扱う事業者であり（一般送配電事業者と発電量調整供給契約または接続供給契約を締結している）、純資産額が1,000万円以上であることなどが条件です。電力取引はインターネットを介して行われます。

日本卸電力取引所での取引量は、かつては電力総需要の1%程度しかなく、伸び悩んだ時期もありました。しかし最近では、旧大手電力会社が一定量の電力を市場に売却(グロス・ビディング)していることもあり、全需要の35.5%(2020年6月)の水準まで上がっています。

2021年度の総取引量は約3,313億kWhでした。2018年度の2,104億kWhより約57%の増加です。そのうち、スポット市場は3,271億kWhと98%を占めます。

スポット価格の年平均価格は13.45円と大きな値上がりが続いています。昨今の電力価格の高騰が続いているといえるでしょう。

日本卸電力取引所(JEPX)では、現在は、

(1) スポット市場(一日前市場)
(2) 時間前市場(当日市場)
(3) 先渡市場(3年先までの電力を取引)
(4) 分散型・グリーン売電市場
(5) ベースロード市場
(6) 間接送電権取引市場
(7) 再エネ価値取引市場、高度化法義務達成市場

などの取引が行われています。

それぞれの市場の特徴を解説していきましょう。

■図7-1 電力の市場取引

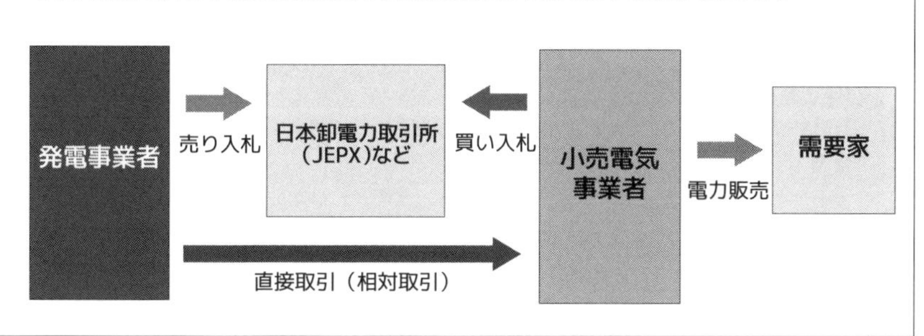

2 電力市場の種類（1）：スポット（一日前）市場

総取引額の98%を占めるスポット市場

スポット（一日前）市場は、JEPXで最も取引高が多いメイン市場です（表7－2）。日本卸電力取引所の総取引額の98%を占めます。

スポット市場では、翌日に受け渡しされる電力を30分ごとに切り分けて48に分割し、それぞれについて取引を行います。年中365日休みなく開いており、50kWh単位で取引ができます。

取引は、ブラインド・シングルプライス・オークション方式で行われます。この方式では、受け渡しの前日10時までに買い手と売り手が電力の販売・購入量と価格を市場に入札しておきます。そして受け渡し前日の午前中に、コンピュータが入札された量と金額から需要・供給曲線を割り出し、その2つの曲線の交点で約定価格を決定します。

この約定価格に沿って売買が成立します。約定価格より低い売値や、高い買値で入札していても、約定価格で取引ができます。

逆に約定価格より高い売値を出した売り手や安い買値をつけた買い手は、売買が不成立になります。

入札は10日前から可能で、入札できる時間は8時から17時までです。売買手数料は、従量制（約定のkWhあたり0.03円）か、定額制（月間100万円）のどちらかを選べます。

また、複数の時間帯をまとめて入札するブロック入札も行えます。

スポット市場は、JEPXの中核である市場です。約定量は今後も増えていくことが予想されます。

■表7-2　スポット（一日前）市場の特徴

項目	特徴
取引単位	50kWh/30分（1時間あたり100kWh）
特徴	取引翌日に使用する電力を取引する
取引方式	ブラインド・シングルプライス・オークション方式
入札時間	10日前～受け渡し前日の10時まで
入札可能時間	8時～17時
入札手数料	約定kWhあたり0.03円または月額100万円

日本卸電力取引所（JEPX）パンフレットより引用・構成

3 電力市場の種類（2）：時間前（当日）市場

●スポット市場取引で足りない分を取引する

時間前（当日）市場は、電気の受け渡しの当日1時間前まで取引ができる市場です（表7－3）。スポット市場が終了した後、必要な電力の計画値より取得した電力量が少なかった時などに、小売電気事業者が追加の取引を行うために利用されます。

スポット市場と同じく、一年中365日開設されており、1日を48に分割し、30分単位で電力が取引されます。取引単位は50kWh以上です。取引方法はザラバ仕法で、売り注文と買い注文の値段が一致した時に売買が成立します。また、値段が同じなら早いものが優先されるオークション方式がとられています。

入札できる時間は受け渡し前日の17時からで、当日の商品受け渡し時間の1時間前まで可能です。たとえば、11時から11時半まで使う電力なら当日の10時まで取引ができます。

時間前市場の約定量は、2021年度で約8.3億kWhでした。2020年度には8.0億kWhでしたので、3%の増加です。

時間前市場は、スポット市場に比べて低調といえます。しかし、今後太陽光などの再エネ電力の取引が多くなるにつれ、取引量が増えると予想されます。再エネ電力は天候などの影響で電力供給量が上下しやすくなるため、より実際の供給時間に近い時間前市場で取引されることが多くなるからです。

■表7-3　時間前(当日)市場の特徴

項　目	特　徴
取引単位	50kWh/30分（1時間あたり100kWh）
特徴	取引当日に使用する電力を取引する
取引方式	ザラバ仕法
入札時間	受け渡し前日の17時～受け渡し当日の1時間前まで
入札可能時間	24時間

日本卸電力取引所（JEPX）パンフレットより引用・構成

4 電力市場の種類（3）：先渡市場

● 3年先までの電力を取引する市場

先渡市場は、3年先までというロングスパンの取引を扱う市場です（表7－4）。商品も、1年間分から1週間分までという長期間の商品を扱っています。

先渡市場の商品には、受け渡し期間に合わせて

・「年間商品」（受け渡し期間1年間）

・「月間商品」（同1ヶ月）

・「週間商品」（同1週間）

の3種類があります。

そして各商品それぞれに全日0～24時まで24時間の「24時間型」と、平日昼間8～18時の「昼間型」があります。ただし昼間型は月間商品と週間商品のみです。

取引単位は1,000kWh（1MWh）です。約定方式はザラバ仕法で、売り注文と買い注文の値段が一致した時に取引が成立します。取引時間は10～12時、13～15時の午前・午後2部制です。

取引期間は、年間商品が受け渡し開始日の3年前の4月1日から受け渡し開始日の前々月末（2月末）まで。月間商品が受け渡し月の前年同月から受け渡し前々月の19日まで。週間商品が受け渡し開始日のある月の前々月20日から、受け渡し開始日の3日前までとなっています。

先渡市場は、小売電気事業者のニーズに合わせて、長期的に安定した電源の確保ができることがメリットとして挙げられます。また、取引価格が安い時期に先々の電力商品を購入しておけることなどもメリットとなります。

しかし市場価格と売買代金が異なる場合は、後で差額を支払うルールになっているため、市場分断（エリアごとに市場価格が違う）が起きた時などは、差損が発生するなどのデメリットがあります。

こうした理由などから、先渡市場の取引量は非常にわずかなのが現状です。現在、市場の拡充策の検討がなされています。

■表7-4　先渡市場の特徴

項　目	特　徴
種類	年間24時間型商品（4月～翌年3月の全日、0～24時） 月間24時間型商品（暦月の全日、0～24時） 月間昼間型商品（暦月の土日祝を除いた日、8～18時） 週間24時間型商品（土～金曜の全日、0～24時） 週間昼間型商品（土～金曜の土日祝を除いた日、8～18時）
取引単位	1,000kWh
取引方式	ザラバ仕法
入札時間	10時～12時、13～15時
入札期間	【年間商品】受渡開始日の3年前の4月1日～受渡開始日の前々月末（2月末） 【月間商品】受渡月の前年同月～受渡前々月の19日 【週間商品】受渡開始日のある月の前々月20日～受渡開始日の3日前

日本卸電力取引所（JEPX）パンフレットより引用・構成

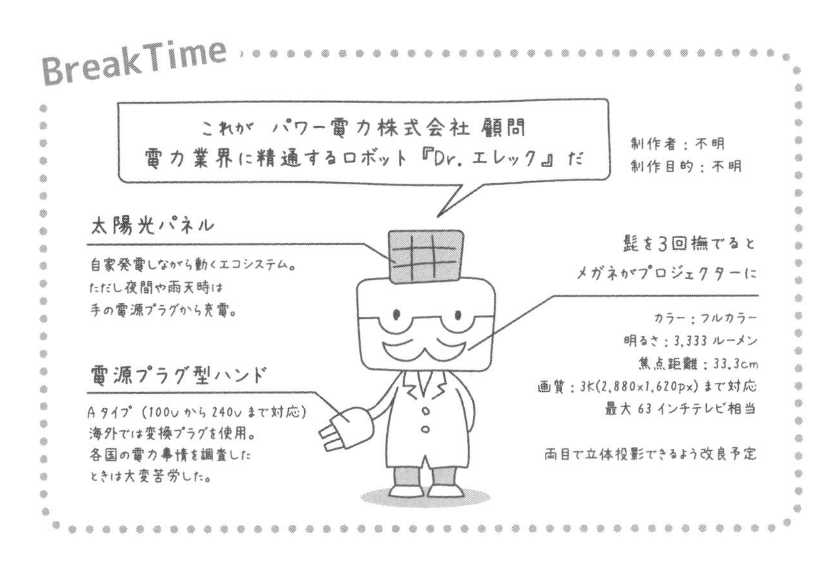

5 電力市場の種類（4）：ベースロード市場

●出力が安定した大規模電力を扱う市場

2019年に創設された、石炭火力、大規模水力、原子力、地熱のベースロード電源による電力を扱う市場です（表7－5）。ベースロード電源は発電コストが低く、出力が昼夜問わず安定しているため、エネルギー供給の基礎をなす電源とみなされています。

ベースロード電源による電力は安価で安定していますが、発電するには大規模な発電所の建設が必要です。そのため、これまでは大手電力会社がほぼ独占しており、中小の新電力企業が扱うことは困難でした。

そこで市場を開設し、大手電力会社から供出を行ってもらうことで（現在は任意）、新電力企業にも入手しやすくしました。これがベースロード市場です。取引単位は1年間で、受け渡し期間は4月。前年度に年4回の取引が行われます。取引エリアは「北海道」「東日本」「西日本」の3つに分けられます。なお、常時バックアップ（新電力企業が、需要拡大時に大手電力会社から安く受けられる直接の電力供給）の分は、供出量から控除されます。

●制度の見直しが進む

2019年度のスタート時には、ベースロード市場の約定量は低調でした。2021年度にはオークションの回数を増やすなどして対応。初年度の46.8億kWhから65.5億kWhと大きな伸びを見せました。ただ、最近では取引エリア間での価格差を埋められず、売り手に損が生じるなどの問題点が出ています。そこで、制度の見直しが進められています。

■表7-5　ベースロード市場の特徴

項　目	特　　徴
取引エリア	北海道、東日本、西日本
取引単位	1年間（4月～翌年3月）
取引方式	ブラインド・シングルプライス・オークション方式
取引主体	【売り入札】旧一般電気事業者、電源開発 【買い入札】新電力企業

日本卸電力取引所（JEPX）HPより引用・構成

6 電力市場の種類（5）：再エネ価値取引市場と高度化法義務達成市場

●「非化石電源」と2018年創設の「非化石価値取引市場」とは

「非化石電源」とは再生可能エネルギー、大規模水力、原子力を使う発電で、つまり石炭などの化石エネルギーを使わない電源です。

非化石電源で作られた電力は温室効果ガスを排出しないため、化石エネルギーで作られた電力に比べると、より価値を持っていると考えることができます。そこで非化石電源による電力は、下のように表せます。

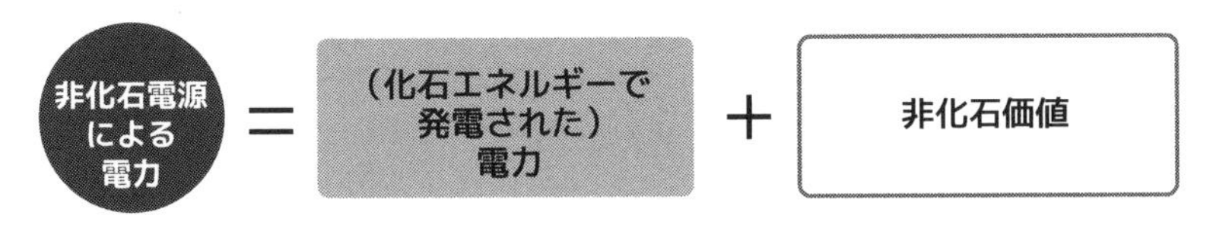

いわば再生可能エネルギーなどで発電された電力は、普通の電力に「非化石価値」を上乗せしたものと考えるのです。その「非化石価値」を証書にして売買するのが、2018年にスタートした「非化石価値取引市場」でした。

●「非化石証書」の使い方

「非化石証書」は、通常の電力と組み合わせて使うことで「非化石電源で作った電力」とみなすことができます（図7－6）。

小売電気事業者は、2030年度までに非化石電源による電力の販売比率を44％に上げることが義務づけられています。ところが、市場から電力を購入する場合、どれが非化石電源か選ぶことができません。

そこで、非化石証書を購入し、市場で入手した電力に足して使えば、非化石電源で作った電力とみなすことができるのです。小売電気事業者にとっては、非化石証書の入手が必須となります。また、「非化石証書」の売上はFIT賦課金にも充てられるので、賦課金の負担軽減につながります。

■図7-6　非化石証書

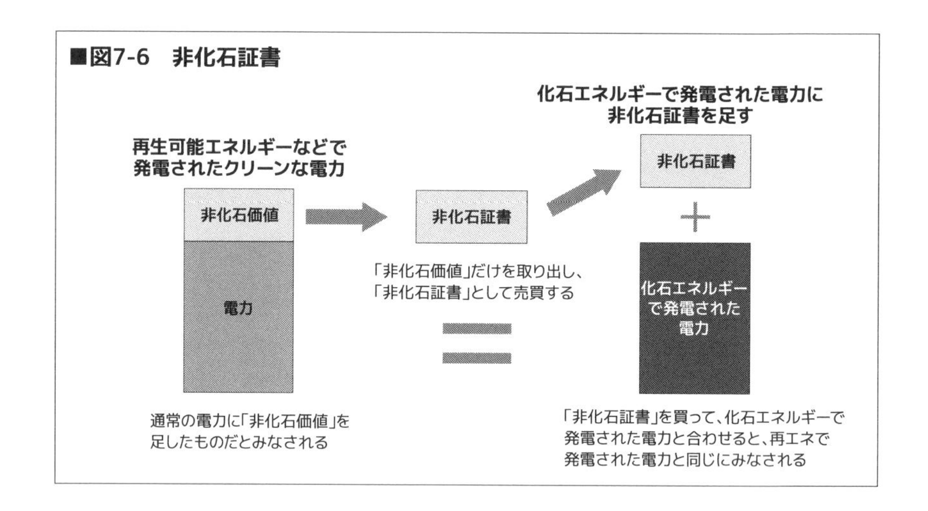

●非化石証書の種類

2020年以降、再エネで作った電力にはすべて非化石証書が発行されています。また、大型水力や原子力などの「非FIT」の非化石証書も発行されます。

非化石証書は3種類あります。

再生可能エネルギーで作った電力の非化石証書は「FIT非化石証書」、大型水力やFIT期間が終了した電源で作った電力は「非FIT（再エネ指定）非化石証書」とされます。

また、原子力で作られた電力の非化石証書は「非FIT（指定なし）非化石証書」となります（表7－7）。

■表7-7　非化石証書の種類

証書の種類	特　徴
FIT非化石証書	再エネで作った電気の非化石証書
非FIT(再エネ指定)非化石証書	大型水力やFIT期間が終了した電源で作った電気の非化石証書
非FIT(指定なし)非化石証書	原子力発電で作った電気の非化石証書

非化石価値取引市場は2分割された

非化石価値取引市場は2018年度から始まりましたが、2021年に改編され、「再エネ価値取引市場」と「高度化法義務達成市場」の2市場に分かれました（表7－8）。

旧・非化石価値取引市場では、証書を入手できるのは、小売電気事業者のみでした。しかし需要家から自分たちも購入したいという声が高まってきました。脱炭素化への積極的な取り組みやRE100などの企業アピールのためです。そこで、需要家も非化石証書を直接購入できるようになりました。また、非化石証書の最低価格の見直しや、証書のトラッキング（電力がどの発電所で作られたのかはっきりさせること）についても導入が行われました。

新しい市場の特徴

（1）再エネ価値取引市場

再エネ価値取引市場とは、非化石証書のうち、FIT電源（FIT非化石証書＝FIT証書）を扱う市場です。2021年11月に創設されました。小売電気事業者だけでなく、需要家もFIT証書を購入することができます。また、この市場で取り扱われるすべてのFIT証書について、環境価値のもととなる発電所の情報（トラッキング）が実証されます。つまり、FIT証書の電気が、どの再エネ発電所で作られたものか分かるということです。

取引方式は以前と同じくマルチプライス・オークションで、オークションは年4回開催されます。FIT証書に関しては、従来は最低価格は1.3円/kWhとされてきましたが、非FIT証書の価値に合わせ、0.3円/kWhに引き下げられました。

市場では、需要家もFIT証書を購入できますが、その場合はJEPXで非化石価値取引会員資格を取得する必要があります。資格取得には、財務上健全かどうかなどの審査がなされますので、ハードルはやや高いと思われます。また、参加資格を取得するのが難しい需要家のために、代わって取引を行う仲介事業者の導入も予定されています。

(2) 高度化法義務達成市場

高度化法義務達成市場とは、前述の「非FIT非化石証書(再エネ指定・指定なし)」を扱う市場です。小売電気事業者には、2030年度までに非化石電源による電力の販売比率を44%に上げることが義務づけられています。この目的に特化して作られた市場です。

取引方法は以前と変わらずシングルプライス・オークションで、年4回の開催になります。取引される非FIT非化石証書の最低価格は、暫定的に0.6円/kWhとなります。また最高価格は1.3円/kWhとなります。

小売電気事業者が、前述の販売比率を44%に上げるために使えるのは、この非FIT非化石証書のみになります。供給元は、大手電力会社の大型水力や原子力電源のみになると考えられます。

2つの市場は、たとえば自社ビルで使った電気を再エネ化する、などの利用に活用されると思われます。今後の進展に注目が集まります。

■表7-8　各市場の特徴

(1)再エネ価値取引市場

項　目	特　徴
取り扱う証書	FIT証書
取引方式	マルチプライス・オークション
開催回数	年4回
最低価格	0.3円／kWh
購入可能者	小売電気事業者、大口需要家(非化石価値取引委員会会員資格取得者)

(2)高度化法義務達成市場

項　目	特　徴
取り扱う証書	非FIT(再エネ指定)非化石証書、非FIT(指定なし)非化石証書
取引方式	シングルプライス・オークション
開催回数	年4回
最低価格	1.3円／kWh
購入可能者	小売電気事業者

日本卸電力取引所(JEPX)パンフレットより引用・構成

7 電力市場の種類（6）：容量市場、需給調整市場

この他、2021年までに開設された市場に「容量市場」「需給調整市場」があります。

● 容量市場

「容量市場」は、4年後に必要となるであろう電力の容量を売買する市場です。欧米などでは、以前から開設されています。

容量市場とはいったいどんなものなのでしょうか。

たとえば、今後再エネなどの発電が増えてきた場合、旧来の火力発電所などで、採算が悪化して休廃止されるものが出てきます。すると、いざ電力が不足した時に必要な火力発電所がない、などといった事態が起こりかねません。

それでは困るので、いざという時に必要となるであろう発電所の「能力」を買っておき、施設維持や建設のために役立てようというものです。

容量市場で売買される容量は、全国の発電事業者が売りに出し（応札）、電力広域的運営推進機関（OCCTO）が購入します。買取に必要とした資金は、OCCTOが後で全国の小売電気事業者から規模に応じて請求します。

容量市場は、2020年度に開設されました。

● 需給調整市場

「需給調整市場」は、電力の需要と供給を一致させる「需給調整」を市場制に移行しようというものです（図7－9）。

電力には「同時同量」という決まりがあり、電気を送電する量（供給量）と使う量（需要量）は一致させておかなくてはなりません。

一般送配電事業者は、電気の需要を監視し、常に供給量を一致させるよう操作を行っています。しかしリアルタイムで供給量を需要と一致させようとすると、発電機を常時スタンバイさせて必要な時に作動させ、電力を調整できるようにする必要があります。

「需給調整市場」は、この「調整力」を発電事業者が売り、一般送配電

1
2
3
4
5
6
7
8
9
10
用語集
索引

事業者が買い取るというものです。これまで、直接取引していた調整力に市場原理を導入することで、コスト削減が可能になると期待されています。

需給調整市場は2021年度から三次調整力②が、22年度から三次調整力①が、というように、部分的に開設が進んでいます。

■図7-9　需給調整市場

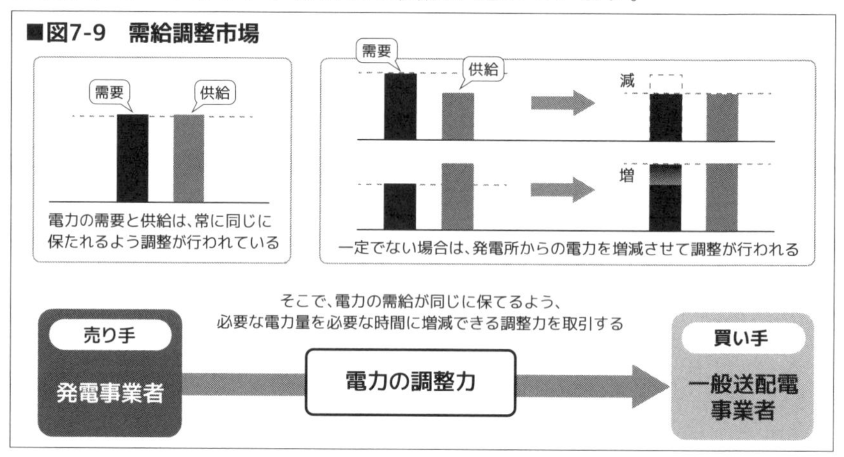

8　電力市場の種類（7）：分散型・グリーン売電市場、間接送電権取引市場

その他、取引が行われている市場には次のようなものがあります。

●分散型・グリーン売電市場

分散型・グリーン売電市場は、自家発電設備やコジェネレーション発電設備、再生可能エネルギーによって発電された電力などの取引市場です。日本卸電力取引所が用意した掲示板で売買のやりとりを行います。日本卸電力取引所は、取引の場を提供するだけで、売買契約は当事者間で結ばれます。日本卸電力取引所は売り手へのアドバイスなども行っています。取引量は限られています。

●間接送電権取引市場

電力エリアをまたぐ市場取引で、受け渡し時にエリア間で価格差ができた場合、差額はどちらかが引き受けることになります。その差額を前もって権利として取引するのが「間接送電権」であり、取引する市場が「間接送電権取引市場」となります。

たとえば発電事業者のいるエリアAの電力価格が10円/kWh、小売電気事業者のいるエリアBが12円/kWhの場合、2円の価格差があります。エリアAで発電事業者が売った電力を、エリアBの小売電気事業者が買った場合、価格差があるので、小売電気事業者は1kWhあたり12円を支払い、発電事業者は10円を受け取ることになります。ここで生じる2円の価格差は、JEPXの収入となってしまいます。そこであらかじめエリアAの発電事業者が間接送電権を市場で1.2円/kWhの価格で購入しておくと、価格差を1.2円で固定できます。すると発電事業者は、10円＋（2円－1.2円）＝10.8円受け取ることができ、価格差を減らし、損を少なくすることができます（図7－10）。

間接送電権市場の売買方式は、一日前市場などと同じシングルプライス・オークション方式です。取引期間は、受け渡しが行われる2ヶ月前の20日以降に4～5週間分の週間商品を取引します。入札単位は100kWです。

間接送電権市場は2019年から取引を開始しました。

■図7-10　間接送電権取引市場

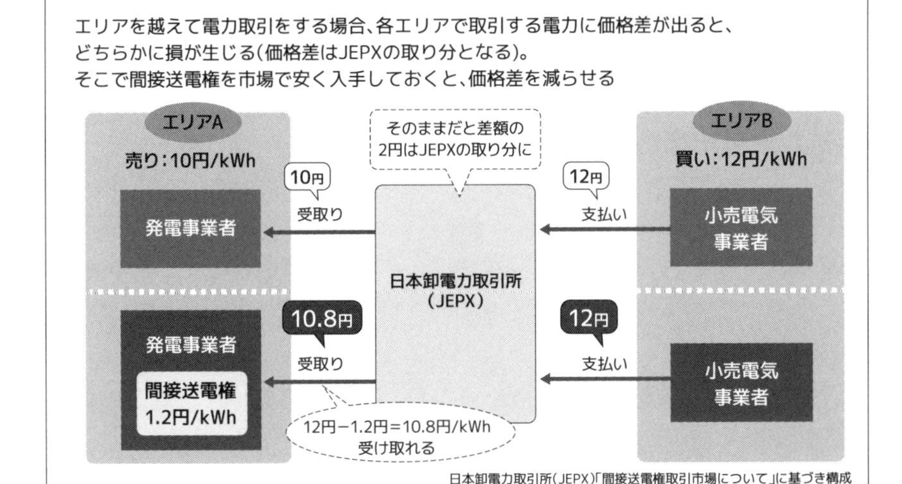

日本卸電力取引所（JEPX）「間接送電権取引市場について」に基づき構成

9 電力市場の種類（8）：日本取引所（JPX）の電力先物市場

●電力先物市場とは

電力先物市場は、日本取引所（JPX）グループの一つ、東京商品取引所が開設した、電力の先物を取り扱う市場です。2019年から試験営業を開始し、2022年4月に本上場を行いました。最初は15限月（15ヶ月まで先）の取引が可能でしたが、2022年4月からは24限月までに延長されています。

電力は世界的に見ても価格変動が大きいため、売買にはリスクが伴います。

そこで、何ヶ月も先に使用する電力を、安い時期に買っておき、急激な価格上昇に備えることにメリットがあります。電力先物市場は、こうした危険を避けるためのリスクヘッジツールとして開設されました。

電力を安く先物で買っておけば、当月に電力価格が高騰しても、安い先物を売ることで差額を解消でき、価格を低く固定できます。逆に電力価格が下がった場合は先物が高いため損をしますが、現物を安く買うことで損害を補填できます。

こうした価格安定のためのツールとして、先物市場が注目を集めているのです。最近ではLNG（液化天然ガス）をはじめとする燃料価格の高騰などがあり、先物市場の重要性は増すと考えられます。

●電力先物市場の商品は

電力先物市場の商品は、東･西エリアのベースロード電力、同じく東･西エリアの日中ロードの4種類です（表7－11）。

東・西エリアとはそれぞれ、JEPXスポット市場の東京エリアと関西エリアを指し、ベースロードは0時～24時の価格、日中ロードは8時～20時を指します。

各商品の取引の種類は、現金決済先物。最終決済価格は、上記価格の対象期間の月間平均価格になります。取引単位は、「月物」で限月により、100kWh×24時間×暦日数（ひと月が30日なら30、31日なら31）で定められます。呼値の単位は、0.01円/kWhです。

電力先物市場には、国内の電気事業者をはじめ、金融機関や海外の電力トレーダーなどが参加して取引を行っています。特に2021年1月にJEPXの電力価格が高騰してからは、57社から141社と2.5倍にも増えました。取引高も、おおむね前年の2倍の水準で増えています。

ただし、まだ日本の電力需要の1%にしかなっておらず、欧米のように実需要を上回る規模になるのはまだ先と思われます。

また、世界最大の電力取引所「EEX」も2020年5月から、電力先物で日本に参入しました。EEXは、売り手と買い手、当事者間で相対取引を行うOTC取引（OTCクリアリング）を行い、人気を集めています。

今後、電力先物市場は、売買額を増やすと考えられ、関係者が動向を注視しています。

■表7-11　日本取引所の電力先物市場の取引内容

取引エリア/電力ロード	西エリア ベースロード電力	東エリア ベースロード電力	西エリア 日中ロード電力	東エリア 日中ロード電力
取引の種類	現金決済先物			
取引方式	JEPXスポット市場 関西エリア・ベースロード価格 (0:00〜24:00)	JEPXスポット市場 東京エリア・ベースロード価格 (0:00〜24:00)	JEPXスポット市場 関西エリア・日中ロード価格 (8:00〜20:00)	JEPXスポット市場 東京エリア・日中ロード価格 (8:00〜20:00)
最終決済価格	最終決済価格は上記価格の対象期間の月間平均価格			
取引単位 ※限月により異なる	"月物" 100kW × 24h × 暦日数		"月物" 100kW × 12h x 平日数	
呼値の単位	0.01円/kWh			
限月	直近24限月			

東京商品取引所「電力市場における先物市場の役割と課題」（2022年3月25日）より引用・再構成

10 電力市場の種類（9）：日本取引所（JPX）のカーボン・クレジット市場

●カーボン・クレジット市場とは何か

2022年9月から2023年1月末まで、カーボン・クレジット市場の実証実験が行われました。運用を行ったのは、日本取引所（JPX）グループの東京証券取引所です。

「カーボン・クレジット」とは、二酸化炭素（CO_2）の排出量を取引するもの。二酸化炭素排出量は、2050年の温室効果ガスの実質排出量ゼロを目指して削減する必要があります。ただ、企業によっては削減が思うようにいかない場合があります。そんな時に削減量をクレジットの形で購入して、削減を行ったとみなすのです。

市場で売買されるのは「J-クレジット」です。J-クレジットとは、国が認証するもので、省エネ設備導入や再エネ利用、森林管理による二酸化炭素削減量を計算。二酸化炭素1トンあたりいくらとして「クレジット」で提供されます。

ちなみに、二酸化炭素排出量取引には考え方が2通りあります。一つは「ベースライン＆クレジット」で、排出量見通し（ベースライン）に対して、実際の排出量が少なかった場合、その差をクレジットとして認めるものです。一方、「キャップ＆トレード」では各社が排出量の排出枠を設定。排出量が排出枠を超えた企業が、排出枠より少なかった企業から、不足分を市場価格に合わせて購入するものです。カーボン・クレジット市場は前者のベースライン＆クレジットにあたります。

●カーボン・クレジット市場での取引

カーボン・クレジット市場は、前述のようにベースライン＆クレジットで作られたJ-クレジットを扱います（表7－12）。注文受付時間は午前が9時～11時29分、午後が12時30分～14時59分。約定の方法は11時30分と15時の午前・午後1回ずつの節立会となり、価格優先で決められます。取引単位は二酸化炭素1トンで、呼値の単位は1円。決済は買い手が代金を出し、売り手がクレジットを渡します。

●今後はキャップ＆トレード方式の市場も

カーボン・クレジット市場は、海外では特に整備されています。

特に、航空機や鉄鋼など二酸化炭素削減が難しい業界にとって、購入すれば削減に寄与することになるため、人気を集めています。その一方で取引が過熱し、クレジット価格が高騰するなどの弊害も見られます。

一方で、日本では、J-クレジットをはじめ複数のクレジットが乱立気味で、何を使えばいいのか分からず、また利用方法もはっきりしない、などの問題点が指摘されています。

政府では、2050年にカーボン・ニュートラルを目指す企業が、二酸化炭素削減目標を設定し、クレジット取引を行う「GX（グリーン・トランスフォーメーション）リーグ」構想を持っています。

GXリーグに参加した企業は、それぞれ2030年度までの二酸化炭素排出削減目標を決め、目標を超過達成した分をカーボン・クレジットとして取引します。排出量が多かった企業は、排出量に余裕のある企業からカーボン・クレジットを買い、排出量を制限値以内に収めることができます。

カーボン・クレジット市場では、こうしたキャップ＆トレード方式のクレジットも取引する予定です。現状では時期未定ですが、今後浸透していくかどうか、注目が集まります。

■表7-12　カーボン・クレジット市場の特徴

項目	特徴
注文受付時間	9:00〜11:29、12:30〜14:59
約定方式	節立会（午前1回 11:30、午後1回 15:00）
注文方式	指値注文のみ
取引単位	1t-CO_2
呼値の単位	1円

日本取引所グループ（JPX）HPより引用・再構成

11 電力・ガス取引監視等委員会とは

●電力・ガス取引監視等委員会の役割

これまで、電力取引について解説してきましたが、2016年の電力小売全面自由化、2017年のガス小売自由化以降、非常に多くの事業者が電力・ガス業界に参入してきました。

需要家にとっては、多様なサービスが受けられるようになった反面、不適切な営業行為や悪質な取引が横行する可能性も増えています。

そこで自由化に先立ち、2015年に電力とガス・熱に関して正常な取引が行われるよう監視したり、ルール整備をしたりする組織が設立されました。それが「電力・ガス取引監視等委員会」です。

委員会の主な業務は、市場取引の監視や実効性のあるルール整備です。

●市場取引の監視

市場取引の監視については、消費者被害や新規参入事業者への阻害行為、インサイダー取引や相場操縦、送配電事業者の中立性を欠く行為などを監視し、場合によっては立入検査や勧告等を行っています。

また、託送料金や小売料金の審査をはじめ、小売事業者の登録の審査を行っています。

さらに消費者保護の観点から、一般の需要家に対し、小売事業者が悪質な営業を行っていないか、不当に高い料金で契約を行ってないかなども監視しています。これに関しては、需要家相談窓口を設け、「小売営業に関する指針」などのルール整備も行っています。

●実効性のあるルール整備

ルール整備については、市場取引に関して正常な競争が行われるよう、ルール整備を行って経済産業大臣に建議を行う、などの業務を行っています。

第８章　需給管理業務とは何か

1 「需給管理」業務と「同時同量」

小売電気事業者の大切な業務の一つに、「需給管理業務」があります。需給管理業務は、需要家が使う電力（需要）と送る電力（供給）の量をチェックし、それが同じ量になっているかを確認するものです。

ではなぜ、そのような業務が必要なのでしょうか。

●「同時同量」の原則

電力業務には「同時同量」という大きな原則があります。

同時同量とは、電気を作って流す量（供給）と使う量（需要）を常に同じに保つ必要がある、という原則です。

需給の同時同量が守られないと、電力の周波数が一定に保たれず、電気機器の動作が不安定になったり、停電を起こしたりする原因になるのです。

電力の使用量は、季節や昼夜などの時間帯、天候などによって大きく変動します。やっかいなことに電力は貯めておくことが難しいので、常に需要を予測し、そのつど発電量を調整しなくてはなりません。

変動にうまく対応するため、電力会社では電力が不足した時は発電事業者に連絡して焚き増しを頼んだり、市場で電力を買い足したりして電力量を調整しています。逆に電力が余った時は市場で売却します。

かつてのように、一つの電力会社が発電から送配電までを行っていた時代は、こうした調整は、エリアごとに置かれた中央給電指令所が行っていました。

しかし今は、電力自由化で発電事業者や小売電気事業者の数が非常に増え、各事業者で同時同量の需給調整を行う必要が出てきています。

需給管理業務は、この同時同量を達成するための調整作業です。

2 計画値同時同量とは

以前は「実需同時同量」だった

同時同量を達成するのは、小規模の小売電気事業者には非常に難度の高いものです。

以前に課されていた「同時同量」は、実際に使った電力量と供給した電力量を一致させる「実需同時同量」でした。しかし、「実需同時同量」で常に需給を一致させるのは技術的に大変難しいことでした。

そこで救済策として、小規模の新電力企業には、「30分実需同時同量」が課されていました。「30分実需同時同量」は、30分間ごとの供給量と消費量を一致させるというルールで、より緩やかなものです。

「計画値同時同量」への移行

その30分実需同時同量は、2016年の電力自由化に伴い、「計画値同時同量」へとルール改正されました。

「計画値同時同量」は、小売電気事業者が電力を供給する前日の正午までに、「需要計画」をOCCTOに提出し、計画値と実際の量を一致させるという方式です（図8－1）。計画値と実際の量の差がある場合は、事業者は供給当日の1時間前（ゲートクローズ）までに一致させるよう電力調達を続けます。発電事業者も同様に「発電計画」を提出し、計画

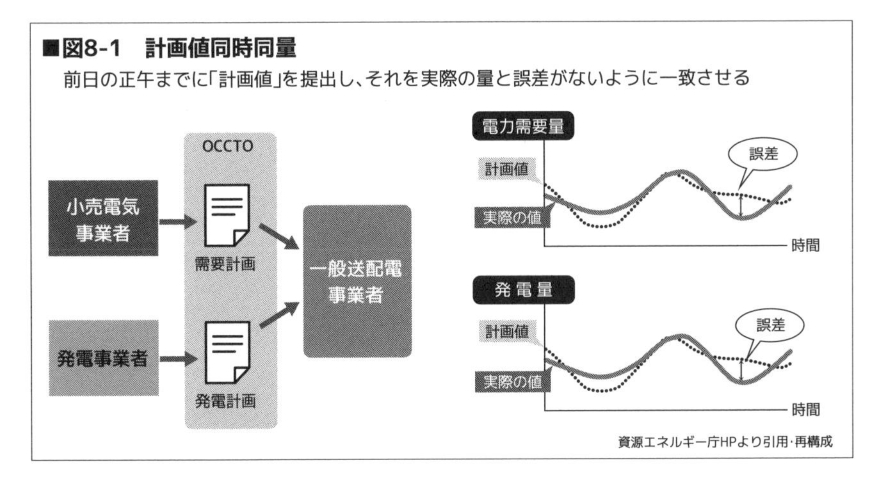

値と実際の量を一致させます。

需要計画と発電計画はそれぞれOCCTOを通してエリアの一般送配電事業者に送られ、一般送配電事業者が計画と実際の差を調整します。

実需ではなく計画値になったのは、発電所を所有しない新電力企業でも、同時同量を達成しやすくするための改善です。

3　インバランス料金の現在

● インバランス料金とは

では、需給管理が十分にうまく行かず、計画値と実際の使用量に差が出た場合はどうなるのでしょう。

この場合、小売電気事業者は違約金として「インバランス料金」を支払うことになります（図8－2）。

インバランス料金とは、以下のようなものです。

(1) 実際に使われた電力量が、計画値より多かった場合、一般送配電事業者が差額を負担し、あとで小売電気事業者が一般送配電事業者にその差額を支払う。

(2) 逆に、実際に使われた電力量が計画値より少なかった場合は、一般送配電事業者が残りの電力を買い取る。

インバランス料金の設定は、2020年までは、日本卸電力取引所の市場価格に連動して、全国規模のインバランス発生量が余剰の時は市場価格より低め、不足の時は市場価格より高めになるように設定されていました。

要するに、計画値より実際の量がオーバーすると、その分（インバランス料金）は、罰金の意味で割高になり、低くなると割安になります。インバランス料金を発生させると小売電気事業者は損なので、計画値を実際の使用量と一致させるため、需給管理に神経を使います。

● インバランス料金の算定

ところが、困った事態が起きました。2021年1月、寒波により電力需要が大幅に増えたことなどで、電力需給がひっ迫。これに伴い、日本卸電力取引所のスポット市場で電力の市場価格が高騰し、一時200円/kWhを超えたのです。小売電気事業者が、値を吊り上げたのも原因の一つです。市場価格より高いインバランス料金を納めたくないため、スポット市場で高くても買いを入れたのです。

結果として、インバランス料金が高騰しました。小売電気事業者の中には、高額のインバランス料金の負担で大きな損を抱え、電気事業から撤退するケースも現れました。

そういった問題点から、セーフティネットとして、インバランス料金に上限を設定する措置がとられることになったのです。

2021年には暫定措置として、一般送配電事業者が前日夕方に公開する予想予備率（使用率ピーク時）が複数の供給区域で3%以下となる場合、インバランス料金の上限価格を200円/kWhとするとしました。また上記以外の場合、上限価格を80円/kWhとしました。

2022年には、インバランス料金はさらに改定されました。

これまでのインバランス料金は、前述の通り、市場での取引価格をベースに算定されてきました。しかしこれは実情を反映していないため、2022年からは、一般送配電事業者が需給調整市場から調整電源（調整力）を調達する、その時のコストを反映させるものとなったのです（図8－3）。

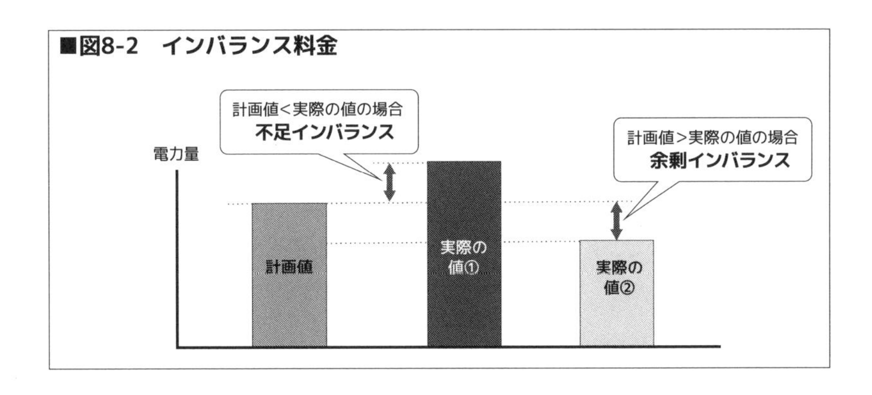

■図8-2　インバランス料金

新料金の算定では、

①インバランス対応のため用いられた調整力の限界的なkWh価格（通常インバランス料金）

②需給ひっ迫時の補正インバランス料金

のうち、どちらか高いほうが選ばれます。通常インバランス料金は、5分ごとの調整力指令量を加重平均（全部足して30/5＝6で割って平均を出す方法）で算出することになりました。（なお、10年に一度の猛暑・厳寒があって需要が急増した場合の調整力である「電源Ⅰ'」や、電力使用制限、計画停電が行われた場合は、インバランス料金に特別な値が適用されます。他にも、太陽光・風力出力抑制時などには、優先して特別なインバランス料金が適用されます。）また、インバランス料金の上限については2023年までは200円/kWh、2024年以降は600円/kWhが設定されます（図8－4）。

また、制度見直しに合わせて、インバランス料金の単価や各エリアの総需要量や総発電量などが30分以内に公表されることになりました。

● インバランス料金の課題

インバランス料金は、実情に合うように何度も改定が行われており、今回も2022年に変更が行われました。

かつては、（罰金で高額なはずの）インバランス料金が実際の取引額より安い状況になったため、計画値をわざと低め（たとえば0）に申告して、市場価格より安いインバランス料金で不足分の電気を入手し、利益を得た小売電気事業者もいました。現状ではそうした悪質なことはできないよう改定されています。

● バランシング・グループ（BG）

小規模の小売電気事業者は、経験が浅く、売電量も少ないため、精密な需給予測を行うのが困難です。

そこで、複数の小売電気事業者が共同で同時同量を達成する「代表者契約制度（バランシング・グループ）」という方法もとられています。バランシング・グループ（BG）は、複数の小売電気事業者同士が共同で一般送配電事業者と託送契約を結び、小売電気事業者から代表契約者を選ぶという方法です。そして、バランシング・グループ全体で同時同量を達成します。グループで電力量を合算すると、電力量が大きくなり予測がしやすい上、グループ内で電力の融通ができるなどのメリットがあります。

■図8-3　インバランス料金(2022年度以降)

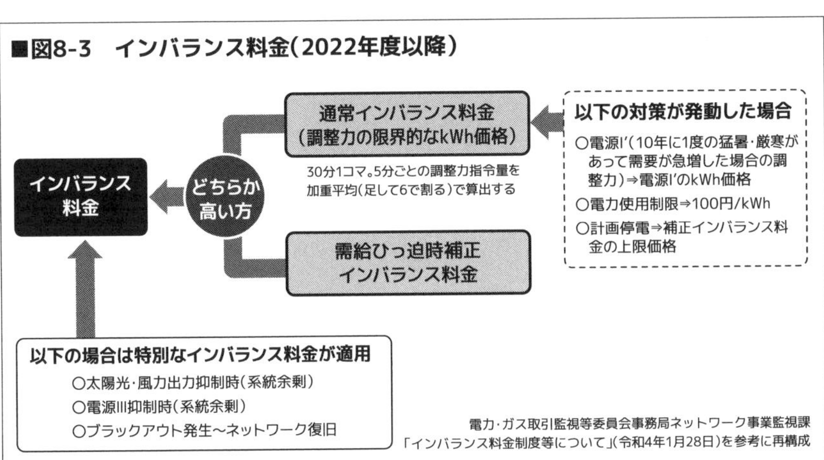

電力・ガス取引監視等委員会事務局ネットワーク事業監視課「インバランス料金制度等について」(令和4年1月28日)を参考に再構成

■図8-4　需給ひっ迫時の補正インバランス料金

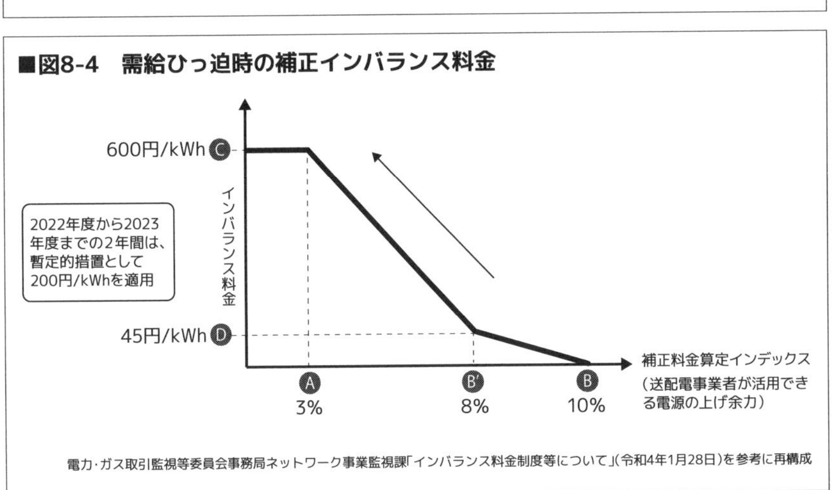

電力・ガス取引監視等委員会事務局ネットワーク事業監視課「インバランス料金制度等について」(令和4年1月28日)を参考に再構成

4　需給管理業務の手順

●需給管理の手順

非常に重要でかつ、新電力企業には難しい業務である需給管理。では、需給管理業務は実際にどのような手順で行うのでしょうか。

需給管理の実際は、以下のような手順になります。

(1) 需要電力を予測する。
(2) 需要計画と電源調達計画、販売計画を作成する。
(3) 需要計画、電源調達計画、販売計画を電力広域的運営推進機関（OCCTO）へ提出する。
(4) 当日の需要電力を監視して追加の電力取引を行い、状況によっては計画を修正して1時間前までにOCCTOへ再提出する。

●（1）需要電力の予測

まず、需給管理では、契約している需要家がどれくらい電力を使うか、需要予測を行います。予測は、過去の実績を参照しながら、季節・天候や気温、平日か祝休日かなどの要因をチェックして行っていきます。

●（2）需要計画と電源調達計画、販売計画の作成

需要予測がまとまったら、電源の調達を考え、配分していきます。新電力企業には自社電源を持つところは少ないので、他社が運営する電源と購入契約を結んだり、大手電力会社との間で「常時バックアップ」契約を結んだり、電力市場からの調達などを中心に調達計画を立てます。また、需要家への販売計画も立てます。

●（3）需要計画、電源調達計画、販売計画を電力広域的運営推進機関（OCCTO）へ提出

日々の需要計画、電源調達計画、販売計画ができたら、前日の午前12時までに電力広域的運営推進機関（OCCTO）へ計画を提出します。

(4) 当日の需要電力を監視して追加の電力取引を行い、計画を修正して1時間前までにOCCTOへ再提出

当日は需要電力を監視し、予測とのずれが生じそうな場合は追加で電力取引を行います。発電事業者に焚き増しを依頼したり、時間前市場で電力を取引したりして供給電力を調整します。

調整を行ったら、そのつど計画を修正して1時間前までにOCCTOへ計画を再提出します。

需給管理業務は、経験の浅い新電力企業などには難しさがあります。前述のバランシング・グループに加入するなどを行い、計画作成を代表者企業に依存するといった方法も考えられます。

5 電力広域的運営推進機関（OCCTO）とは

●電力広域的運営推進機関（OCCTO）

ここまで需給管理業務のあらましを解説してきましたが、その電力の需給計画を行い、管理を行っているのが2015年4月に設立された「電力広域的運営推進機関（OCCTO）」です。

OCCTOは、2011年の東日本大震災によって起きた電力のひっ迫やエリア間の連系不良など、日本の電力系統の不備を補うために設立されました。2015年から3段階で行われた「電力システム改革」の第1段階の改革です。

●OCCTOの業務

OCCTOの業務は、それまでエリア単位で行われていた電力の需給計画や系統（送電ネットワーク）計画を全国規模で行い、電気事業者間の運用の調整を行うというものです。また、広域的な電力ネットワークの長期方針や整備計画、増強計画を立てます。

さらに、全国の電力の需給状況や系統の運用状況を24時間監視し、大規模な災害が発生して電力の需要がひっ迫した時などは、発電所の焚き増しなどを行い、安定供給を確保します。

その他に重要な業務として、電気を使う需要家が、電力会社を乗り換えたり（スイッチング）、引っ越して新たに電気を使い始めたり（再点）、止めたり（廃止）した時などに自動的に切替手続きを行う「スイッチング支援システム」を運営しています。

これ以外にも、OCCTOでは日本卸電力取引所に開設される容量市場や需給調整市場などの設計を行ったり、日本版コネクト＆マネージの検討、実施などを行ったりしています。今後は、再エネ発電の増加などにより、広域的な系統整備の必要性が高まるので、OCCTOの役割はより重要になると思われます。

第9章　これから注目される新技術

ここまでは現在の電力業界のしくみについて解説してきました。
では、今の電力業界では、どんな最新技術が開発されているのでしょうか。
この章では、今研究されている、最新技術について解説したいと思います。

1 水素エネルギーとは

● 水しか排出しないクリーンエネルギー「水素」

「水素燃料電池」をご存じでしょうか。水素は地球上で一番軽い元素。酸素と化合して水になります。その水素が次世代エネルギーとして期待されています。大きな理由は、水素がクリーンなエネルギーだからです。水素発電は水素と酸素を化合させ、電気と水を生成します。排出物は水だけで温室効果ガスを出さず、効率も良いのです。

さらに再エネ由来の電気で水素（グリーン水素）を作ると、クリーンな電力が生み出せます。

政府では、2020年の「グリーン成長戦略」で、水素を発電や運輸・産業など幅広い分野で活用が期待されるキーテクノロジーとしました。水素が日常的に活用される「水素社会」を目標としているのです。

世界でも水素エネルギーの開発が過熱しています。EUは2050年までに、水素開発に最大4,700億ユーロ（約64兆円）を投資すると発表しました。欧米の巨大エネルギー企業でも兆円単位の投資が進んでいます。

● 水素はどうやって作る？

水素からはどのように電気を作るのでしょう。水素発電は、まず水素そのものを作り、その水素を使って発電する、という手順です。

水素を作る方法は、化石燃料を燃やしてガスにし、そこから水素を取り出す「改質」と、「電気分解」が代表的です。改質にはメタンガスなどが使われますが、もっと安い褐炭などの利用が研究されています。

電気分解では、使った資源によって水素が分類されます。再エネの電力で作ったクリーンな水素を「グリーン水素」といいます。それに対して温室効果ガスを排出する化石エネルギーから改質して作った水素を「グレー水素」、化石エネルギー由来だが、CCS（二酸化炭素貯留・回収技術）などで二酸化炭素の排出を抑えた水素を「ブルー水素」といいます。なお、原子力発電の電力で作った水素は「イエロー水素」です。

● 水素発電の方法は

水素発電は、「電気分解」と逆の手順です（図9－1）。電気分解では、水に電極を通して電気を流し、水素と酸素に分解します。水素発電では、水素と空気を電解質に通し、結合させて電気を発生させます。

水素は「燃料電池」として発電に使われます。電池といいますが、水素を注入して電解質に通し、酸素と化合させて電気を作る装置です。

水素燃料電池は「燃料電池車（FCV）」をはじめ、工場などの産業用施設でも使われています。FCVには乗用車の他、バスやフォークリフトなどもあります。FCVはガソリンスタンドのような「水素ステーション」で、燃料電池に水素を注入します。水素ステーションは、全国に170ヶ所以上（2022年時点）設置されています。

家庭用としては、燃料電池で発電を行い、同時に発生した排熱でお湯を沸かす「エネファーム」が実用化されています。

● 燃料電池の種類

（1）固体高分子形燃料電池（PEFC）

電解質にイオン交換膜を利用したものです。発電効率は低いものの、運転温度が90度以下であり、小型化ができるために家庭用燃料電池によく使われます。

（2）りん酸形燃料電池（PAFC）

電解質にりん酸水溶液を使うもので、動作温度が150～200度で工場などのコジェネレーション発電装置などに使われます。

■図9-1　水素発電のしくみ

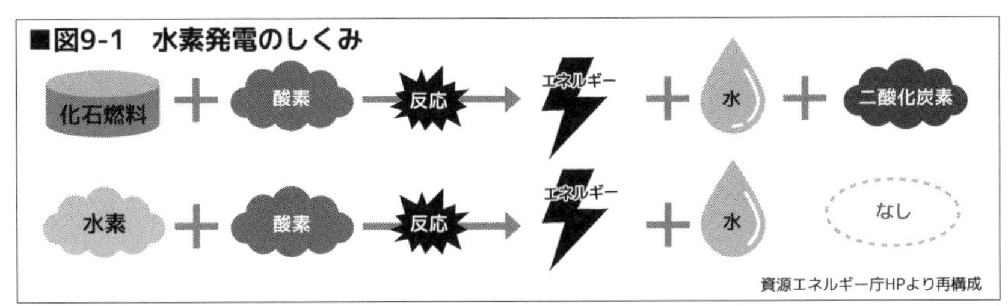

(3) 溶融炭酸塩形燃料電池 (MCFC)

電解質に溶融した炭酸塩を用いるもの。発電効率が比較的高く、大型化して火力発電所の代替システムなどに使われます。

(4) 固体酸化物形燃料電池 (SOFC)

電解質にセラミックスなどを使用したもので、発電効率が高く、燃料電池車や家庭用に使われます。

この中でも燃料電池車などに使われるSOFC、家庭用温水器などに使われるPEFCが現在の主力といえるでしょう。

水素燃料電池の普及はまだまだです。課題としては、水素の保存や運搬にコストがかかること、水素が可燃性ガスであり、燃えやすく保存に注意が必要なこと、水素によって金属が腐食することなどが挙げられます。水素ステーションはガソリンスタンドの数倍の維持費がかかることもあり、今後のコストダウンが待たれます

● 期待される「P2G(パワー・ツー・ガス)」

こうした水素ですが、特に風力発電などで作った電力で水素を作り、別の場所に運んで燃料電池に使う「P2G (パワー・ツー・ガス)」が注目されています (図9－2)。ドイツなどでは北海の洋上風力発電所で水素を製造し、海のない南部に移送して利用する、といった方法が検討されています。日本でも、外洋に洋上風力発電基地を設置して水素を製造し、船で運んで燃料電池に使うというプランが研究されています。

水素発電は、日本を含め、各国が積極的な研究を続けています。

■図9-2　P2G(パワー・ツー・ガス)の考え方

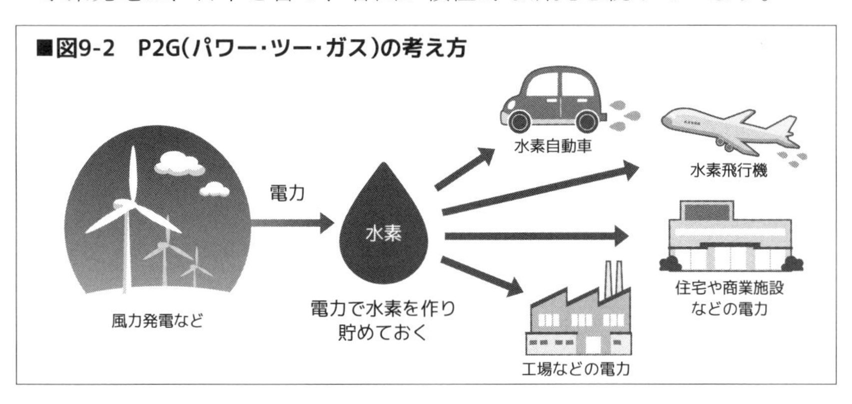

2 ペロブスカイト型太陽電池

●ペロブスカイト型太陽電池とは

太陽光発電は、太陽光パネルの半導体素子に光を当てて電子を動かし、発電する方法です。パネルはシリコン系が主流。低価格化が進みますがコストはまだ高く、重くて設置場所も限られるのが悩みです。そこで次世代太陽電池として注目を集めるのが「ペロブスカイト型」です。

ペロブスカイトは、ロシアで発見された鉱物の1種。日本人が太陽電池に使えることを発見しました。ペロブスカイトの特徴は、板などに塗ることで簡単に太陽電池が作れる点です。シートやフィルムなどに塗れば、折り曲げるなどの変形ができ、薄くすることもできます。また、シリコン系より低コスト。希少金属類も必要としません。

ペロブスカイト型は、軽量で変形できるので、屋根に塗ったり壁に貼ったりと、さまざまな応用がききます。製造費用もシリコン系の20～30%程度とみられます。大量生産できれば一気に利用は広がるでしょう。また、ペロブスカイトは、一般に使われる化学物質から合成することも可能です。さまざまな点で利用価値が高いのです。

ただ、難点もあります。シリコン型は電気への変換効率は20～25%ですが、ペロブスカイト型は最大でも15%。酸素や水分、熱などによる劣化が激しく、長期の使用はまだできません。

●有機薄膜型（OPV）太陽電池

やはり塗布できる太陽電池に「有機薄膜型（OPV）」があります。有機薄膜型太陽電池は、フラーレンなど2種類の有機半導体を使った薄膜で発電します。有機半導体は溶剤に溶けるため、低温で作ることができ、低コストです。シリコン系は、高温の真空蒸着法で作られるため、コスト高になるのと対照的です。非常に薄く塗っても発電できるため、屋根や壁、ビニールハウスなどにも塗ることができ、大面積にもできます。ただし、こちらも変換効率がまだ高くありません。

2種類の次世代型太陽電池は、実用化に向け、研究が続いています。

3 VPP(仮想発電所)とDR(デマンド・レスポンス)

● VPP（仮想発電所）とは

第1章でも解説しましたが、太陽光発電などは、10kW未満の小規模の発電者が多数を占める分散型電源です。そこで、小規模発電者をまとめ、一つの大型発電所のように動かし、一般送配電事業者などに電力を供給するのが「VPP（仮想発電所）」です。

VPPでは、発電する側だけでなく、需要家側の節電も一つの手段として活用し、需給バランスをとるのが特徴です。

● デマンド・レスポンス（DR）

VPPでは、たくさんの小規模な発電設備や蓄電池を操作して電力の調整を行います。一方で、ピーク時などには需要家側にも節電を行うよう働きかけます。たとえばピーク時の電力料金を上げて需要家側が電気を使わないようにしたり、電力不足の場合には需要家に節電を行ってもらい、その分だけ料金を安くしたりする、などの方法がとられます。

こうした、需要家に使用電力の調整をうながす手法を「デマンド・レスポンス（DR）」といいます。

DRには、電気の需要量を増やす「上げDR」と、減らす「下げDR」があります。上げDRの例はピークシフトです。洗濯機などの家電を動かす時間を、電力が不足しがちな夕方から昼間に変えてもらったりする手法です。下げDRは、ピーク時に電力機器を使わないようにする方法です。たとえばネオンサインを止めるなどの方法があります。

DRの手法として、「ネガワット取引」があります。「ネガワット」とは、需要家が節約した分の電力のこと。この電力を発電したと同じにみなす考え方です。たとえば需要家が1Wの電力を節電すれば、1Wの電力を発電したとみなし、その分を1W分の料金で発電者が買い取るのです。

発電者は「ネガワット」を買い取ることで電力調整ができ、需要家側は節電分を「売る」ことでビジネスにできます。

DRなどの手法を使い、VPPをコントロールする業者が「アグリゲーター」です（図9－3）。アグリゲーターは、エネルギーリソース（発電設備や蓄電設備）をコントロールし、発電量の調整を行います。

● アグリゲーターの種類

アグリゲーターには、リソース・アグリゲーターとアグリゲーション・コーディネーターの2種類があります。

リソース・アグリゲーターは発電者や需要家とVPP契約を結んで取引をし、エネルギーリソースをコントロールする役目です。

アグリゲーション・コーディネーターは、リソース・アグリゲーターからの電力をまとめ、一般送配電事業者や小売電気事業者と取引する統括者です。

VPPやアグリゲーターはこれからのビジネスですが、すでに大手電力会社が自社のVPPに参加する需要家を募集したり、海外の経験ある企業と組んでアグリゲーター事業に参入したりするなどの例が現れています。

■図9-3 アグリゲーターによるVPP事業

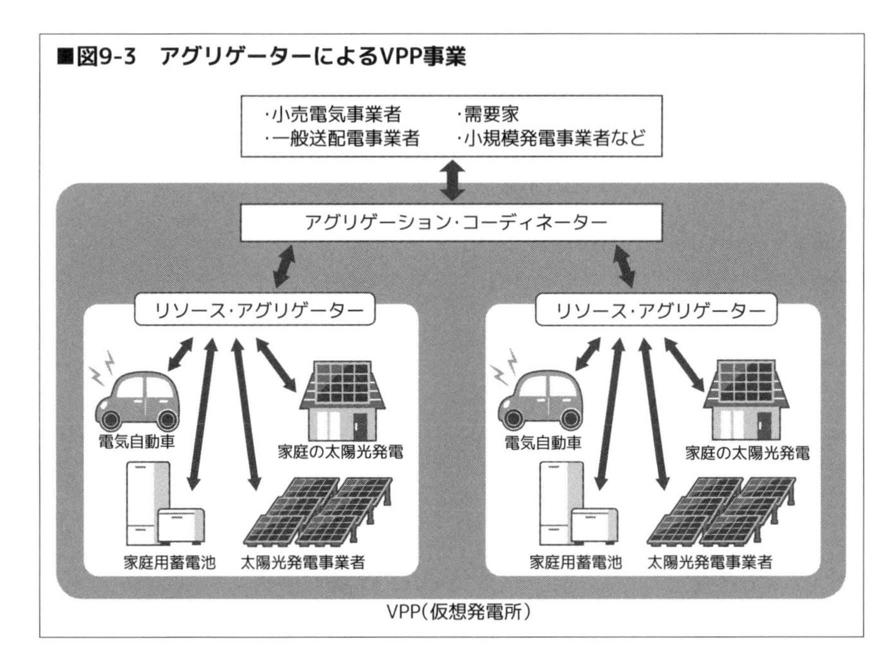

4 HEMSとZEH

● HEMSとは

最近、HEMSの利用が徐々に広がっています。HEMSとは「ホーム・エネルギー・管理（マネジメント）・システム」といい、家庭で使用する電力消費量を最適にし、節約するためのシステムです。電力を30分単位で自動計測するスマートメーターのデータを受信し、家庭内のパネルやスマートフォンに使用電力量や電気料金を表示。こうした使用電力量などの可視化を「電気の見える化」といいます。また、不在時に照明や家電が点いている部屋を自動消灯する、外出先から家電などをオンオフする、電力量を設定しておき、数値をオーバーしたら機器を制御し節電を行う、などのAI機能も装備しています。

HEMSは太陽光などの発電設備や蓄電池と接続すれば、管理機能を有意義に使え、後で説明するZEHなどでも大きな役割を果たします。

EMSは家庭用だけではなく、ビルのBEMS（ビル・エネルギー・マネジメント・システム）、地区全体のCEMS（地域（コミュニティ）・エネルギー・マネジメント・システム）などで利用が広がっています。

● エネルギー消費量を実質ゼロ（ネット・ゼロ）にする住宅、ZEH（ネット・ゼロ・エネルギー・ハウス）

住宅の省エネや太陽光パネルの設置などで、2014年から政府の先導で採用が進められているのが、ZEH（ネット・ゼロ・エネルギー・ハウス）です（図9－4）。ZEHは、室内環境の質を維持しつつ、エネルギー消費量を実質ゼロ以下（ネット・ゼロ）にする次世代型住宅です。ZEHでは、以下のような手法で、住宅全体の消費エネルギーを正味ゼロ以下とします。

・家の窓や壁など「外皮」の断熱性能を大幅に高める
・家電に効率の高い省エネ機器を採用
・再エネである太陽光発電で自家発電を行う
・余った電力は、蓄電池で貯めたり給湯設備に利用したりする
・家電や発電装置はHEMSで最適な効率で管理する

● ZEHの種類と普及には補助金制度が

ZEHは太陽光などを含む一次エネルギー消費量の収支がゼロの住宅を指します。さらにZEHよりハイレベルな省エネを目指すZEH+、次世代ZEH+、LCCM住宅などが指定され、それぞれに補助金制度が設けられています。たとえばZEHは補助金が1戸あたり定額55万円、ZEH+は定額100万円、次世代ZEH+はさらに設備の補助があります。

政府では第6次エネルギー基本計画において、2030年度以降新築される住宅は、「ZEH基準の省エネ性能の確保を目指す」とし、2030年には新築戸建の6割に太陽光発電設備の設置を目指すとしました。

ZEH支援事業では、自社が受注する住宅をZEHにする目標を掲げたハウスメーカーや工務店を「ZEHビルダー」に認定しています。目標は、受注住宅のうち、ZEHが占める割合が2020年で50%未満の業者は2025年までに50%以上とし、50%を達成している業者は75%にするというものです。2022年3月現在の登録社数は約4,700社です。

ただ、補助があるといえ、ユーザーにとってまだ太陽光パネルの設置などは割高感があります。導入には一層の努力が必要でしょう。

■図9-4　ZEH(ネット・ゼロ・エネルギー・ハウス)とは

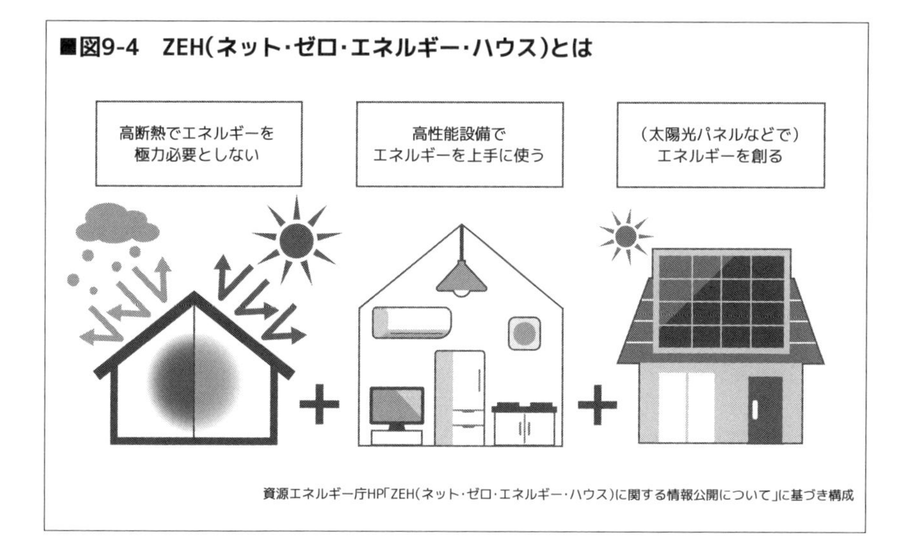

資源エネルギー庁HP「ZEH(ネット・ゼロ・エネルギー・ハウス)に関する情報公開について」に基づき構成

5 ダイナミック・プライシング（市場連動型料金）

ダイナミック・プライシングとは

技術の革新に伴って、電力会社の料金メニューも進化しています。その代表が「ダイナミック・プライシング」です。電力の「ダイナミック・プライシング」は、日本卸電力取引所（JEPX）の価格変動に合わせてリアルタイムで料金を変える「市場連動型料金」が代表的です。

もともとダイナミック・プライシングは、時間や期間によって料金を変えるしくみ全体のことです。電気料金でも、以前から時間帯ごと・季節ごとに料金が変わるメニューがありました。しかし最近の「市場連動型料金」は、市場価格の変動に合わせて30分ごとに料金を変えるもので、ち密さの次元が違います。

市場価格と連動することで、需要が多い時間帯には価格が高くなるため使用電力量が抑えられ、需要が少ない時間帯には価格が安くなるため使用電力量を増やす効果があります。

市場連動型には、現在の電気料金を通知するサービスも含まれるため、需要家は料金を確認してから電気を使うことができ、より効率的な使用が期待できます

高圧などで利用が進む市場連動型

当初、市場連動型は、太陽光発電が増え、昼間料金が0.01円/kWhに下がることなどから、料金の安さを売りにした利用が主でした。

しかし最近では、燃料費の高騰などを理由に、個人利用は影をひそめています。代わりに、高圧以上での法人向けが主体です。内容は、

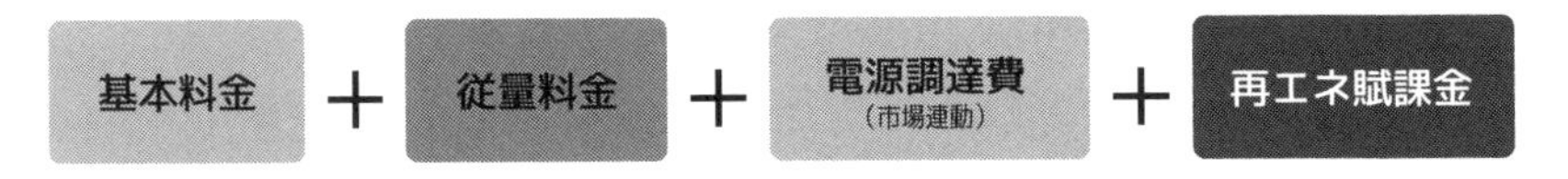

のようになります。

電力会社側の理由で提供されている場合が多く、高圧以上の新規契約では、市場連動型以外のものはなくなっているのが現状です。

6 大型蓄電池

蓄電池の種類

再エネなどの分散型電源の登場で、重要性を増しているのが「蓄電池(二次電池)」です。住宅での太陽光発電や、発電施設で作られた電気を貯めるのに使われています。再エネ発電は、発電量が安定しないため、余剰電力の保存用として、大型の蓄電設備の導入が期待されます。

蓄電池には、リチウムイオン電池をはじめとして、ナトリウム・硫黄(NAS)電池、レドックスフロー電池などたくさんの種類があります。最近では全固体電池も注目を浴びています(表9－5)。

リチウムイオン電池

正極と負極の間をリチウムイオンが移動することで充電・放電を行う電池です。エネルギー密度が高く、高電圧で寿命が長いなどの特徴を持ち、携帯電話から電気自動車(EV)のバッテリーまで幅広く使われます。太陽光発電の家庭用蓄電池として最も使われている電池です。

ナトリウム・硫黄(NAS)電池

負極にナトリウム、正極に硫黄、電解質にセラミックスを使った電池です。大容量化が可能で、再エネ発電などの大規模な蓄電用に使われます。鉛蓄電池に比べ体積が3分の1以下とコンパクトで、資源的にも豊富な物質を使っており、長寿命でコストダウンが可能です。ただ、作動温度が300度と高く、火災事故の例もあります。

レドックスフロー電池

バナジウムなどのイオンの酸化還元反応を利用して充放電を行う電池です。耐久年限が20年と長寿命で、常温で運転できるので安全性が高く大型化できます。大型発電所や再エネ発電の蓄電システムに向きます。ただ、エネルギー密度がリチウムイオン電池の5分の1程度しかないため小型化できず、原料のバナジウムが高価なのがデメリットです。

● 全固体電池

通常、電池に使う電解質は液体ですが、この電池は固体を使うものです。液体を使わないため、形を板状や層状にでき、重ねることも自由です。熱や圧力にも強く、長寿命です。既存の電池より大きな電力を蓄えることができる上、充電スピードも速くなる可能性があります。まだ開発中ですが、現在のリチウムイオン電池の座に取って代わることが期待されています。

■表9-5　大型蓄電池の種類

リチウムイオン電池	高電圧で寿命が長い。家庭用蓄電池や電気自動車のバッテリーによく使われる
ナトリウム・硫黄(NAS)電池	大容量、長寿命でコストダウンが可能。発電所の蓄電設備に使われる。作動温度が300度と高い
レドックスフロー電池	長寿命で大容量化が可能だが小型化しにくい。大型発電所の蓄電システムに使われる
全固体電池	電解質に固体を使うため、形状が自由で寿命が長く、大容量で充電スピードも速い。次世代の電気自動車のバッテリーとして期待されている

● 蓄電池の課題と今後

蓄電池は、停電時の非常用電源として使えるため、電力システムの一部として、今後重要性が増すと思われます。しかし、まだ家庭用のものすら導入コストが90～200万円と高く、気軽には買えません。

日本では蓄電池の導入を進めるため、国や地方自治体が補助金を出しています。

国からの補助金では「DER補助金」があります。補助金の上限額は、家庭用蓄電池で3.7万円/kWh(もしくは5.2万円/kWh・初期実行容量ベース)、いずれも設置費・工事費の1/3以内となります。また、地方自治体が補助金制度を設けている場合もあります。

なお、現在増えつつある電気自動車（EV）やPHVなども蓄電池としての役割を果たします。太陽光発電で余った電力をEVの蓄電池に貯め、非常用の電源として有効に利用できます。

7 CCS・CCUS

●排出される二酸化炭素を回収し、貯め置く技術

温室効果ガスの削減が求められている現在、発電所などで排出される二酸化炭素（CO_2）を処理する方法も考えられています。それがCCS（二酸化炭素貯留・回収技術）とCCUS（二酸化炭素貯留・利用・回収技術）です。

CCSは、工場や発電所などから排出される二酸化炭素を分離して、コンクリートの中や地中深くに埋め込んでしまう技術です。

CCUSも同じく二酸化炭素を分離する技術ですが、分離した二酸化炭素を油田の中に注入して石油を押し出すガスとして活用するなど、再利用を行う技術です。

二酸化炭素を分離する方法には、表9－6のようなものがあります。

このうち、工場などで最も使われているのは「化学吸収法」です。

■表9-6　二酸化炭素の分離方法

化学吸収法	二酸化炭素を溶解するアルカリ性溶液と化学反応させ、後で蒸気にさらして回収する方法
物理吸収法	二酸化炭素に高圧をかけて液体に吸収させ、後で減圧して回収する方法
固体吸収法	多孔質材や高温にした固体剤に二酸化炭素を吸収させる方法
物理吸着法	活性炭などにガスを接触させ、吸収させてから分離する方法
膜分離法	気体分離膜にガスを通し、二酸化炭素を分離する方法
深冷分離法	ガスを冷やして液体にし、沸点の違いを利用して分離する方法

●分離した二酸化炭素の貯留法

さて、分離した二酸化炭素はどこに置いておくのでしょうか。方法としては、地中に封じ込める「地中貯留」が有望です。地中貯留は、地下水や石油、天然ガスが閉じ込められていた、気体が逃げられない地下に二酸化炭素を圧入する、という方法です（図9－7）。

圧入する地層は、「帯水層」（粒子が粗い砂岩などの層で水が溜まっているところ）、「炭層」（地中の石炭層）、「石油・ガス層」（石油・天然ガスの層）、「枯渇油・ガス層」（枯渇した石油・天然ガスの層）、「海洋隔離」（海底下の地中層に隔離する）などが考えられます。

またCCUSでは、二酸化炭素の再利用法も研究されています。たとえば石油や天然ガスの地中層に、二酸化炭素を注入して噴出を助け、同時に貯留するといった方法が代表的です。

この他にも「カーボン・リサイクル」として、ポリカーボネートなどの化学品への加工、コンクリート製品への加工、また二酸化炭素を分解する藻類からバイオ燃料を取る、などの方法が研究されています。

CCSやCCUSは、2050年に温室効果ガス排出ゼロを達成するために必要な技術として、電力技術と並んで研究されています。日本でも苫小牧で工場排出の二酸化炭素を地中層に埋め戻す実験が進んでいます。日本の二酸化炭素の年間排出量は、2020年度で11億5,000万トンとされており、強力な対策が必要とされます。

■図9-7　CCSの方法

工場などから排出した二酸化炭素を分離し、地下深くに注入して埋め込んでしまう

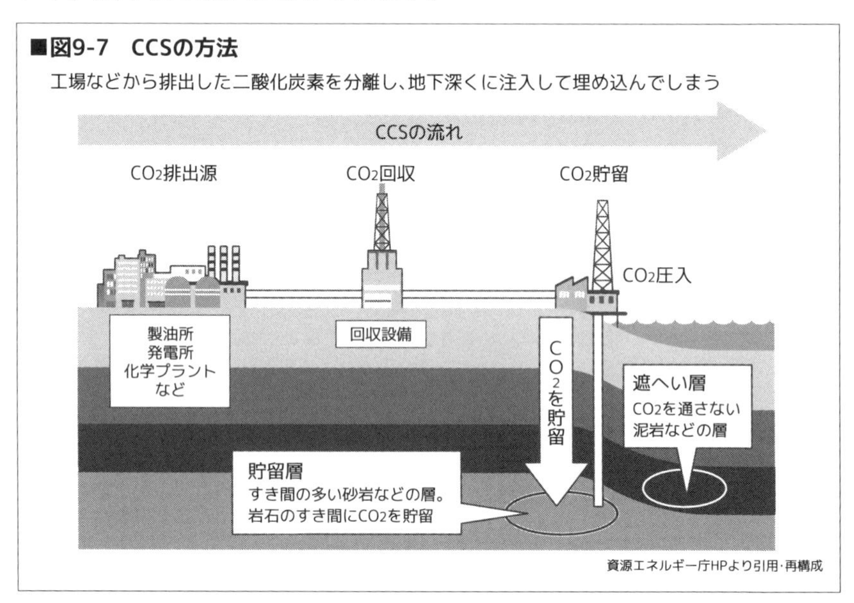

資源エネルギー庁HPより引用·再構成

8 アンモニア

● クリーンエネルギーとしてのアンモニア

アンモニアは無色透明ですが、刺激臭のある物質です。昔は蜂に刺された時は、アンモニアをかければ良いと教えられたものです。この方法は誤りですが、アンモニアは昔から我々になじみ深い物質です。

このアンモニアが、脱炭素化が進む今、にわかに注目を集めています。アンモニアの利用法は2通り。一つはクリーンな燃料として、もう一つは同じくエネルギー源である水素の運搬材料としてです。

アンモニアの分子式はNH_3。窒素に水素が化合したものです。園芸に興味のある人なら「尿素」や「硫安」として野菜や草木の肥料に使われることをご存じでしょう。世界的にも、製造されるアンモニアの使い道の80％は肥料です。その他にナイロンや食器に使われるメラミン樹脂の原料でもあります。

アンモニアを作るには、ハーバー･ボッシュ法という方法を使います。これは、天然ガスなどから一度水素を作り、水素を空気中の窒素と化合させてアンモニアにする方法です。水素を再エネによる電気分解で作れば、クリーンなエネルギーが生まれます。

● 混焼材料としてのアンモニア

アンモニアは燃やすことができ、燃焼して酸素と化合しても二酸化炭素を排出しません。そのため、脱炭素化の実現に好適なエネルギーです。アンモニアだけを燃やすこともできますが、現在は、石炭などと一緒に燃やす「混焼」に期待がかけられています。混焼は石炭火力発電所で石炭に20％のアンモニアを混ぜて燃やす方法です。すでに一定の成果を挙げており、石炭火力の排出する温室効果ガスを減らすことが実現されています。

● 水素運搬材料としてのアンモニア

もう一つは、アンモニアを次世代エネルギーである水素の運搬材料として使うことです。水素は運搬時に－253度に冷却し液化して運搬する必要があります。運搬技術にも高いものが要求され、コストもかかります。

一方でアンモニアは、肥料の原料としてすでに多く輸入されています。安全な運搬技術が確立されており、コストも高くありません。そこで、海外で製造した水素をアンモニアに変えて輸送し、国内でもう一度水素に変換するという方法が考えられています。

● 効果を挙げるためには大量のアンモニアが必要

アンモニアは使い勝手の良いエネルギーであり、運搬材料として期待がかかりますが、難点がないわけではありません。

日本の石炭火力発電所でアンモニアを20%混焼して利用するとしても、二酸化炭素を十分に減少させるためには、少なくとも年間約2,000万トンのアンモニアが必要になってくるのです。現在、世界中で取引されているアンモニアの総量は2,000万トンほど。そのすべてを日本に輸入して、やっとまかなえる量です。

また、燃料としてのアンモニアは、メタンなどと比較して、炎の燃焼速度が遅く、安定して燃やすことが少し難しいという技術的問題があります。こうした問題をクリアした上で、今後の技術開発や燃料確保が期待される、次世代エネルギーです。

第 10 章　海外の動向

※章内のグラフについては、以下のデータを元に構成しました。 IEA「Electricity generation by source 2022」

ここまで、国内の電力事情について解説してきました。
では、海外に目を向けるとどうでしょうか。

● ヨーロッパは電力自由化・脱炭素化で先行

欧米では、日本より早く、1990年代から電力自由化が始まりました。電力市場の開設も早く、特にヨーロッパでは、各国が陸続きだというメリットを生かして、電力の輸出入なども活発に行われています。近年では2050年までに温室効果ガス削減を行い、カーボン・ニュートラルを達成するという目標のもと、風力を中心とした再生可能エネルギーの大規模な導入や、石炭火力の廃止が進行しています。

● アジアでは電力不足で電源の充実が進行中

一方でアジア各国では、電力を使える家庭が全世帯の50％以下といった国もまだあります。自由化は発電事業者のみ海外からの参入が許され、石炭火力や水力発電が電源の中心となっています。しかし、そうした国でも電力ネットワークを何年後には全世帯に供給、といった目標が掲げられ、開発が進んでいます。また、中国や韓国などは電気事業の発展に熱心で、再エネの導入にも積極的です。

各国の電力に対する取り組みを見ていきたいと思います。

1　EU（ヨーロッパ連合）

ドイツやフランスなどをリーダーとし、ヨーロッパの27ヶ国が加盟するEU。2020年にはイギリスが国民投票の結果により、離脱しました。

● 1990年代から進められた電力自由化

ヨーロッパでは1990年代後半から電力自由化が積極的に進められました。1987年の欧州委員会によるEU電力市場自由化構想にもとづき、1996年に第一次EU電力指令が出され、大口消費者に対する小売部分自由化と、発電部門の会計分離が規定されました。

2003年の第二次EU電力指令では、2004年7月以降、家庭用以外の電力自由化を実施。さらに2007年7月以降には、すべての需要家の電力自由化を行うことを定めました。2009年の第三次EU電力指令では、ネットワーク部門の所有権分離が求められました。

こうしてEUでは、世界に先駆けた電力の自由化が行われてきました。自由化により、E.ONやエンジーなど世界規模の巨大エネルギー企業が成長し、市場の寡占体制が生まれました。その一方で、フランスのように並行して規制料金を残し、実質上自由化が進んでいない国もあります。また、ドイツや旧EU参加国のイギリスのように、電力自由化によって、電気料金が逆に高騰した国などもあり、問題点も浮上しています。

●脱炭素化で世界をリードするが難問も

EUは、脱炭素化にもとづいたエネルギー政策も進めてきました。2019年12月には、2050年までの温室効果ガス実質排出ゼロ（カーボン・ニュートラル）を目標にした「欧州グリーン・ディール」政策を発表。環境によい経済活動を行うための基準である「EUタクソノミー」を定めるなど、世界をリードする方策を進めています。

ただし目標が高いため、脱炭素化への道のりは険しい面もあります。当初は脱炭素化に含まれていなかった原子力と天然ガスを、2022年には「脱炭素への移行期に必要な経済活動」として欧州委員会が認めるなど、妥協案としか思えないような方針変更も行っています。

さらに燃料価格の高騰に加え、2022年2月にはロシアのウクライナ侵攻が発生。経済制裁やロシアからの反発によって、天然ガス・石油の供給難などの問題が起きました。

EU各国では、廃止を進めていた石炭火力を復活させるなど、足踏み状態も続いています。EUでは、天然ガスなどのエネルギー資源をロシアからの輸入に頼っていた国が多いからです。

現在は再エネを増やしたり、天然ガスの購入元を別に求めて、LNG輸入を急増させたりし、エネルギー資源の「脱ロシア」を各国が進めています。

2 イギリス：洋上風力発電で世界をリード

● 電源の42%は再エネ。特に風力が活発

もともとイギリスは化石資源の豊富な国で、自国産の石炭と北海油田の石油でエネルギー自給を達成した時期もありました。しかし北海油田が枯渇し、エネルギー源を輸入に頼るようになりました。

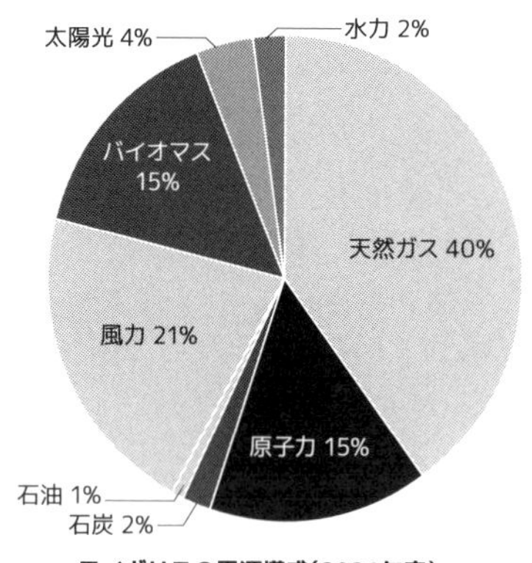

■イギリスの電源構成（2021年度）

2021年度の電源構成は天然ガス40%と原子力15%、石炭2%、石油1%、再生可能エネルギーが42%です。再エネは風力21%とバイオマス15%が中心。太陽光は4%で水力が2%です。中でも力を入れているのが洋上風力発電です。遠浅の海が続く北海は、風車の建設に最適で、2019年には世界最大の洋上風力発電所「ホーンシー・プロジェクト1」、2022年には「2」が稼働を開始しました。現在、4まで計画されています。

一方、石炭火力発電所は2024年までに全廃する予定でしたが、ウクライナ紛争などの理由で延長が検討されています。

イギリスでは、2050年までに温室効果ガス排出を実質上ゼロとする「気候変動法案」の改正案が2019年に可決されました。さらに2021年の「気候サミット」では、2035年までに温室効果ガスを78%削減するという新たな目標を発表しました。野心的な目標を掲げることで、世界の脱炭素化をリードしていく意思がうかがえます。

● 電力自由化も1990年から

イギリスは電力の自由化についても先進国です。

1990年にまず国営のCEGB（中央電力庁）が分割・民営化され、発電3社と送電1社、配電12社が誕生しました。卸売市場も創設され、大口需要家の部分自由化が行われました。

1999年には小売部門の全面自由化を達成しています。ただし自由化の当初は、市場がうまく機能せず、電気料金が逆に高くなるなどの問題が出たため、新たにNETA（新卸電力取引制度）を実施。電気料金が40%ほど安くなりました。NETA は現在、スコットランドを含めたBETTA に発展しています。現在、小売電気事業者は、巨大エネルギー企業による統合が進み、ビッグ6と呼ばれる6社、イギリス系の SSE（スコティッシュ＆サザン・エナジー）とセントリカ（ブリティッシュ・ガス）、ドイツ系の E.ONUK とエヌパワー、フランス系の EDF エナジー、スペイン系のスコティッシュ・パワーが寡占しています。しかし近年では独立系事業者のシェアが4分の1程度まで増え、低料金で攻勢をかけています。

3　フランス：発電量の70%が原子力

● 電源は原子力が7割

フランスは石炭以外の国内資源に乏しく、以前は発電用燃料を輸入石油に頼っていました。しかしオイルショック以降、原子力発電を主力に据えました。2021年の電源比率は原子力が68%、天然ガス6%、石炭・石油が各1%、再エネ23%と、約70%が原子力です。

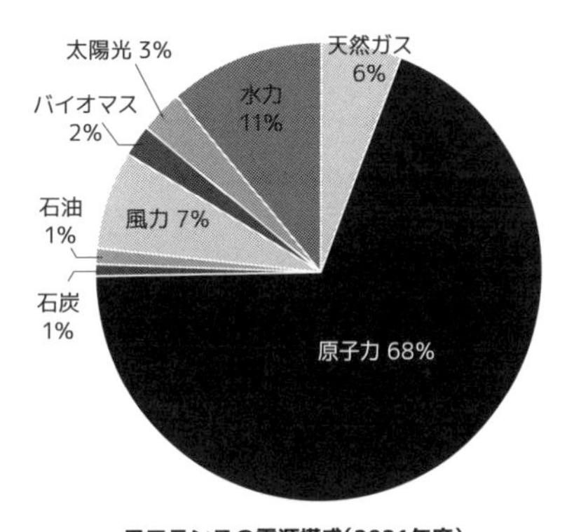

■フランスの電源構成（2021年度）

再エネについては、水力が11%、風力が7%で太陽光3%、バイオマスが2%程度となっています。

フランスの電力業界は、2004年にフランス電力公社から民営化されたEDF（フランス電力会社）の独占状態です。EDF は民間企業ですが、政府が株式の75%を保持し、実質上国営企業ともいえます。

EDF は原子力発電の80%を押さえています。他に旧 GDF（フランスガス公社）がスエズと合併した「エンジー」がガス火力、CNR が水力発電を担っています。小売事業は200社以上の事業者が登録していますが、販売比率は低く、EDF、エンジーの存在が圧倒的です。

● 電力自由化はされたが、会社を変えた需要家は少数

電力自由化が始まったのは、実質1999年からです。対象となったのは年間消費電力量1億kWh以上の需要家ですが、その後2003年に「エネルギー市場自由化関連法」が制定されて自由化が進み、2007年から家庭用を含む全面自由化が達成されました。

しかし自由化されたにも関わらず、小売事業者を変えずにいる需要家にも政府の規制料金が適用されました。規制料金は市場料金より安い場合もあり、小売事業者を乗り換えた需要家はごく一部でした。規制料金は、2016年に大口需要家へのものが撤廃されました。家庭用の規制料金も将来的に廃止する方向ですが、まだ残されています。

● 2050年にはカーボン・ニュートラルに

フランスも、2050年に温室効果ガスの排出を実質ゼロにする「カーボン・ニュートラル」を目標にしています。その過程として、2030年には温室効果ガスの排出を1990年比で40%削減する目標です。石炭火力も、2023年までに全廃する方針です。

また、今後は原子力の比率を下げ、2025年までに50%にする目標でした。しかし達成が難しく、2035年までに延長しました。再エネに関しては、2030年に発電量の40%をまかなうことも目指しています。

4 ドイツ：再生可能エネルギーには非常に積極的

● 電源の再エネ比率41%。中心は風力

ドイツは名目GDP4兆2,627億ドル（2021年）と日本に次いで世界4位。ヨーロッパでは群を抜く1位で、EUのリーダーとして君臨します。

電力については、以前から再生可能エネルギーを重視しています。電源比率は2021年で再エネが41%と最も多く、石炭30%、天然ガス16%、原子力12%、石油1%です。再エネは風力が19%、バイオマス10%、太陽光8%、水力4%であり、風力が抜きんでています。

電力会社は大手とシュタットベルケが併存

電力自由化は1998年にスタート。かつての大手電力会社8社に加え、新規事業者が100社以上参入しました。激しい競争の後に統合が行われ、現在はE.ON、RWE、EnBW、バッテンフォール・ヨーロッパの4社の寡占状態です。

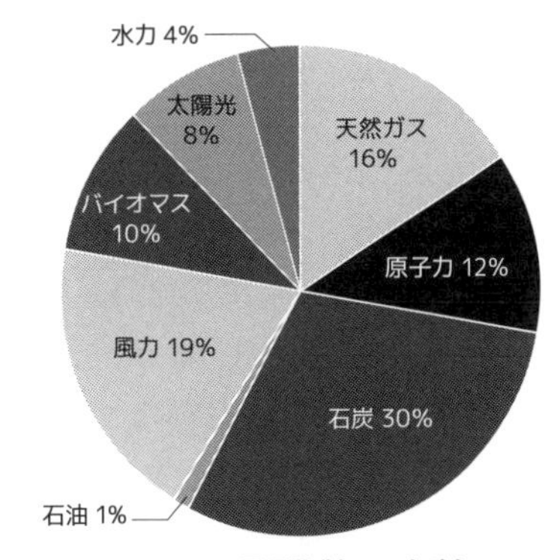

■ドイツの電源構成（2021年度）

一方で地方には、「シュタットベルケ」というガス・電力や水道事業を一貫して行う昔ながらの公社が900社以上あり、地域密着型の経営で生き残っています。小売事業では、大手4社の比率は家庭用で3分の1程度。大手と地域企業が併存しているといえます。

再エネの活用には野心的

再生可能エネルギーは1991年にFIT制度が開始され、導入が進みました。ただ国民の負担も増え、各家庭の電気料金の4分の1が再エネ賦課金という状態です。現在は一部競争入札を導入して負担減を目指していますが、電気料金はEUの中で最も高い水準です。

今後は、温室効果ガス排出量を2030年に1990年比で65%削減、2045年には排出量実質ゼロを目標としています。電力消費量における再エネの比率も2030年に65%、2050年には80%とする目標です。原発は2023年にすべて稼働を停止しました。石炭も2038年には全廃する予定ですが、ウクライナ紛争の影響で稼働を続ける可能性があります。

ドイツの問題は、化石エネルギーをロシアからの輸入に依存している点です。全輸入量のうち天然ガス50%以上、原油30%以上を占めます。今後は脱ロシアを進め、アメリカ、UAEなどからのLNG輸入を増やすなど、対策を行っています。

5 イタリア：電力の13%は他国に依存

電源は天然ガスが主体で13%は輸入

イタリアは資源に乏しく発電量も少ないため、エネルギーの多くを他国から輸入し、電力も13%（2019年）が輸入です。電力の輸入元はスイスを中継地として、実質はフランスからです。

国内の電源構成は、2021年で天然ガス50%、次いで再生可能エネルギー41%、石炭が6%、石油が3%です。

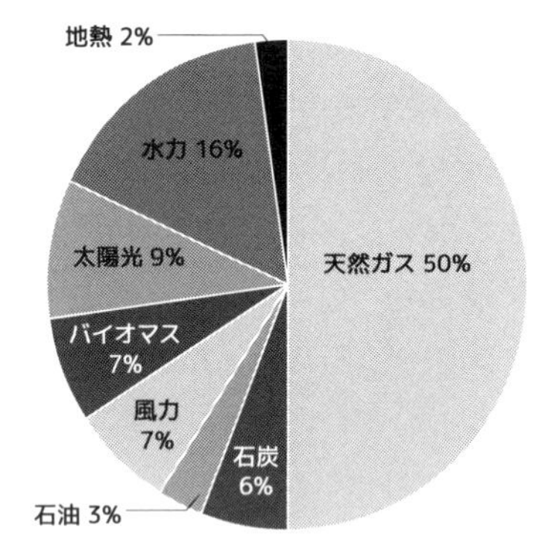

■イタリアの電源構成（2021年度）

再エネには積極的で、アルプスの豊富な水を利用した水力が16%あるのをはじめ、太陽光9%、風力7%とバイオマス7%、地熱が2%で続きます。原子力は、1987年のチェルノブイリ事故以降、国民投票で建設が否決され、運転中の原発はありません。石炭火力発電所も、2025年には完全停止が決められています

電力自由化は

イタリアの電力業界では、かつては国営企業のエネルが発送配電を独占していました。しかしEU発足と同時に行われた電力自由化で、事業部門が解体され、エネルは民営化。政府の持ち株比率は4分の1程度になりました。エネルは、スペインや南米など国外に進出し、現在ではヨーロッパ第2位の巨大エネルギー企業に成長しています。

小売部門は、1999年に年間使用電力量3,000万kWh以上の大口需要家から自由化が始まり、2007年に一般家庭を含めた全面自由化がなされました。

その一方で、供給先を変えない一般家庭や小口需要家には政府が決めた規制料金が適用されており、その数は家庭用全体の60%にも上っていました。規制料金は2019年7月に撤廃されています。

今後のイタリアの電気事業では、2030年には1990年比で40%の温室効果ガスを削減、電力消費量に占める再エネ比率を55%とすることを目標としています。

6 スペイン：再エネ先進国だがFIT負担増大

● 電源では再エネが1位。太陽熱発電が活発

スペインは国内資源に乏しく、化石燃料等は輸入に頼っています。

2021年の電源比率は、再生可能エネルギーが47%と最も多く、天然ガス26%、原子力21%、石炭2%、石油4%です。再エネは風力23%、バイオマス2%、太陽光8%、水力が12%、太陽熱2%です。

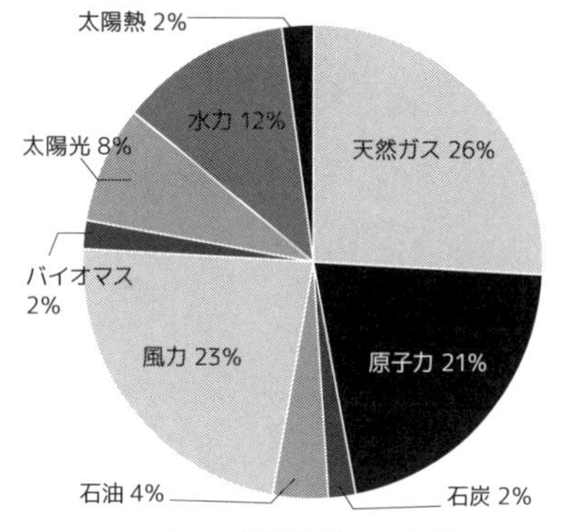

■スペインの電源構成（2021年度）

スペインの再エネ開発の歴史は長く、1992年から積極的な導入が進み、1994年には他国に先駆けてFIT制度を実施しました。

その結果、再エネはスペインの発電設備の50%以上を占めるまでになりました。特に風力は2020年で世界5位、太陽光発電も世界有数です。太陽光が強いため、「太陽熱発電」が多いことも特徴です。

ただし、2013年頃にはFITによる負債が3兆円を超えたため、制度が一時廃止。再エネは伸び悩みました。しかし2016年からは買取コスト抑制に入札制度を取り入れ、再び導入を進めています。原発については、今後廃炉を進め、2035年には廃止する計画です。

● 電力業界は5大企業の寡占状態

スペインの電力業界は、かつては小規模の電力会社が乱立していました。しかし原子力投資による経営状態の悪化などで統廃合が進み、現在ではイベルドローラ、エンデサ、ナトゥルジー、EDP HCエネルギア、ビエスゴの5大企業の寡占状態となっています。

スペインの電力自由化は1998年にスタートし、2003年には一般家庭を含めた全面自由化が達成されました。ただ、フランスなどと同様、安い規制料金が用意されており、一般家庭の多くが利用しています。政府は当面、規制料金を維持する考えです。

スペインは2019年に「国家総合エネルギー・気候計画」を承認。2050年までに温室効果ガスの排出を実質ゼロにし、電力の再エネ比率を100%にする目標を立てています。目標の達成が注目されます。

7　スウェーデン：2045年に温室効果ガスゼロ

● 電源は水力と原子力主体

スウェーデンは「北欧4国」の一つで、スカンジナビア半島の東に位置します。名目GDPは5,376億ドルと世界24位（2020年）で、4国中ではトップ。立憲君主制で民主的な政治が行われ、福祉先進国として知られます。

化石資源は少ないものの、北欧諸国に共通する特徴として水資源が豊富で水力発電が発達しています。

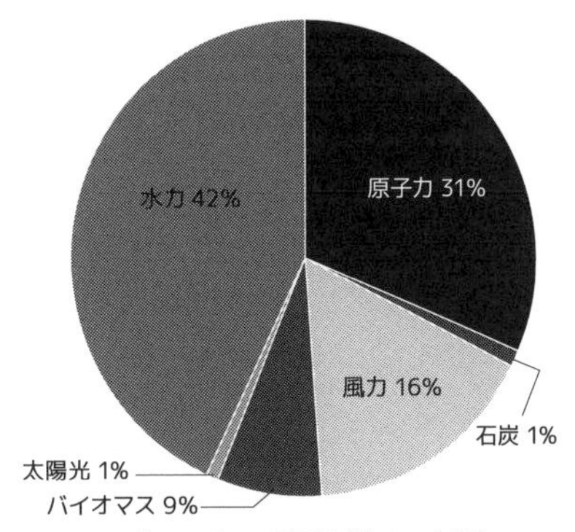

■スウェーデンの電源構成（2021年度）

電源構成は2021年で水力を含めた再エネが68%、原子力31%、石炭1%程度です。再エネの内訳は水力42%、風力16%、バイオマス9%、太陽光1%です。再エネに対する補助も手厚く、グリーン電力証書制度や環境税の免除が行われています。原子力に関しては、米スリーマイル島原発の事故を受け、1980年に廃止を決定しましたが、現在は撤回し、建替えに限って原子炉の新規建設を認めています。

● 2040年までに発電量を100%再エネに

電力業界は、1990年に再編が行われ、当時の国家電力庁がバッテンフォール社に民営化。1996年には小売電力の自由化も行われ、国際電力取引所「ノルド・プール」にも加盟しています。

現在のスウェーデンの電気事業は、発電部門は国有のバッテンフォール社をはじめ、大手3社が寡占。小売については大手3社の他、120社程度が業務を行っています。小売電気事業者の乗り換えは活発で、1年で全需要家の1割程度が事業者の変更を行うとされます。

スウェーデンは2040年までに電力の100%を再エネでまかなうという目標を立てており、2045年までに温室効果ガス排出実質ゼロを実現すると表明しています。

8 デンマーク：2030年には全電力を再エネで

●電源は再エネ81%。北海での風力が中心

デンマークは北海に面したユトランド半島と443の島からなる国です。国土は狭いですが、自治領として世界最大の島・グリーンランドやフェロー諸島などを含みます。

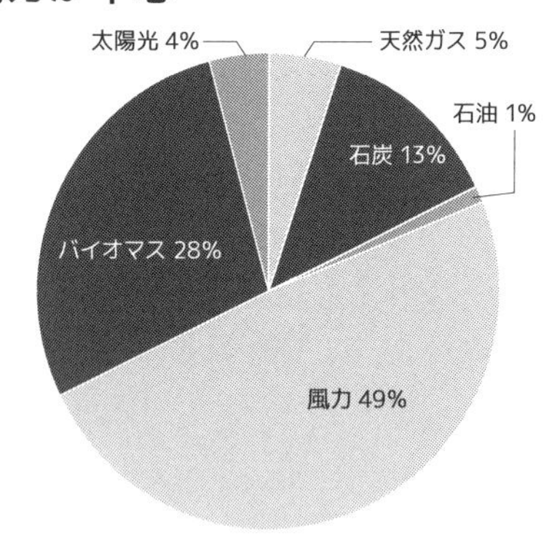

■デンマークの電源構成（2021年度）

再生可能エネルギーの利用が非常に進んでおり、電源構成は2021年で再エネ81%、石炭13%、天然ガス5%、石油1%。中でも風力が多く49%、バイオマス28%、太陽光4%。水力はほとんどありません。

風力発電は歴史が古く、1979年に陸上風力の支援制度が始まりました。国土が北海沿岸で遠浅の海が広がるため、洋上風力にも適し、1990年代には最初の発電所が運転を始めています。

石炭については、2030年までに使用を廃止すると発表しています。

●ノルド・プールで国際的な電力取引

電力自由化については、1999年の電力供給法改正により、発電・送配電・小売部門が分離。2003年には全面自由化が行われました。発電の最大手は、国が株式の50%強を保有するエルステッド社です。他にバッテンフォール社やE.ON社も名を連ねています。

送電事業は国営のエナジーネットが全系統の運用を行っています。取引市場については国際電力取引所ノルド・プールに加盟。風力の発電量が低下した時の供給確保に利用しています。小売電気事業者は70社程度が事業を行っています。

デンマークでは、2030年までに全消費電力を再エネでまかない、温室効果ガスも1990年比で70%削減する目標です。目標は達成されると見られています。

9 ノルウェー：電力の99%が再エネの優良国

● 水力が豊富。電源の91%

ノルウェーは、高山が多く降水量豊富で、水力発電に適した国です。

電源構成も2021年で水力91%、風力8%と、99%が再エネです。一方で石油、天然ガス資源も豊富で、世界有数の輸出国でもあります。豊富な電力は、1割程度が他国へ輸出され、ノルド・プールで取引されています。ただし、水力は季節によって発電量が減るため、ピーク時には電力を輸入することもあります。電力自由化は早く、1991年のエネルギー法可決により、国営電力会社（スタットクラフト）が送電会社（スタットネット）と発電会社（スタットクラフト）に分離されました。同時に小売の自由化も行われています。

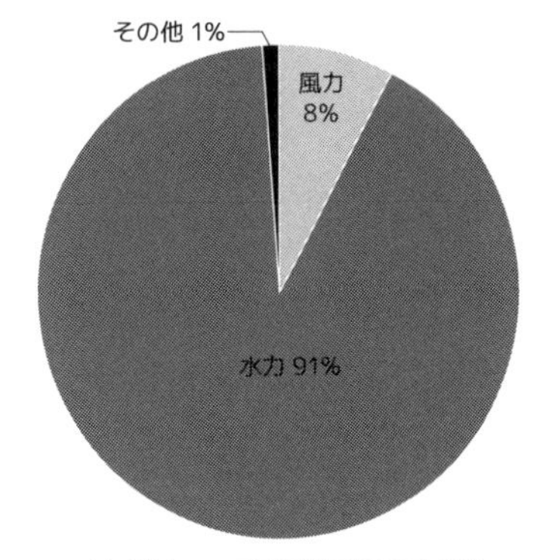

■ノルウェーの電源構成（2021年度）

1993年には卸電力取引所が開設されました。この取引所は、1996年に世界初の国際電力取引市場「ノルド・プール」へと発展しています。

現在、電力業界は発電事業者が200社弱あり、国営のスタットクラフトが36%を占めます。小売事業者は100社程度です。

● 2025年にはすべての新車をEV・FCVに

ノルウェーでは、二酸化炭素等の積極的な削減が進んでいます。2025年には国内で新車販売されるすべての乗用車と軽貨物車をEV（電気自動車）かFCV（燃料電池車）にすることを定めています。そして、2030年には温室効果ガスの排出を実質ゼロにし、2050年にはさらなる低排出社会を目指すとしています。

10 フィンランド：資源少なく原子力に依存

電源は原子力が中心。バイオマスも

フィンランドは北欧4国の中でも先進工業国として知られます。自国の資源がほとんどなく、石油はロシアからの輸入に依存します。エネルギーの自立を目指した結果、原子力が増え、2021年の電源比率は原子力33％、水力22％、バイオマス19％、風力11％、石炭7％、天然ガス5％。豊富な森林資源を利用したバイオマスが盛んです。

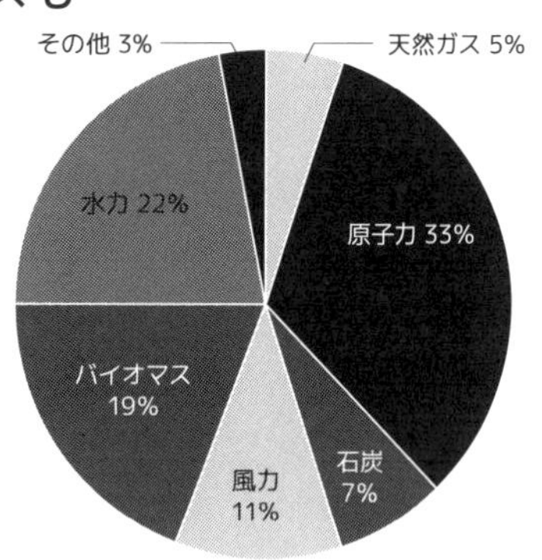

■フィンランドの電源構成（2021年度）

石炭火力は2025年に停止する予定でしたが、達成困難であると訂正しました。ただ、2030年には石炭火力発電所は1基のみになる予定です。

一方で原子力への依存は強く、今後も比率は高くなる見通しです。

フィンランドの電気事業は、1995年から98年にかけて段階的に自由化が行われました。1998年には国際電力市場「ノルド・プール」へ参加。同年には小売電気事業が全面自由化されています。

2035年に温室効果ガス排出ゼロを予定

現在、発電部門では政府が株式の50％以上を所有するフォルトゥム社を筆頭に、5社が市場を占有しています。小売電気事業者は配電事業者と統合されており、現在は約90社が存在しています。小売はフォルトゥム社のグループ会社やスウェーデンに本社があるバッテンフォールなどの大手3社が40％近いシェアを有しています。

フィンランドは、2035年までに温室効果ガス排出量を実質ゼロにする目標を立てています。

11 ロシア：侵攻により各国が脱ロシアを模索

●広大な国土を有する大国

ロシアは1,709万km^{2}と世界最大の面積を持ち、人口も1億4,617万人(2021年)と世界9位。連邦制国家で、20の共和国・46の州など83の構成主体を持ちます。1991年に社会主義国家・ソビエト連邦が崩壊し、ロシア連邦へと移行。大統領制になり、統一ロシア党の党首プーチンによって独裁政権が築かれています。2014年に隣のウクライナ共和国で親米政権が発足したため軍事侵攻。2022年2月にNATO加盟に動いたウクライナに再度軍事侵攻を行いました。戦闘は続いています。

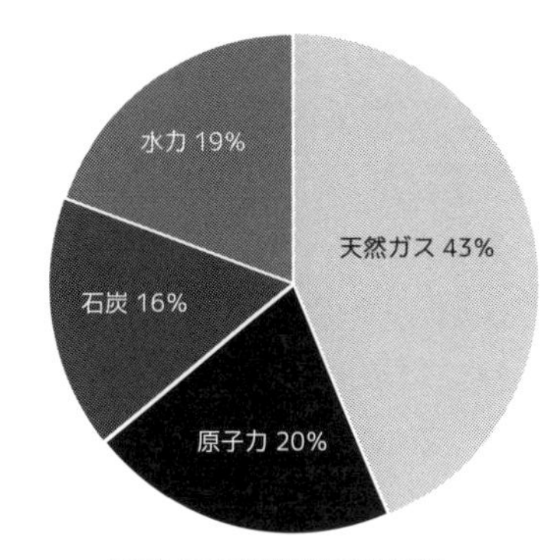

■ロシアの電源構成(2020年度)

●鉱物資源は豊か。電力は天然ガス中心で再エネは少ない

ロシアは鉱物資源が豊富で、天然ガスの産出は世界2位、原油は世界3位、石炭は6位などで、多くはヨーロッパや日本に輸出されています。

電源構成は、天然ガス43%、石炭16%、原子力20%、水力19%。再エネは水力以外ほぼありません。ただし、2024年までに総発電量の2.5%を太陽光と風力にする目標です。京都議定書も批准しており、2030年までに1990年比で温室効果ガスを20〜25%削減するとしました。

天然ガスは、ヨーロッパへの輸出が大半ですが、2014年の軍事侵攻に関して、ヨーロッパ各国は脱ロシアを画策。ロシア側も、新たな輸出先を中国などに求める「東方シフト」を進めています。2019年末にはシベリアから中国へとガスを送る「シベリアの力」、2020年1月には黒海海底を通過する「トルコストリーム」を開通させました。2020年の「2035年までのエネルギー戦略」では、アジア・太平洋市場への輸出を拡大し、2035年までに世界のLNGシェア20%を達成するとしています。

●ヨーロッパからアジアへも伸びる天然ガスパイプライン

ロシアの天然ガスパイプラインは、各地に延びています。パイプライン経由の輸出では、ドイツが28%、イタリアが10%でベラルーシ、トルコ、オランダが続きます。

特に影響力が強かったのは、バルト海海底を通り、ドイツに天然ガスを送る「ノルドストリーム」でした。2011年に完成し、全長1,200㎞あります。ドイツの天然ガス需要の6割を満たしていました。

ロシアは引き続き、ほぼ同じルートで同一規模のノルドストリーム2の着工に入りました。しかし、2014年の軍事侵攻により、2の運用には「ウクライナが経由地から外れ、ガスが届かなくなる」とアメリカなどが反対。運用開始は宙に浮く形となりました。2022年の時点では、ドイツのショルツ首相が、ノルドストリーム2の認証作業を停止中です。

また、2022年には、何者かによるノルドストリームの爆破事件も発生しています。

●電力小売は全国で約400社。自由化は一部

電力会社は「ロシア統一エネルギーシステム（RAO UES）」が中心でしたが、2001年から送配電・水力・火力・小売部門が分離されるなど改革が行われ、2008年に解散しました。

送配電部門は、系統運用が政府の100%出資会社であるSO EES、送配電はロスセーチー社が行っています。火力部門と小売部門は民営化され、ドイツのE.ON系のユニプロ、イタリア系のエネル・ロシア、フィンランド系のフォルツムなどが参入しています。水力部門は、政府が50%以上の株を持つルスギドロ社が中心です。

小売部門は、旧国営のRAO UES社の元子会社などが資格を有し、全国で約400社が営業を行っています。2003年に市場の自由価格取引がスタートしましたが、全国的に電力自由化されているとはいえません。

12 ウクライナ共和国：ロシアの侵攻で戦火の中に

● 農業国で世界的な穀倉地帯

東はロシア、西はポーランドに挟まれた国で、首都はキーウ。面積は日本の約1.6倍あり、世界的な小麦・ジャガイモなどの輸出国です。2014年に親米的な政権が発足したため、ロシアから軍事侵攻を受け、クリミア半島を奪われました。2022年にはNATO参加をめぐり、再びロシアから軍事侵攻。東部を支配下に置かれ、現在も戦闘は続いています。

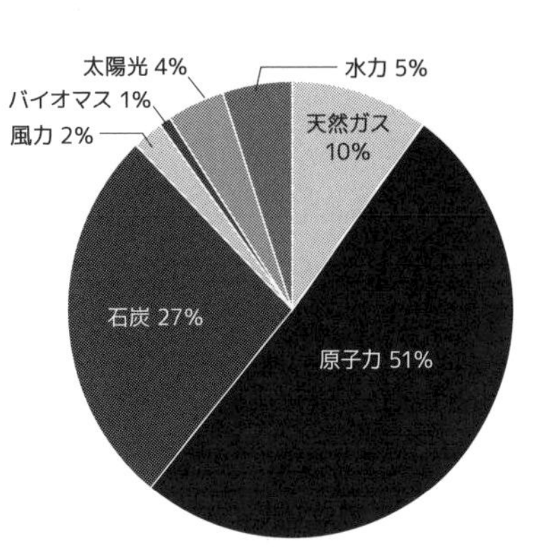

■ウクライナの電源構成（2020年度）

● 電源は原子力と石炭が中心

電源構成は2020年で原子力51%、石炭27%、天然ガス10%、水力5%で太陽光4%、風力2%、バイオマス1%。再エネは多くありません。石油・石炭などを多少産出しますが、多くはロシアからの輸入に依存してきました。近年ではロシアからの脱却を目指し、オデッサ経由のアメリカ産原油輸入などを開始しています。旧ソ連時代には、連邦の電力供給地の役割があり、チョルノービリなどの原発や、火力も大規模な設備が揃います。ただ、独立後は老朽化が進んだ上、ロシア軍により原発に攻撃を受けるなどして、電力系統が破壊されています。

● 2070年までのカーボン・ニュートラルが目標。問題は戦火

発電部門は、火力発電5社、水力発電2社に国営の原子力発電会社エネルゴアトムなどが担当します。送電・系統運用は国有のウクレナーゴが担当、小売部門は地方の配電業者と独立供給事業者が担当しています。ウクライナは「2050年までに炭鉱数を段階的に減らし、2070年にはカーボン・ニュートラルを達成する」と表明しています。自国の課題も多いウクライナですが、ロシアとの戦火の早期の終息が望まれます。

13 オーストラリア：再エネは盛んだが料金高騰

●石炭火力から再エネへの転換で電気料金が高騰

オーストラリアはオセアニア最大の国土を持ち、面積はブラジルに次いで世界6位。日本の約20倍です。資源が非常に豊富で石炭や鉄鉱石、金やボーキサイトの産出が多く、日本は第2位の貿易相手国です。

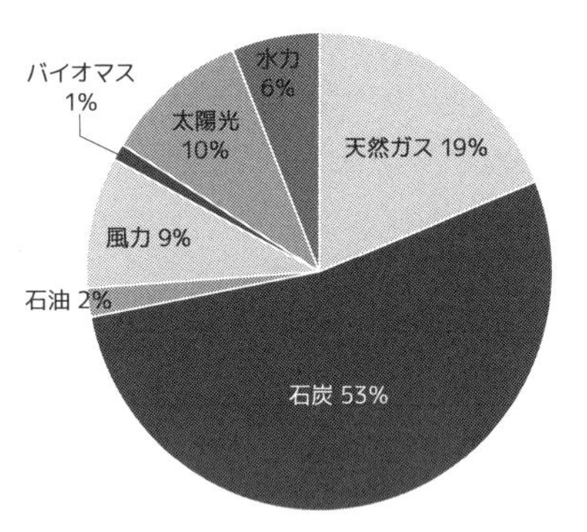

■オーストラリアの電源構成（2021年度）

電源構成（2021年）は石炭53％、天然ガス19％、石油2％で、再生可能エネルギーが26％。再エネは水力6％、風力9％、太陽光10％、バイオマスが1％です。ウラン資源は豊富ですが、原子力発電は国民の反対が強く、行われていません。1990年代には石炭火力が80％以上でしたが、温室効果ガス排出量が世界最悪クラスとの批判を受け、風力などの再エネ導入を進めました。ただ、再エネへの巨額の投資が電気料金にはね返り、高騰するなどの問題が起きています。

●電気事業は州ごとに運営

電気事業は、6つの州と首都メルボルンのある首都特別地域、北部準州の8エリアで、州単位で運営されています。州をまたぐ市場や送電系統は連邦政府の担当、配電・小売分野は州政府の担当です。

小売分野に関しては、1998年に全国電力市場（NEM）が開設されて以来、自由化が進みました。電気料金が非常に高いため、小売電気事業者をひんぱんに変える需要家が多く、安いサービスを求めて年間3割程度が事業者を変えるといわれます。

オーストラリアは、2030年に温室効果ガス排出量を2005年比で26～28％削減する目標です。また、豊富な天然資源を利用して、水素の一大輸出国となることを目指しています。

14 アメリカ合衆国：電力事情は各州でまちまち

●電源は天然ガス主体。再エネも活発

アメリカは「合衆国」の名の通り、50州の州政府が集まってできており、州政府の権限が強い国です。電力事情も州ごとに異なります。

電力総消費量は、2020年で約4兆1,093億kWhと日本の約4倍。電源比率（2021年）は天然ガス37%、石炭23%、原子力19%で再生可能エネルギーが19%程度、石油は1%です。一時期は頁岩から採取されるシェールガスの開発で湧きましたが、最近は落ち着いています。再エネの普及は活発で、全発電量のうち水力6%、風力9%、太陽光が3%、バイオマスが1%を占めます。

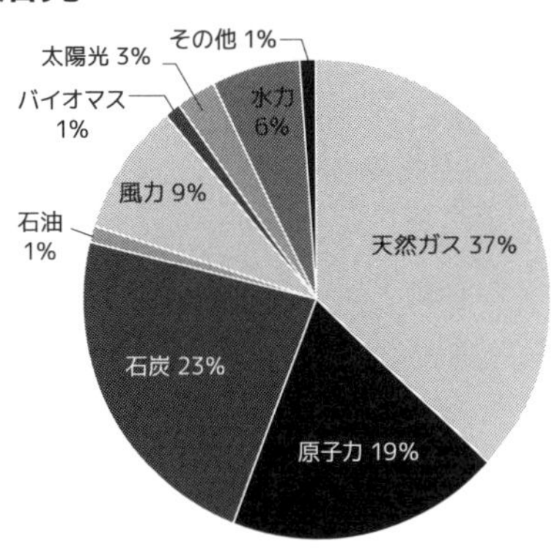

■アメリカ合衆国の電源構成（2021年度）

2021年に就任したバイデン大統領は、気候変動対策に熱心で、前トランプ大統領時代に脱退していたパリ協定への復帰を表明。就任早々、4年間で環境政策に200兆円を投じるなどの方針を打ち出しました。2021年4月には、40の国・地域の参加による「気候サミット」を主導。温室効果ガスの削減に関して、2030年までに2005年比で50～52%削減の野心的な目標を掲げました。これまでの目標が2025年までに26～28%の削減でしたので、大幅な引き上げといえます。そして2050年には温室効果ガス排出量を実質ゼロにする「カーボン・ニュートラル」を達成するとしています。

●電力業界は地域の小規模業者が主体

アメリカの電力業界は、地域の事業者が主体で、発送配電を一括して行っています。大手電力会社はなく、州ごとの越境規制も厳しいものでしたが、最近では停電時の対応を目的に、東部・西部・テキサスの3系統での広域送電体制が整えられました。小売電気事業者は私営に加え、

連邦営・地方公営・協同組合営など約3,000社があります。

電力の自由化は、1992年のエネルギー政策法制定によりスタートしました。ただ、発送電は連邦政府、小売部門は州により規制が行われていたため、自由化は別々に進行しました。

まず、発電部門での独立系の事業者が許可され、自由に卸売ができるようになりました。小売部門でも各州で自由化が行われ、一時は全米50州のうち24州で全面自由化が検討されました。ただ、2000年、2001年の「カリフォルニア電力危機」により、自由化の流れは止まり、現在は13州と首都ワシントンD.C.だけが自由化を行っています。

◇コラム◇

カリフォルニア電力危機とは

●2001年には38回の輪番停電。100万人に影響

「カリフォルニア電力危機」とは、1998年に電力自由化を行ったカリフォルニア州で、2000年、2001年に起きた電力不足です。2000年に1回、2001年には38回もの輪番停電が発生し、100万人の生活に影響があり、大手小売電力会社が倒産しました。

2000年、ITブームなどによる電力需要の増大と発電量不足により、卸電力価格が高騰。しかし州の規制で、小売料金を低い値段で凍結していたため、電力会社が電気料金に卸電力の値上がり分を上乗せできず、経営状態が悪化しました。小売電力会社の危機に直面して、発電会社は電力を売り渋り、電力の供給難が発生。電力不足のため長期の輪番停電が起きて100万人の需要家に影響しました。

この危機で、わざと卸電力価格のつり上げを行ったとされるエンロン他、複数の企業が倒産して、社会的問題になりました。

15 カナダ：水力豊富で電力を米国に輸出

●水力が豊富で60%を占める

カナダは、世界2位の広大な国土を持ち、豊富な資源に恵まれた国です。その一方で世界有数の先進工業国であり、G7の一員です。アメリカ同様に州の権限が強く、10の州と3つの準州で法律が異なります。

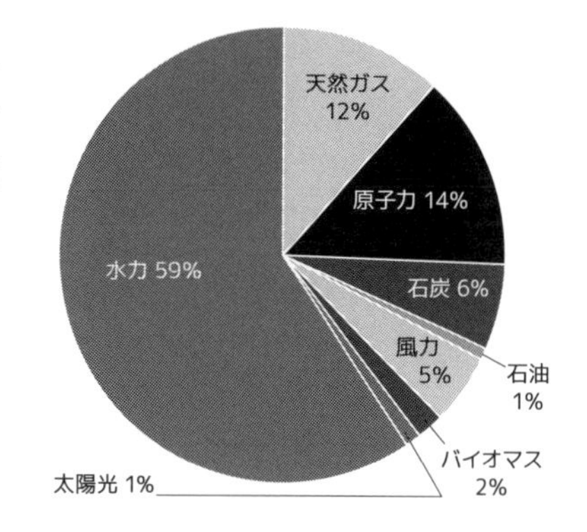

■カナダの電源構成（2021年度）

電源比率は2021年で水力59％、原子力14％、天然ガス12％、石炭6％、水力以外の再生可能エネルギーが8%、石油が1%です。電力は自国で消費するだけでなく、アメリカにも多く輸出されています。再エネは水力以外は風力が5%、バイオマスが2%、太陽光が1%です。

原子力に関しては、新型モジュール炉の開発が進められています。石炭火力は2030年までに段階的に廃止される予定です。

●電気事業は州ごとに運営方法を決定

カナダの電気事業は、州ごとに運営が異なります。多くは送配電一貫型で、州営や市町村営・私営の電気事業者に運営されています。

小売電力の自由化についても州ごとに行われていますが、全面自由化を行っているのは、アルバータ州とオンタリオ州のみ。他の州ではニューブランズウィック、ブリティッシュコロンビア、ケベック各州で大口需要家に限り自由化が行われています。卸電力の自由化は、2018年末時点でニューファンドランド・ラブラドール州とプリンスエドワード島州を除く8州で行われています。

カナダは、すでに電源の80%を脱炭素化しています。2021年の気候サミットでは、2030年までの温室効果ガス排出量を、2005年比で40～45%削減することを発表しました。

16 中華人民共和国：大規模な開発が目白押し

世界最大の電力生産国。中心は石炭

中国は、世界2位の人口約14億2,570万人（2023年）を抱える国。

めざましい商工業発展をとげ、アメリカと並ぶ2大国の地位を築きました。発電設備容量は約23.8億kWh（2021年末）で、世界最大の電力生産国です。電源比率は2020年で石炭63%、原子力5%、天然ガス3%、再エネ28%。再エネの内訳は水力17%、風力6%、太陽光3%、バイオマスが2%です。

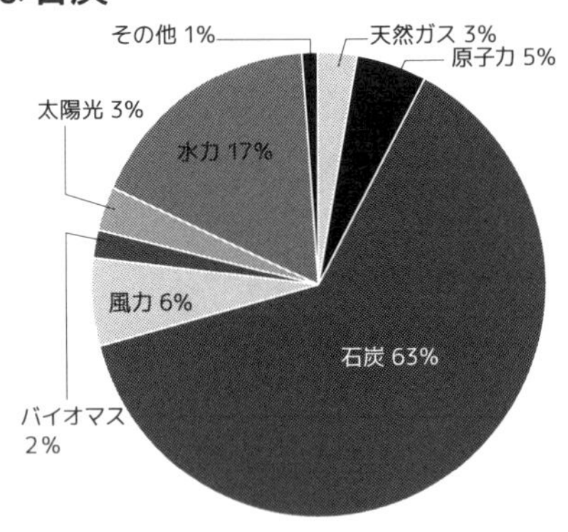

■中華人民共和国の電源構成（2020年度）

2025年までの第14次5ヶ年計画では、再エネに関して、発電設備容量の割合を総量の50%以上とし、年間発電量を3兆3,000億kWhにする予定。風力・太陽光発電の総容量は、12億kWとする予定です。また中国は、世界最大の二酸化炭素排出国でもあり、世界の28%を占めます。そのため、2030年までに二酸化炭素の排出量をピークアウトし、2060年までのカーボン・ニュートラル達成を目標としています。一方で、中国は石炭火力が世界の50%を占めます。大気汚染も深刻なため、比率を抑える予定でしたが、エネルギー安全保障の観点から新築も発表しました。

送配電は2025年までに世界最先端に達することが目標

電気事業は社会主義国のため、国営が中心ですが、自由化・市場経済推進の流れを受け、民間企業の参入も行われています。

発電部門については、国営の5大発電会社（華能集団、大唐集団、華電集団、国電集団、国家電投）をはじめ、省営・市区営・民間など約12,000社が発電を行っています。送配電部門は、国営の電力網である「国家電網公司」「南方電網公司」2社が事実上独占。2社は中国を6ブロック（華北・華中・華東・東北・西北・南方）に分けて各地に送電しています。2001年に始まった「西電東送」では、西の内陸部で再エネ発電を行い、経済が発展し電力需要が大きな東の沿海部に運ぶネットワーク建設を急ピッチで進めました。2017～22年には1兆5,000億元（26兆円）を投じて送電網を整備、さらに2025年までに世界の先端水準に達することが目標です。小売電気料金は政府の認可制ですが、2014年頃から先進都市を中心に小売自由化が進められ、2015年の電気事業体制改革によって、6,000社を超える企業が設立されました。今後もその巨大な動きが注目されます。

17　大韓民国：料金は安いが供給不足が課題

● 再エネ比率は合理的な目標に

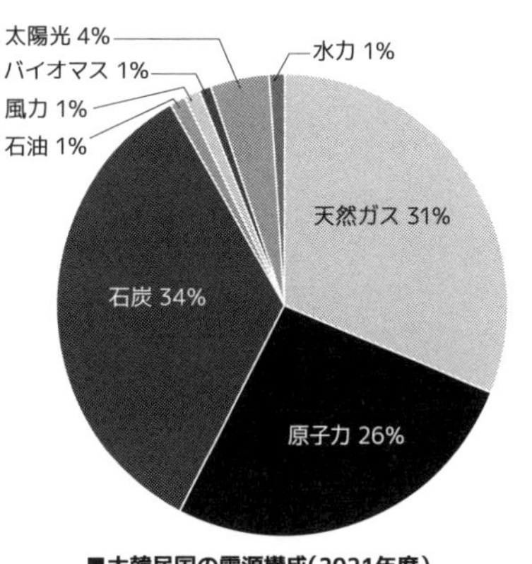

■大韓民国の電源構成（2021年度）

韓国は国内に資源が少なく、資源の8割を輸入に頼っています。電源比率は2021年で石炭34％、原子力26％、天然ガス31％、石油1％、再生可能エネルギー7％です。再エネは太陽光4％、バイオマスと水力、風力が各1％。原子力発電は2022年発足の尹政権が、前政権の縮小政策を破棄し、原子力の復興を推進。2030年には総発電量の30％をまかなう方針です。また、再エネの比率は合理的な目標を設定するとしています。なお、2012年から再エネ供給義務化制度（RPS）が施行され、発電事業者には2022年までに発電量の10％を再エネにすることが義務づけられています。また、再エネ証書制度も行われています。

● 電力会社は半国営のKEPCOが独占

韓国の電気事業は、長く国営の韓国電力公社（KEPCO）により、発送配電から小売りまで一貫して独占運営されてきました。しかし、世界的な電気事業再編の流れを受け、1989年にKEPCOが株式会社化。2001年には発電部門の再編が行われ、6社に分割されました。ただ、現在もKEPCOの株式の50%以上は政府機関が所有し、事実上の国営企業として送・配電・小売部門で1社独占体制を続けています。

電気料金については、何度かの値上げはあるものの低価格の規制料金で一律されています。韓国では、首都・ソウル周辺に人口が集中し、電力の多くを消費しています。それに対し、送電網が完備しているとはいえず、電力の供給不足が課題として挙げられています。

温室効果ガスの排出については、2050年にカーボン・ニュートラルを達成するとしています。カーボンニュートラル基本法施行令では2030年までに温室効果ガスを2018年比で40%削減するとしていましたが、尹政権が示した「カーボンニュートラル・グリーン成長推進戦略」にしたがって、さらに新たな目標を設定するとしています。

18 ベトナム：水力は豊富だが石炭火力も増加

●電源は水力中心。今後は石炭と再エネを増加

ベトナムはインドシナ半島の東部に位置する社会主義国家で、人口は約9,946万人（2022年）。経済が活発で、年率7%程度成長し、コロナ以降も2%前後の成長を続けました。2021年には5%まで回復しています。親日国で、日本で外国人労働者として働く人も増えています。人口増・経済発展に伴って電力需要も発電能力も、年率10%以上増えています。

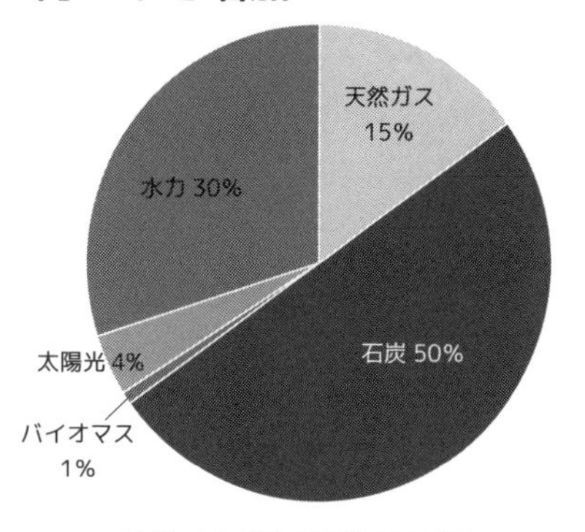

■ベトナムの電源構成（2020年度）

電源構成（2020年）は石炭が50%、水力は30%。天然ガス15%、再エネは太陽光4%、バイオマス1%です。ただ、今後は再エネの比率を増やし、2030年には石炭53%、天然ガス17%、水力12%、再エネ11%、原子力6%とする計画です。

●電気事業は国営公社が独占

電気事業はEVNという国営電力公社が送配電から小売までを独占しています。ただ、発電事業のみは外資を含む民営企業の参入が認められており、25%程度は民営企業の事業です。電力の小売市場については、2023年頃をめどに自由化が開始される計画です。

EVNは赤字を抱えていましたが、電力料金の段階的値上げを実施し、財務面の改善を行っています。ベトナムは経済発展に伴い、増大する電力消費に対して、発電能力の伸びが不足しています。水力は天候に左右されやすく、石炭・天然ガスなど火力発電用の資源に関しては、輸入に頼るという現状です。原子力発電所も計画が廃止になっており、多くの課題も抱えています。なお、ベトナムは2050年にカーボン・ニュートラルを目指すとしています。

19 タイ：経済成長で南部が電力不足

電源は天然ガス中心。ラオスから電力輸入も

タイは国王を元首とする立憲君主制。軍部の力が強く、たびたびクーデターが起きます。政情は不安定ですが、経済面では発展が続き、2050年まで年率3.1％程度の成長が続くとも予測されています。親日国で、日系企業の数は2,000社以上と、アジアでも有数です。

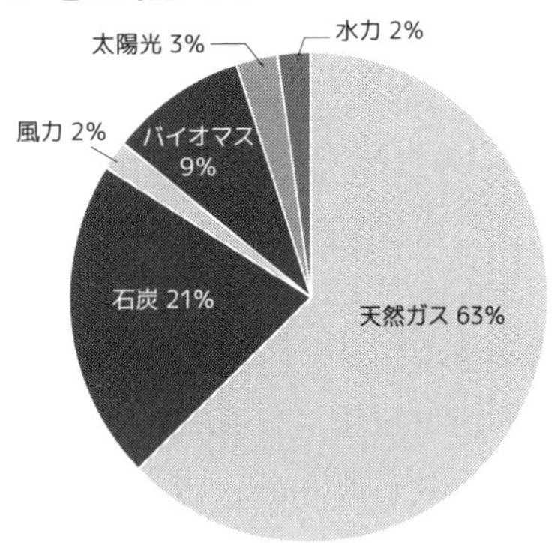

■タイの電源構成（2020年度）

電化率は高く、国内の99.9％と、ほぼすべての家庭やオフィスで電気が使えます。

電源構成（2020年）は天然ガス63%、石炭21%、再生可能エネルギー16%。電力の10%以上はラオスなどからの輸入です。再エネはバイオマス9%、水力2%、太陽光3%、風力2%です。2019年の電源開発計画では、2037年の電源比率を天然ガス53%、石炭12%、再エネ20%、輸入電力9%などにするとしました。

経済の発展した南部で電力不足が深刻

電気事業は、国営発電公社（EGAT）が発送電、首都圏配電公社（MEA）と地方配電公社（PEA）が配電・小売を独占しています。自由化は発電事業のみ行われており、IPP（独立系発電業者）や小規模発電事業者の参入が解禁されています。

国内では、経済の中心である南部で電力不足が深刻です。南部は電力需要の伸び率も最大なため、タイ中部やマレーシアからの購入で補てんされています。今後は経済発展に合わせ、発電設備の容量を倍にする計画で、電力輸入は発電量の10%以内に抑える目標です。その増加分は、再生可能エネルギーを中心にまかなうとしています。

20 マレーシア：石炭中心だが再エネも増強中

インフラ整い、電気料金も日本より安価

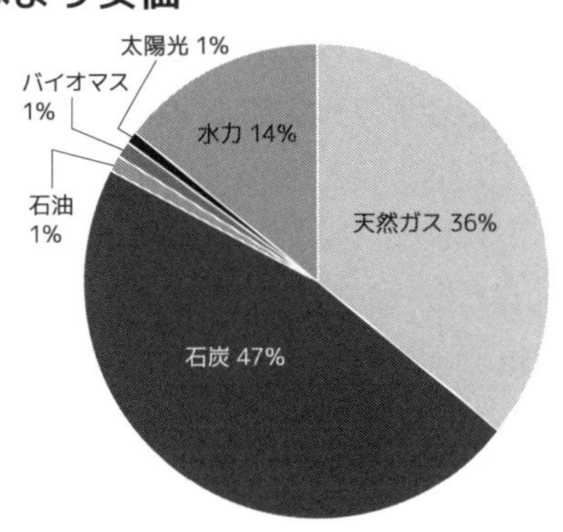

■マレーシアの電源構成（2020年度）

マレーシアはマレー半島の南部とボルネオ島北部を国土とし、人口比率はマレー系が6割、中国系3割、インド系が1割。華僑が多く、中国と密接な関係があります。2021年度の成長率はコロナ禍から復活し、3%程度。ASEAN諸国の優等生です。天然資源にも恵まれ、天然ガスや石油を産出します。近年ではハイテク産業の支援策を推し進め、2025年に高所得国の仲間入りをするという目標を掲げています。

電源構成（2020年）は石炭47%、天然ガス36%、水力14%、石油とバイオマス、太陽光が1%ずつ。インフラが整っており、電気料金も日本より安価です。電力会社については、全土が3エリアに分かれ、マレー半島ではテナガナショナル社、ボルネオ半島サバ州ではサバ・エレクトリシティ社、サラワク州はサラワク・エナジー社が独占。発電および送配電・電力小売事業までを一貫して行っています。

2030年までにGDPあたりの温室効果ガス45%削減

電力の自由化については、1990年代に一度計画されましたが、アメリカなどの電力危機を見て中止。発電部門のみ自由化が行われ、2016年時点で20以上の発電事業者が営業を行っています。

マレーシアでは、2021～2025年の第12次マレーシア計画で、新規の石炭火力発電所の凍結を決定しました。今後は、2030年までに2005年比でGDPあたりの温室効果ガス排出量を45%削減、再エネが電力に占める割合も31%に高めるとしています。また、2050年までのカーボン・ニュートラルを公約にしました。なお、2011年からFITが導入されていますが、太陽光発電のFITはコスト低下を理由に廃止を予定しています。

21 インドネシア：東南アジアの雄で地熱に注力

● 電源は石炭6割、再エネは地熱が中心

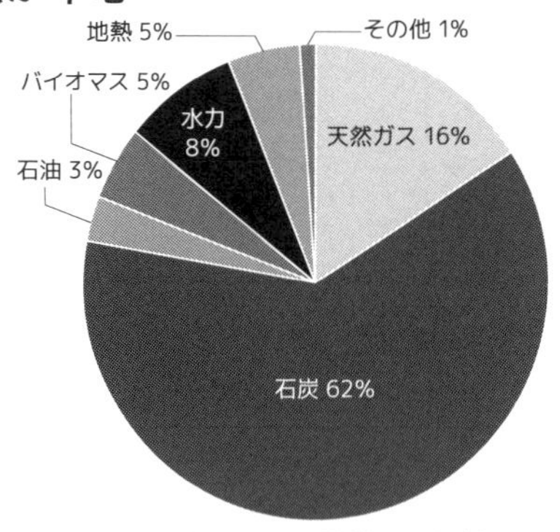

■インドネシアの電源構成（2020年度）

インドネシアは、人口が世界第4位の約2億7,640万人（2021年）。国土も日本の約5倍の面積をもち、約1万3,400の島嶼を有する島国です。人口・面積とも東南アジア最大でASEANの盟主と呼ばれ、東南アジアからの唯一のG20参加国です。また、国民の9割がイスラム教徒であり、世界最大の人口を有するイスラム国家です。資源に恵まれ、石炭・天然ガス・石油が豊富です。電源構成（2020年）は石炭62%、天然ガス16%、石油3%、地熱とバイオマスが5%、水力8%。世界第2位の地熱資源を有し、2030年には地熱発電を現在の倍にする目標です。

全体の発電量は増加していますが、経済発展により電力需要も増大。首都ジャカルタのあるジャワ島を中心に電力設備の不足が深刻です。電気事業は、政府が株式を100%所有する国有電力公社PLNが発送電から小売までを独占。ただし新電力法の施行でPLNは分社化し、ジャワ、スマトラ、バリ島などの中心部は小売部門も自由化が進んでいます。

● 2020年までに電化率99%に

現在は送配電網の建設が進んでおり、2020年には電化率99%を達成しました。電力供給量も、2019年までの5年で3,500万kWの増強を計画していましたが、達成率は10%程度であることが明らかになり、達成は2024～2025年に先送りされました。

再エネについては、特に地熱に力を入れ、比率を2028年までに2019年の12%から23.2%に引き上げる目標です。温室効果ガスは2030年までに援助がない場合は29%、国際支援を受けた場合は41%削減する目標です。さらに2060年までに脱炭素化を達成するとしています。

22 フィリピン：電力不足深刻。地熱発電が盛ん

●電源は石炭と天然ガスが主体

戦国時代から日本との交易を行っている国で、人口は約1億人、面積も日本と同程度です。1人あたりのGDPは3,460ドル（2021年）と、ベトナムなどより高いものの、貧富の差が大きいため、2人に1人が貧困層といわれています。

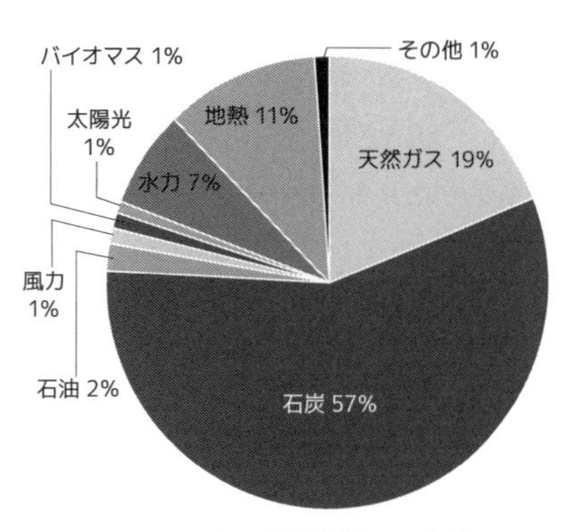

■フィリピンの電源構成（2020年度）

電源構成（2020年）は石炭57％、天然ガス19％、地熱11％、水力7％、石油2％、太陽光と風力とバイオマスが各1％です。石炭と天然ガスが増加中ですが、国内に資源がないため、すべて輸入です。

電化率は2022年に100％を目標として進めてきましたが、大都市圏と地方には大きな格差があります。電力不足が深刻な上、電気料金が高いため「盗電」が常習化しています。

●火山国のため地熱が盛ん

フィリピンでは1990年代までは国営のNPC（電力公社）が発送配電を独占していました。しかし財政悪化などの理由で、2001年に電力産業改革法が制定。自由化が進み、2006年に卸売電力市場が開設されました。発電部門は民間のIPP（独立系発電事業者）が主体です。

配電部門も自由化され、シェア5割のMERALCO（マニラ電力会社）を中心に200以上の企業や100以上の地方電化協同組合、自治体などが配電を行っています。小売は契約電力750kW以上が自由化の対象です。

再エネについては、火山国のため地熱発電が多く、地熱資源は世界4位。太陽光と風力発電も伸びています。脱炭素については、2030年までに温室効果ガスを75％削減する目標です。

23 シンガポール：電力は安定も狭い国土が難点

電源は天然ガス95%。再エネは期待できず

シンガポールはマレー半島の先端にある島国で、東京23区程度の国土に約545万人（2021年）が暮らしています。政治は人民行動党の一党独裁で、民主主義と独裁制の中間のような政治体制が敷かれています。

また、世界屈指の金融センターとしても知られ、ニューヨーク、ロンドン、上海、香港に次ぐ世界5位にランキングされています（2021年）。国民の生活水準は高く、一人あたりのGDPでは世界トップ10に入ります。その一方で、国が狭いため資源はほとんどなく、水力・地熱・風力などの再エネもあまり期待できません。電源構成（2020年）は天然ガスが95%、石炭1%、再エネ4%。再エネはヤシ油を使うバイオマス発電や太陽光発電を行っています。発電能力には余裕があり、供給過剰が続いています。電力網は安定していて停電が少なく、安定度は世界一ともいわれます。

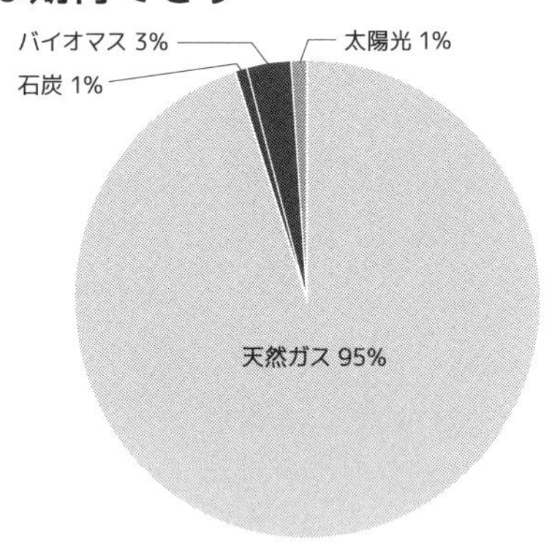

■シンガポールの電源構成（2020年度）

2019年から電力は全面自由化に

電力業界は、シンガポール政府が統括していますが、1990年代から市場の開放を徐々に進めています。発電事業は、政府系から民営化されたトゥアス・パワー社をはじめ、数社が競合。小売部門は、2019年5月から一般家庭などの小口電力利用者の全面自由化が行われました。

今後は、二酸化炭素ガス排出量を2030年までに約6,000万トンに削減し、2050年には温室効果ガス排出をゼロにする目標です。国土が小さく、再エネ事業には限界がありますが、現在は水上太陽光発電の実験などを行っています。

24 カンボジア：電化率急進。石炭と水力に注力

● 電源は石炭中心。電化率は急進も発展途上

カンボジアは、日本の半分程度の国土に約1,530万人の人々が暮らしています（2019年）。

長い内戦とポル・ポト派の圧政を経て、多くの犠牲を出しながら1993年に現在の立憲君主制国家になりました。今は再建途上にあり、まだ国民の半数以上が貧困層です。成長率は約7%で、今後の経済発展が期待されます。

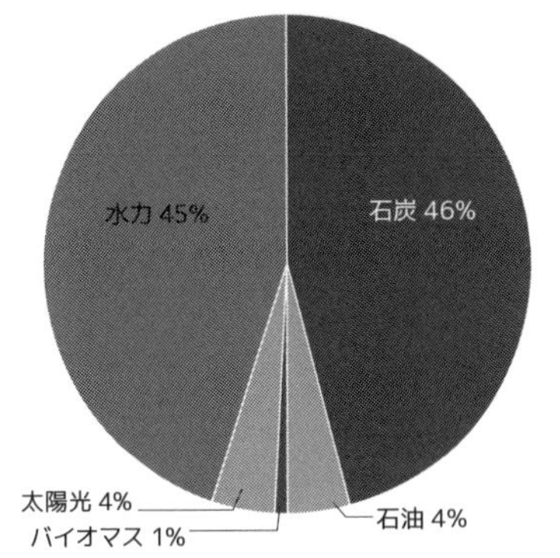

■カンボジアの電源構成（2020年度）

電源は2020年で石炭46%、水力45%、石油4%、太陽光4%、バイオマス1%。石炭火力と水力発電所が相次いで建設されているため、その2つの比率が上昇しています。

電化率は世帯で86.4%（2021年）と急速に伸びました。一方で電力需要も10年間で4倍に増えています。国内の発電量では追いつかず、タイやラオス、ベトナムなどからの輸入が急増しています。

● 電力産業は国営企業が独占

電力産業については、国営のEDC（カンボジア電力公社）が首都プノンペンや地方主要都市で送配電を行っています。ただ、EDCのエリア以外では小規模の民間・地方電気事業者が送配電を行っており、各地で電気料金に大きな差があるのが問題です。

発電事業は、自国での発電所建設能力がないため、海外資本などのIPP（独立系発電事業者）に頼っています。

カンボジア政府は、今後も石炭火力と水力発電所の建設を進める予定ですが、石炭火力の新規プロジェクトは行わないとしました。また、2040年までに温室効果ガスの42%削減を目標としています。

25 ミャンマー：電化率低く発展はこれから

● 水力が多いが乾季には電力不足も

ミャンマーの国土面積は日本の約2倍。そこに約5,380万人（2021年）が暮らしています。軍部政権が続いた後、2015年の総選挙で、アウン・サン・スーチー率いる国民民主連盟（NLD）が圧勝。一度は民主化に成功しましたが、再び軍によるクーデターが起き、独裁が進みました。長く経済制裁を受けていたため、経済事情は劣悪で発電設備も少なく、電化率も53.3%（2020年）です。電源構成は、2020年で水力53%、天然ガス35%、石炭11%、石油1%。水力が多いですが、乾季には水が枯れて半分程度の能力しか出せなくなり、電力不足があちこちで発生します。また、資金不足で火力発電所の建設が中止になったり、発電所を建設しても整備不十分で故障が増えたりするなど、課題は山積です。

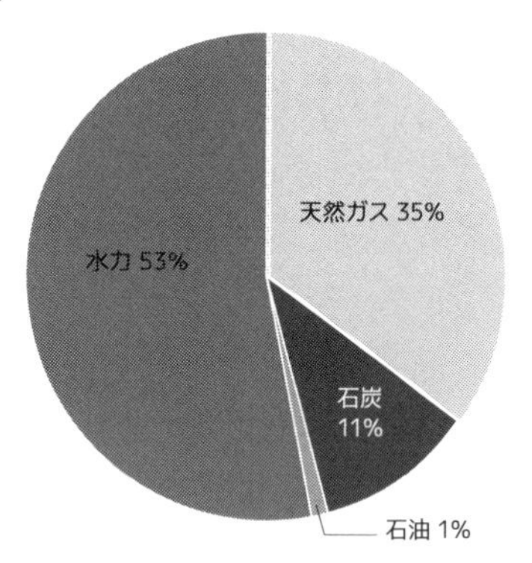

■ミャンマーの電源構成（2020年度）

電気事業はかつては国営のMEPE（ミャンマー電力公社）が統括して行っていましたが、2016年以降は分社化が進んでいます。

● 発電事業は海外からのIPPが頼み

自由化に関しては他のASEAN諸国同様、発電事業のみIPP（独立系発電事業者）の参加を認めており、外資の導入を進めています。なお、電気料金は安かったのですが、2019年から値上げ。家庭用は3倍になりました。資金は電化率の向上に使われる予定です。政府は2025年には電化率を75%、2030年には100%にする目標です。

軍政開始後、整備された発電所は水力3ヶ所、火力8ヶ所、太陽光1ヶ所の計12ヶ所になっています。なお、2030年までに、条件付きで温室効果ガスを4億1千万トン削減する目標です。

26 ラオス：水力発電所を大幅に増やすも前途多難

● 豊富な水力で電力輸出を行う「東南アジアのバッテリー」

ラオスは、東南アジアで唯一海に接しない内陸国で、日本の3分の2ほどの国土に約742万人（2021年）が暮らします。社会主義国で、市場経済化は行っていますが、国民の半数以上が貧困層とみられます。産業は農業中心ですが、山と高原が多い国土を利用し、中国などの支援でメコン川流域に水力発電所を多く建設。タイなどへの電力輸出も行い、有力な外貨獲得手段として、「東南アジアのバッテリー」を目指しています。電源は水力がほぼ100%でしたが、石炭火力発電所が稼働を開始し、2020年には水力71%、石炭29%となりました。電化率は94%（2017年）と高く、政府は2030年までに電化率98%を目標としています。

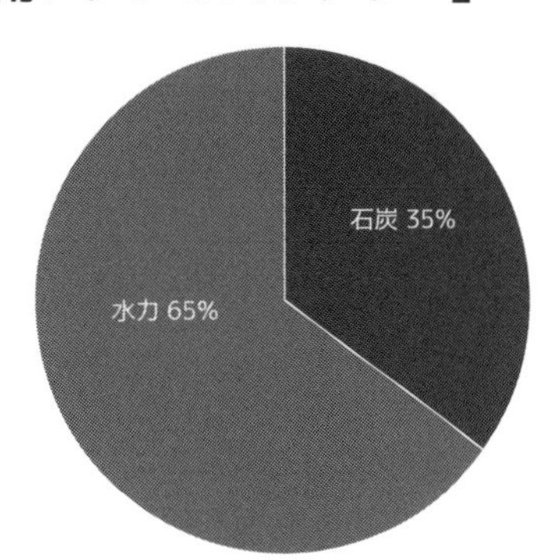

■ラオスの電源構成（2017年度）

電気事業は、国営のEDL（ラオス電力公社）が送配電などを独占しており、小売自由化は行われていません。ただ、発電事業は海外資本によるIPP（独立系発電事業者）を積極的に受け入れています。

● 今後、水力発電所を大幅に増強

現在は、メコン川流域を中心に35ヶ所（2019年）の水力発電所が稼働中です。さらに中国資本などの協力で水力発電所を数十ヶ所も建設中です。しかし、電力の多くは輸出される上、発電所を作りすぎて余った電力を国内では消費しきれていません。その一方で、辺境地域では送電網の不備などで電力が足りず輸入するなど矛盾も現れています。また、発電所の建設費用は中国などからの借金でまかなっているため、負債の巨額化が心配されます。温室効果ガスについては、2030年までに条件付きで63.5%の削減を目標としています。

27 インド：電力不足だが供給増には意欲的

発電量世界3位。電源は石炭が主体

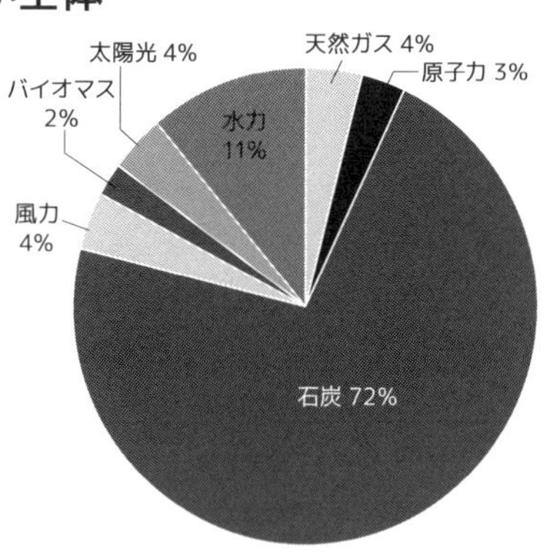

■インドの電源構成（2020年度）

インドは南アジアを代表する大国で、面積は日本の8.7倍。人口も約14億2,860万人（2023年）と、中国を抜いて世界1位に躍り出ました。

コロナ禍でも7%台の高い経済成長を続けていますが、貧富の差は極端です。電源（2020年）は石炭72%、天然ガス4%、原子力3%。再エネは水力11%、風力4%、太陽光4%、バイオマス2%です。発電量は世界3位ですが消費も多く、電力不足は深刻。電力需要は2050年には2020年の3倍に増えるとされます。送電設備の故障や盗電、停電は日常茶飯事です。工場などは自家用発電機を備え、全体の1割が使っています。こうしたインドですが、電力省は国内全世帯に24時間安定した電力を供給すると宣言し、2018年4月には電化率100%を達成しました。現在でも停電は1日数時間発生しますが、頻度は減りつつあります。

再エネは今後、太陽光・風力を導入

電力自由化については、1991年に発電部門でスタートしましたが、財源不足で一度は停止。その後2003年に電力法が改正され、配電部門や小売が自由化されて、民間企業の参入が可能になりました。

再エネの導入については、2022年までに太陽光1億kW、風力6,000万kW、バイオマス1,000万kWなど合計1億7,500万kW、2030年まで4億5,000万kW増やす計画です。2009年からはFIT制度も実施しています。

また、温室効果ガス排出量については、2030年までにGDP1単位あたり2005年比で33～35%削減するとしています。そして2070年にはカーボン・ニュートラルを達成する目標です。

28 バングラデシュ：供給不足で自家発電が発達

● 天然ガスが主体。自家発電設備導入も盛ん

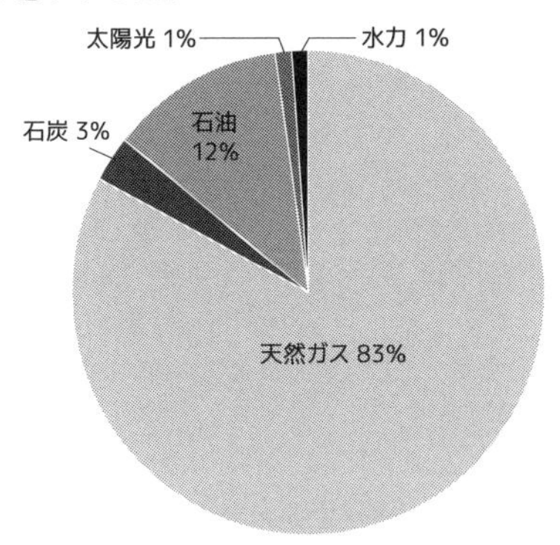

■バングラデシュの電源構成（2020年度）

バングラデシュは、インドの東にあるイスラム教国です。日本の約4割しかない国土に、約1億6,940万人（2021年）が住み、人口密度は（都市国家を除き）世界最高クラスです。世界最貧国の一つですが、労働力が安いため、繊維を中心に世界の企業が工場を設置しています。

電源は、2020年段階で天然ガス83%に石油12%、石炭3%、水力と太陽光1%。天然ガス資源は豊富ですが、需要増で輸入もしています。

電力は人口増加で需要が急増し、供給不足です。2041年には電力需要が2017年の6倍の6,203万kWに増えると見込まれます。電力不足に対し、工場などでは自家用発電設備が導入されています。インド、バングラデシュなどでは、こうした自家用発電機が多く使われます。また農村では、安く買える自家用太陽光発電システム「SHS（ソーラー・ホーム・システム）」が普及し、500万台以上が販売されました。

● 自由化は都市部で一部進行

バングラデシュの電気事業は、政府のBPDB（バングラデシュ電力開発庁）が発送配電を独占していましたが、1996年より自由化が始まり、分離・独立化が進んでいます。発電部門では、IPP（独立系発電事業者）の参入を積極的に認可しています。小売部門は、首都ダッカではDPDC（ダッカ配電公社）の他に、民間のDESCO（ダッカ電力供給会社）が営業を行っています。また農村では、公設のPBS（農村電化組合）が電力供給を担います。なお、2023年現在では、世界のLNG争奪戦で資源が確保できないため、他のアジア諸国同様に深刻な電力不足が発生。大規模な停電が問題になっています。

付録：電力・脱炭素用語集

【2】

• 2019 年問題

現在の太陽光発電の固定価格買取制度（FIT）は、2009 年に「余剰電力買取制度」としてスタートしたもの。2019 年には、多くの太陽光発電を行っている世帯が 10 年の買取期間の満了（卒 FIT）を迎え、売電先がなくなる、という問題。2019 年末までに卒FIT を迎えた太陽光発電世帯は 53 万件もあります。

• 2040 年問題（太陽光発電の）

太陽光発電パネルは耐用年数が 25 ～ 30 年のため、2010 年代に FIT 制度の効果で大量に設置されたパネルが 2040 年頃に大量に廃棄される問題。太陽光パネルは鉛などの有害物質を含むため公害を引き起こす懸念があります。FIT 法で、廃棄費用の積立が義務づけられています。

【3】

• 30 分実需同時同量

30 分間ごとの電力の供給量と消費量を一致させ、同時同量を保つルール。

• 3E+S

日本のエネルギー基本計画のおおもととなる考え方。3E+S は、資源自給率を高め安定した供給を行う（Energy Security）、環境への適合（Environment）、経済効率性を向上させ国民負担を抑制する（Economic Efficiency）、安全最優先（Safety）で、この条件を満たすことが求められてきました。

• 3 相交流

交流の電気のうち、電流や電圧の位相を 120 度ずつずらした、3 系統の単相交流電力を組み合わせた送電方法です。3 相交流は高圧で送電できる上、3 本の導線で送電できる、ロスが少ない効率の良い方法とされます。工場などで交流電動機（モーター）を動かすのに使われます。

• 3 段階料金

電気料金のしくみで、電気を使った分に合わせて 3 段階に分け、1kWh あたりの単価に差をつけたものです。家庭向けの従量電灯料金で採用されている非常にポピュラーな料金体系です。第 1 段は低所得者でも使いやすいように安く、第 2 段は一般家庭で使うよう中ぐらい、第 3 段は節電のため使い過ぎないよう高く設定されています。

【9】

• 9（10）電力体制

戦後、全国を 9 エリアに分け、東京電力、関西電力というように各エリアに 1 社ずつの電力会社をおき、独占事業とした体制。沖縄返還により沖縄電力が加わり 10 社となりました。電力自由化により 9 電力体制は解消されました。

【A】

• AC（交流） ⇒交流

• API 自動連携

需要家からの申込でスイッチングや再点、需要家変更、廃止などを行う場合に、OCCTO のスイッチング支援システムに申込などを行います。この申込や応答を、システムが連携して自動で行うことです。

• ATENA

⇒原子力エネルギー協議会

• A-USC（先進超々臨界圧石炭火力発電）
⇒先進超々臨界圧石炭火力発電

【B】

• BECCS
バイオマスエネルギーの燃焼により発生した二酸化炭素を集めて貯留する技術のこと。

• BEMS（ビル・エネルギー・マネジメント・システム）
Building Energy Management System（ビル・エネルギー・管理（マネジメント）・システム）の略です。BEMSは、テナントやオフィスの入るビル全体のエネルギー消費量を管理し、最適な室内環境とコストダウンを図るシステムです。たとえば、テナント設備の電力が増える時間をチェックし、調整して年間数十～数百万円単位の電気料金を減らすなどの効果が期待されます。

• BG（バランシング・グループ）
⇒バランシング・グループ

• BWR（沸騰水型軽水炉）
⇒沸騰水型軽水炉

• Bルートサービス
自宅のスマートメーターから発信される30分ごとの使用電力量を、自宅のHEMS機器に送信するサービスのことです。使用電力量を画面でモニターでき、より効果的な節電を行えます。Bルートサービスを行うには、電力とは別に、小売電気事業者と契約を結ぶ必要があります。

【C】

• CBAM
⇒国境炭素調整措置、国境炭素税

• CCS（二酸化炭素貯留・回収技術）
工場や発電所などで大量に排出される二酸化炭素を回収して、コンクリートの中や地下深くの地層などに貯めて封入処理してしまう技術。地下深くに封じ込める地中貯留が有望とされています。

• CCUS（二酸化炭素貯留・利用・回収技術）
工場や発電所などで大量に排出される二酸化炭素を回収して、コンクリートの中や地下深くの地層などに貯めて封入処理する他に、加工してポリカーボネートにしたり、コンクリート製品にするなど再利用を行う技術です。

• CEMS（地域・エネルギー・マネジメント・システム）
Community Energy Management System（地域・エネルギー・管理（マネジメント）・システム）の略です。CEMSは地域内の施設や住宅も含め、地域全体でエネルギー管理を行うものです。地域内の太陽光発電所などで電力を作り、そのエネルギーで地域の各施設や住宅などに適切な電力を届け、効率的な節電を行います。

• CIS（顧客情報管理システム）
Customer Information Systemの略で、「顧客情報管理システム」のことです。電力会社が、需要家との契約から顧客管理、料金計算、売上管理、請求書などの帳票生成などを一貫して行えるシステムです。

• CNLNG
⇒カーボン・ニュートラルLNG

【D】

• DAC
空気中から二酸化炭素を直接回収する技術で、「Direct Air Capture」の略。液体や

1
2
3
4
5
6
7
8
9
10
用語集
索引

固体に吸収・吸着して二酸化炭素を回収し、地下に貯留する方法が主流です。欧米などで研究が進んでいます。

● DC（直流） ⇒直流

● DER
⇒分散型エネルギーリソース

● DR（デマンド・レスポンス）
⇒デマンド・レスポンス

【E】

● EPR（欧州加圧水型原子炉）
「European Pressure Reactor」の略で、「欧州加圧水型原子炉」と訳されます。第3世代の加圧水型原子炉で、運用寿命が長く、燃料棒の損傷率が低いなど改良が加えられています。

● ESCJ（電力系統利用協議会）
⇒電力系統利用協議会

● ESG 投資
環境（Environment）、社会（Society）、企業統治（ガバナンス＝Governance）を重視した投資。たとえば、二酸化炭素削減や再エネ電力を積極的に採り入れる企業に重点的に投資したり、逆に化石燃料を大量に消費する企業からの投資を引き上げたりすることです。

● EU タクソノミー
EU が独自に定めた指針で、環境に配慮した経済活動を行い、環境への貢献の高い企業が資金面などで優遇されるしくみ。EU の企業や金融機関はこの指針にもとづいて、2022 年から情報開示が求められます。逆に環境活動に後ろ向きな企業などは事業が不利になります。

● EV（電気自動車）
電気だけを動力にして走る自動車のこと。日本の「電動車」はハイブリッド車も含まれるので、電気自動車とは区別が必要です。

【F】

● FC ⇒周波数変換設備

● FCV（水素燃料電池車）
水素燃料電池で走行する自動車のこと。

● FIP 制度
FIP は「フィード・イン・プレミアム」の略。発電事業者が再生可能エネルギーによる電力を市場で売れば、売電料金に一定の補助金（プレミアム）を上乗せする制度。FIT の後継制度にあたり、固定価格での買取制だった FIT より、発電事業者の自立性が促されます。

● FIT 証書（FIT 非化石証書）
FIT 電源由来の電力に付与される非化石証書。再エネ価値取引市場で取引されます。FIT 非化石証書ともいいます。

● FIT 制度（固定価格買取制度）
⇒固定価格買取制度

● FIT 電源
FIT（固定価格買取制度）の適用を受けている発電設備のこと。

● FIT 賦課金減免制度
製造業や農林水産業などで、電力を多く使用する事業者に対して、国際競争力の維持・強化などのため、FIT 賦課金が減免される制度です。減免率は、製造業者で優良基準を満たすものが 80%、満たさないものが 40%、非製造業者で優良基準を満たすものが 40%、満たさないものが 20%です。

【G】

● GB

⇒グロス・ビディング

● GHG

気候変動や環境破壊の原因となる、温室効果ガスのこと。「Greenhouse Gas」の略。二酸化炭素（CO_2）、メタン（CH_4）、一酸化二窒素（N_2O）ハイドロフルオロカーボン類（HFCs）、パーフルオロカーボン類（PFCs）、六フッ化硫黄（SF_6）、三フッ化窒素（NF_3）の７種類。

● GX

⇒グリーン・トランスフォーメーション

【H】

● HEMS（ホーム・エネルギー・マネジメント・システム）

Home Energy Management System（ホーム・エネルギー・管理（マネジメント）・システム）の略です。家庭の電気設備や家電をネットワークでつなぎ、電気やガスの使用量をモニター画面でチェックしたり、管理するシステムです。どの時間にどの機器がエネルギーを使っているかが把握できるので、節電につながります。政府は2030年までに全家庭にHEMSを設置することを目標としています。

● HV（ハイブリッド自動車）

ガソリンなどのエンジンと電気モーターの２つの動力で走る自動車のこと。HV車の電気は、走行時に自動的に充電されますが、外部からの充電はできません。

【I】

● ICP

⇒インターナル・カーボン・プライシング

● IEA

⇒国際エネルギー機関

● IEF

⇒国際エネルギーフォーラム

● IGCC（石炭ガス化複合発電）

⇒石炭ガス化複合発電

● IoT

「Internet of Things（モノのインターネット）」の略。パソコンやスマホだけでなく、家電機器などさまざまな「もの」をインターネットに接続して、操作・管理を行うというもの。外から自宅の家電機器を操作したり、設備の管理を行うといったことが考えられます。

● IPCC

⇒気候変動に関する政府間パネル

● IPP（独立系発電事業者）

⇒独立系発電事業者

【J】

● J（ジュール）

エネルギーの単位。1N（ニュートン）の力が、物体を1m動かす時のエネルギーです。おおよそ102gの物体を地球の平均的な重力下で1m持ち上げた時のエネルギーにあたります。電力の1W（ワット）は、１秒間に1Jの仕事が行われる時の仕事率です。

• JEPX（日本卸電力取引所）
⇒日本卸電力取引所

• JOGMEC（エネルギー・金属鉱物資源機構）
正式名称を「独立行政法人 エネルギー・金属鉱物資源機構」。石油や天然ガス、石炭、金属鉱物などの探鉱、地熱の探査に必要な資金を供給したり、開発を進めるための必要な業務を行う独立行政法人。経済産業省の管轄。

• J- クレジット制度
省エネルギー設備の導入や、再エネの利用による二酸化炭素などの排出削減量や、適切な森林管理による二酸化炭素等の吸収量を「クレジット」として国が認証する制度。温室効果ガス削減を行っている企業・団体などが申請を行い、制度に参画してクレジットを取得。クレジットを大企業などが購入することで売却益を得られます。

【L】

• LNG（液化天然ガス）
⇒液化天然ガス

【M】

• MCFC（溶融炭酸塩形燃料電池）
⇒溶融炭酸塩形燃料電池

• MDMS
「Meter Data Management System」の略。スマートメーターが取得した使用電力量の 30 分値の蓄積を行うシステムで、他に設備情報やネットワークの管理も行います。

• MOX 燃料
MOX とは「ウラン・プルトニウム混合酸化物」のこと。使用済み核燃料に含まれるプルトニウムを再処理して取り出し、濃度を4～9％に高めたもの。高速増殖炉の燃料に用いられますが、軽水炉のウラン燃料の代替物としても使うことができます。

• MPa（メガパスカル）
気圧の単位。1Pa（パスカル）は、1m^{2}の面積に 1N（ニュートン）の力が作用する圧力。1MPa（メガパスカル）は 100 万 Pa です。1MPa は約 10 気圧です。

【N】

• N-1 基準
系統接続の制限の一つで、系統（送電線ネットワーク）の容量の 1/2（2 回線のうち 1 回線。例外あり）は、災害時などの緊急送電のために空けておく、というルール。通常は、系統は 50％しか使えないことになります。

• N-1 電制
系統（送電線ネットワーク）の容量の 1/2 は非常時用に空けてありますが（例外あり）、その空きを活用して送電する容量を増やす方法。日本版コネクト＆マネージの一つ。

• NAS（ナトリウム・硫黄）電池
⇒ナトリウム・硫黄電池

• nearlyZEH
ZEH 住宅に準ずる基準で建てられる省エネ高機能住宅。ZEH 住宅では、再生可能エネルギーを加えて、基準一次エネルギー消費量から 100％以上の一次エネルギー消費量を削減する、としていますが、nearlyZEH 住宅では 75％以上 100％未満となります。

【O】

• OCCTO（電力広域的運営推進機関）
⇒電力広域的運営推進機関

● **OECD**　⇒経済協力開発機構

【P】

● **P2G（パワー・ツー・ガス）**
⇒パワー・ツー・ガス

● **PAFC（りん酸形燃料電池）**
⇒りん酸形燃料電池

● **PCS（パワー・コンディショナー）**
⇒パワー・コンディショナー

● **PEFC（固体高分子形燃料電池）**
⇒固体高分子形燃料電池

● **PHV（プラグイン・ハイブリッド自動車）**
エンジンと電気モーターの2種類の動力で走るHV（ハイブリッド自動車）のうち、電気のバッテリーを自宅などで好きな時に充電できる自動車のことです。

● **PPAモデル**
「Power Purchase Agreement（電力販売契約）モデル」の略。PPA企業が、需要家の施設や住宅、敷地などに太陽光パネルを無償で設置して発電を行い、需要家は自分で使った分の電気料金を支払うビジネスモデルです。設置した太陽光パネルは、10～15年間の契約終了後、需要家に譲渡されます。

● **PPS（特定規模電気事業者）**
⇒特定規模電気事業者

● **PWR（加圧水型軽水炉）**
⇒加圧水型軽水炉

【R】

● **RE100**
「Renewable Energy 100%」の略で、仕事に使う電力のすべて（100%）を再生可能エネルギー由来にすることを目標にする企業が加盟するプロジェクト。イケアやアップル、コカ・コーラやメタなどの国際的な企業を中心に世界の企業が加盟しています。日本でもソニー、イオン、大和ハウス工業など数十社が加盟し、今後も増えると予想されます。

【S】

● **SAF**
「Sustainable Aviation Fuel」の略で、持続可能な航空燃料。廃食油や家庭の生ごみなどから製造されるバイオ燃料の一種。

● **SC（超臨界圧石炭火力発電）**
⇒超臨界圧石炭火力発電

● **SDGs（持続可能な開発目標）**
「Sustainable Development Goals（持続可能な開発目標）」の略。2030年までに持続可能でよりよい世界を目指す国際目標です。2015年の国連サミットで採択されました。地球上の「誰一人取り残さない（leave no one behind）」ことを誓い、17のゴールと169のターゲットから構成されています。

● **SMR（小型モジュール原子炉）**
⇒小型モジュール原子炉

● **SOFC（固体酸化物形燃料電池）**
⇒固体酸化物形燃料電池

● **Sub-C（亜臨界圧石炭火力発電）**
⇒亜臨界圧石炭火力発電

【T】

● TCFD(気候関連情報開示タスクフォース)
G20からの要請を受け、金融安定理事会(FSB、世界25ヶ国・地域の中央銀行などで構成される理事会)により、気候関連の情報開示や金融機関の対応をどのように行うか検討するために設立された委員会。

【U】

● USC(超々臨界圧石炭火力発電)
⇒超々臨界圧石炭火力発電

【V】

● V2G
「Vehicle to Grid」の略。EV(電気自動車)に充電した電力を電力ネットワーク(Grid)に戻して使う方法。デマンド・レスポンスの一方法として活用が期待されます。

● V2H
「Vehicle to Home」の略です。EV(電気自動車)に充電した電力を家庭に戻して有効に使う方法です。

● VPP(仮想発電所)
⇒仮想発電所

【Z】

● ZEB(ゼブ、ネット・ゼロ・エネルギー・ビル)
「ネット・ゼロ・エネルギー・ビル」の略で、ZEHのビル版。大幅な省エネを実現した上で、太陽光などの再エネにより、年間で消費する一次エネルギー量を正味でゼロにすることを目指したビル。

● ZEH(ネット・ゼロ・エネルギー・ハウス)
エネルギー消費量が全体としてゼロ(ネット・ゼロ)になることを実現する次世代住宅。住宅の断熱性能を高め、家電に省エネ機器を使い、太陽光発電などで自家発電を行い、余った電力を蓄電池で貯め、HEMSで電力消費を管理して、消費エネルギーをゼロにします。

● ZEH+(ゼッチ・プラス)、次世代ZEH+
ZEH+は、現行のZEHより省エネルギーをさらに深堀りし、設備のより効率的な運用で、太陽光発電などの自家消費率拡大を目指したもの。さらに蓄電システムや燃料電池、太陽熱利用温水システムなどを組み合わせたものを「次世代ZEH+」といいます。ZEH+、次世代ZEH+を建設する場合、ZEHよりも補助金が高額になります。

● ZEH-M(ゼッチ・エム)
ZEHのマンション版。住まいの断熱性や省エネ性能を上げ、太陽光発電など再エネでエネルギーを作ることにより、建物全体の年間の一次消費エネルギー量をプラスマイナスゼロにした共同住宅のことです。

● ZEH 支援事業
政府が行っているZEH(ネット・ゼロ・エネルギー・ハウス)の建築補助金制度。政府では、2030年までに新築住宅の平均でZEHを実現するとしており、そのために補助金を付与するとしています。

● ZEH ビルダー
ZEH住宅を建てることを認可された工務店やハウスメーカーに補助金を与える制度。ZEHビルダーは、自社で施工する案件の50%以上をZEHにするのが目標となります。

【あ】

●相対（あいたい）契約

決められた料金契約メニューなどによらず、会社同士で決めた個別の契約のこと。電気事業では、たとえば需要家と小売電気事業者間で決めた個別契約のことをいいます。

●アグリゲーション・コーディネーター

アグリゲーターのうち、リソース・アグリゲーターからの電力をとりまとめ、一般送配電事業者や小売電気事業者と交渉を行う役目。

●アグリゲーター

仮想発電所（VPP）で小規模の発電者の電力をまとめてコントロールしたり、需要家に対して節電の要請をしてデマンド・レスポンスを行うなど、電力の需要供給のバランス調整を行う業者。業務により、リソース・アグリゲーターとアグリゲーション・コーディネーターの2種類があります。

●上げDR

たとえば初夏の晴れ間に太陽光発電が増える時など、供給が需要より多く電力が余りそうな場合、要請により需要家が電力消費を増やすデマンド・レスポンス。電力を蓄電池やEVに充電するなどの方法があります。

●アナログメーター

アナログ式の電力メーター。スマートメーターに置き換わる前に使われたもので、主に積算電力量計でした。

●アラゴの円盤

誘導型電力量計で使用電力量を計測するのに使われる原理。電磁石によってアルミニウムの円盤を回転させ、その回転量が使用電力量に比例することを利用します。19世紀に発見されました。

●亜臨界圧石炭火力発電（Sub-C）

ボイラーがドラム式の発電方式で、石炭を燃やしてその熱でボイラーの水を蒸気に変え、蒸気の力でタービンを回して電気を作ります。Sub-Cは蒸気圧が22.1MPa（メガパスカル、1MPa＝約10気圧）未満で、蒸気温度が374度未満のものです。旧式のため、2030年までに廃止が進められます。

●アンシラリーサービス

電力品質の維持のために、電力会社が行っているサービスのことです。電圧や周波数の制御など、送配する電力が一定の品質を保てるよう調整を行っています。高圧契約を結ぶ需要家には、アンシラリーサービスの料金が加算されます。

●アンペア（電流の単位） ⇒電流

●アンペア制

従量電灯の料金メニューのうち、基本料金が契約アンペア数によって変わるものです。契約アンペア数には、5・10・15・20・30・40・50・60の各アンペアがあります（5は原則として使われません）。使用電力量が契約アンペア数を超えるとブレーカーが落ち、電力が止まります。アンペア制は、北海道・東北・東京・中部・北陸・九州各電力の6社が採用しています。

●アンペアブレーカー

家庭用の分電盤に組み込まれているブレーカー。契約したアンペア数以上の電流を使うと、自動的に回路が遮断されます。アンペア制の契約で使われますが、スマートメーターにブレーカー機能が内蔵されているため、スマートメーターのある住宅はブレーカーが撤去されます。

●アンモニア
無色透明で強い刺激臭がある気体で、分子式はNH_3。窒素化合物を分解する還元剤として使われる他、燃焼しても二酸化炭素を出さないため、火力発電所などで石炭と混焼させて温室効果ガスの削減に結びつけるなど、次世代エネルギーとして研究が進んでいます。

【い】

●イエロー水素
原子力発電による電気分解で製造される水素。原子力発電は二酸化炭素を排出しない電源に分類されますが、核廃棄物の問題や安全性などの問題があります。

●イコール・フッティング
「Equal Footing」。商品やサービスを販売する上で、対等な立場で競争できるよう、条件を同一にすること。電力業界では、大手電力会社と、新規参入の電気事業者が同一条件で送配電ネットワークを利用できるよう、発送電分離を行うことなどが例です。

●一次調整力
需給調整市場で取引される調整力の一つ。応動時間10秒以内で、継続時間は5分以上です。最低入札量は5MW。

●一日前市場（スポット市場）
⇒スポット市場

●一酸化二窒素
温室効果ガスの一種で、二酸化炭素、メタンに次いで地球温暖化に影響があります。分子式はN_2Oで、麻酔に使われ、「笑気ガス」とも呼ばれます。海や地表、工場や窒素肥料などから放出され、成層圏で紫外線により分解されますが、その過程でできるNOがオゾン層を破壊します。

●一般送配電事業者
発電事業者から受けた電気を、自社の送配電ネットワークを使って、需要家などに供給する事業者。日本国内10のエリアに分かれ、10社があります。

●インターナル・カーボン・プライシング（ICF）
「社内炭素価格」ともいい、企業内で独自に排出する二酸化炭素の価格を決めること。これをすることで、企業の低炭素投資や二酸化炭素削減に役立てることができます。

●インバランス料金
小売電気事業者が同時同量を達成できず、計画値の一定割合を超えた電力の過不足があった場合、その調整のための料金をペナルティとして一般送配電事業者に支払う制度。

【え】

●営農型太陽光発電設備（ソーラー・シェアリング）
農地に柱を立てて太陽光パネルを設置し、太陽光発電と農作物の収穫を両立させようという取り組み。太陽光パネルの設置には、農地法にもとづく一時転用の許可が必要。

●液化天然ガス（LNG）
油田・ガス田などで採掘される天然ガスを－162度に冷却して液体化したもの。化石エネルギーの一種で発電などに使われますが、石炭・石油に比べて温室効果ガスの排出が少なく、近年利用が増えています。

●越境販売
電力会社が、これまでの電力供給エリアを越えた別地域に電力を販売することです。電力の自由化に伴い、東京電力が関西で電力販売を行うなど、エリアを超えた電力販売が行われつつあります。

●エネファーム

水素燃料電池を使った、ガス・コジェネレーション・システム。都市ガスなどから水素を取り出し、燃料電池で発電させるとともに、その時発生する排熱でお湯を沸かすシステムです。

●エネルギー供給構造高度化法

電気やガス、石油などのエネルギー供給事業者に対して、太陽光や風力などの再エネ、原子力等の非化石エネルギー源の利用や、化石エネルギー原料の有効な利用を促進するための法律。2009年に成立しました。

●エネルギー・金属鉱物資源機構

⇒JOGMEC

●エネルギー使用合理化法

⇒省エネ法

●エネルギー政策基本法

2002年に制定された日本のエネルギー政策の基本方針を定めた法律です。日本のエネルギーの安定供給と環境保護を柱とし、同時に規制緩和による市場原理の活用を促しており、事業者の参入によるエネルギー自由化への道を開きました。

●エネルギーミックス

政府のエネルギー基本計画で2015年に定められた、さまざまなエネルギー源を組み合わせて脱炭素化を進める試み。2030年までに再エネ22～24%、原子力20～22%、化石燃料56%の比率にし、徹底した省エネでエネルギー効率を35%改善するとしていました。2021年にはさらに再エネの比率を36～38%にするなど、目標比率が高く変更されています。

●延滞利息制度

電気料金の支払期日を過ぎて料金を支払った場合、支払期日の翌日から支払日の日数に応じて、年率で「延滞利息」を加算されるしくみ。かつての「早遅収料金制度」から変わりました。

【お】

●オール電化

住宅の給湯設備や調理コンロなどを電気式に変え、すべてを電気でまかなう方法です。安価な深夜電力契約などを結び、お湯をエコキュートなどで深夜に沸かして貯めておき、調理はIH器具を使う方法などがあります。オール電化は、工夫すれば光熱費をかなり安くできるメリットがあります。その一方で設備に初期投資がかかり、災害時の停電などで家庭の全機能が止まってしまうなどの弱点があります。

●欧州加圧水型原子炉（EPR）

⇒EPR

●欧州グリーン・ディール

EUが2019年に発表した政策。2050年までにEUの温室効果ガス排出を実質ゼロとする目標を掲げ、さまざまな施策を行うとともに、それに伴う雇用を生み出し、技術革新（イノベーション）を実現するというものです。その達成のため、EUでは2030年までの温室効果ガス削減目標を1990年比で55%に上げ、10年間で1兆ユーロ（約130兆円）の投資を行うとしています。

●オフサイトPPA

PPAのうち、発電設備を需要家の敷地外に設置するもの。小売電気事業者を通して電力を供給するため、オンサイトPPAに比べて託送料金や再エネ賦課金がかかります。フィジカルPPAとバーチャルPPAがあり、フィジカルPPAは需要家がPPA事業者と電力と環境価値の両方を直接売買するもの。バーチャルPPAは環境価値のみが直接売買されるものです。

●オフサイト・コーポレートPPA
太陽光の発電事業者と需要家が、事前に価格・期間（5～20年程度）を決めておき、一般の電力系統を通して電力を供給する契約方式。発電事業者は長期間、安定した契約を結ぶことができ、需要家も一定で安定した価格で電力を購入できるメリットがあります。

●オンサイトPPA
発電事業者が自身の費用で、需要家の敷地内に太陽光発電設備を設置し、発電された電気を需要家に供給するしくみ。「第三者所有モデル」ともいわれます。託送料金（送電線などの使用料）や再エネ賦課金などがかからないため、低コストでできます。

●温室効果ガス（GHG）
二酸化炭素やメタン、窒素化合物のように大気圏に溜まると地表から出る赤外線を吸収し、地球の温度を上げる気体。

【か】

●カーボン・ニュートラル
排出される二酸化炭素と吸収される二酸化炭素の量が同じになり、実質的な排出量がゼロとなることです。カーボン・ニュートラルな社会では、人間の社会活動で排出される二酸化炭素量と森林などが吸収する二酸化炭素量が同じになります。

●カーボン・ニュートラルLNG
LNGを生成し、使う時に発生する二酸化炭素を、植林などで補い、実質上の排出ゼロ（カーボン・ニュートラル）にする方法。森林保全などで環境クレジットを得て、その分をLNGに上乗せして、排出分を補います。

●カーボン・ネガティブ
⇒カーボン・マイナス

●カーボン・プライシング
二酸化炭素を排出した量に合わせて、会社や国などにその分のお金を出してもらうしくみ。二酸化炭素の削減に繋がります。方法としては、「炭素税」や「排出量取引制度」などがあります。

●カーボン・フリー
燃焼しても二酸化炭素を排出しないことや、その物質。また、二酸化炭素を実質上発生させないエネルギーを使うこと。

●カーボン・マイナス
排出する二酸化炭素の量を超える削減・吸収量を実現すること。排出量と削減量を同じにするカーボン・ニュートラルを超える削減を行う状態です。カーボン・ネガティブも同じ意味。

●カーボン・リーケージ
二酸化炭素排出を抑えて製品を作っている国の市場が、排出を抑えない国の輸入品に安さなどで負け、国内生産が減少してしまうこと。

●カーボン・リサイクル
工場などから排出される二酸化炭素を、加工して再利用する技術。ポリカーボネートなどの化学製品に加工したり、コンクリート製品に加工・混入させたり、二酸化炭素を分解する海藻からジェット燃料などのバイオ燃料を採取するなどの方法があります。

●加圧水型（PWR）軽水炉

原子力発電に使われる軽水炉の一種。原子炉の圧力容器内の水を沸騰させてパイプに巡らし、パイプ越しに外にある別の水に熱を伝えて沸騰させ、水蒸気を発生させてタービンを回す方式。パイプ内の水が原子炉の外に出ないので、安全性が高いのがメリットです。

●海流発電

黒潮や親潮など、海流の流れの強い場所にタービンを沈めて発電を行う方式。再生可能エネルギーの一種ですが、まだ実験段階にとどまっています。

●確定値（確定使用値）

各需要家が1ヶ月間に使った電力量の集計値。一般送配電事業者が、需要家ごとにスマートメーターで30分ごとの使用電力量を収集し、検針日を基準とした1ヶ月分を集計した値。需要家に料金を請求するにあたって算出に必要となるデータのことで、毎月一般送配電事業者が提供します。

●ガス自由化

都市ガスの小売販売を自由化することで、2017年より開始されました。電気と同じようにライセンス登録を行えば、自由にガスを販売することができます。都市ガスの導管部分などは規制事業のままで、これまで通り都市ガス会社が行います。プロパンガスなどのLPガス事業は、規制事業ではないので従来通りの販売方式が継続されます。

●ガスタービン発電

石油や天然ガスなどを燃焼させたガスでタービンを回し、タービンに繋いだ発電機を回す方式。汽力発電に比べ、小型で出力が高くなります。

●化石エネルギー

石炭・石油・天然ガスなど、燃焼時に二酸化炭素などの温室効果ガスを多く排出し、資源量にも限りがあるエネルギーのことです。今後の脱炭素化で使用廃止が目指されています。

●仮想発電所（VPP）

小規模の発電者をまとめ、IT・AI技術を利用して、一つの大きな発電所のように動かす技術。VPPは、「Virtual Power Plant」の略。太陽光発電など10kW未満の小規模の発電者からの電力をまとめて利用することが期待されています。

●カリフォルニア電力危機

1998年に電力自由化を行ったカリフォルニア州で、2000年、2001年に起きた大規模な電力不足。2000年には1回、2001年には38回もの輪番停電（何百世帯かずつ交代で停電を行うこと）が発生し、100万人の生活に影響が出て、大手小売電力会社が倒産しました。

●火力発電

石炭や天然ガス、石油などを燃やして、その熱で水蒸気や燃焼ガスを発生させてタービンを回し、タービンに繋いだ発電機を回転させて発電する方式の総称です。日本の電力の70%以上が、火力発電で生み出されています。

●環境国債、環境債（グリーンボンド）

企業などが、脱炭素化を進める設備投資を行う目的で、一般などから募集する債券。環境債で資金調達を行い、再エネ電力の供給を増やしたりします。国をはじめ、たとえばNTTは3,000億円の環境債を発行するなど、幅広い団体や企業が発行しています。

●環境税

環境への負荷が大きい製品や作業に対して掛けられる税金。

●間接オークション

地域間の連系線の利用について、日本卸電力取引所のスポット価格にもとづいた入札価格の安い順に、連系線の送電の権利を割り当てるルール。2018 年から導入された制度で、それまでの登録の早い順だった先着優先ルールから変更になりました。

●間接送電権取引市場

日本卸電力取引所（JEPX）の電力取引を行う市場の一つ。電力エリアをまたぐ市場取引で、エリア間で電力価格の差が出た場合、買い手と売り手のどちらかに損が出ますが、その差額を「間接送電権」として先に取引しておくものです。「間接送電権」を利用することで、差額を安くすることができます。

【き】

●基幹系統

大容量の電力を送るための基幹送電線の電力ネットワーク。各エリアで電圧の高い、上位 2 電圧（たとえば東京・関西なら 27 万 5,000V、50 万 V）の電力を通す送変電等の設備のことをいいます。

●気候関連情報開示タスクフォース

⇒ TCFD

●気候変動に関する政府間パネル（IPCC）

国際的な専門家でつくる、地球温暖化の科学的な研究を整理・検討する政府間組織。世界気象機関（WMO）などにより 1988 年に設立され、定期的に報告書などを作成しています。2021 年現在、日本を含め 195 の国と地域が参加しています。

●基準（基本）検針日

電力会社の検針区域別に定められた検針日の区分。1 日、2 日と日付になっていますが、実際の検針日ではありません。基準検針日ごとに月々の実際の検針日が決められています。

●規制料金

法律にもとづき、総括原価制度により定められていた電気料金。2016 年の電力小売自由化前の電気料金の決め方で、2020 年に撤廃される予定でしたが、当面続けられることになりました。

●季節別料金

1年の季節によって単価が変動する料金メニューです。エアコンの利用などで使用電力量が増える「夏季（7 ～ 9 月など）」に比べ、「その他の季節」を割安にした料金メニューなどがあり、夏季などの使用電力量を抑える目的で設定されています。

●北本（きたほん）連系線（北海道・本州間連系設備）

北海道と本州を結ぶ送電ネットワーク。送電能力は 90 万 kW。

●逆ザヤ

電力の調達価格が、販売価格を上回ること。仕入れが売価を上回るので、収益が赤字になります。

●逆潮流

発電事業者が、自家発電装置を使って電力系統（送電線ネットワーク）を通じ、電力会社へと電気を逆送すること。太陽光などの発電設備が、電力会社の電力系統と接続されている場合、自家で消費する分より多く発電すると、自動的に余剰電力が電力会社へと逆送します。

●キャップ&トレード

⇒国内排出量取引制度

●キュービクル

送電線から受電した高電圧の電力を、施設で使えるような電圧に変電する設備のこと。高圧以上の契約では、キュービクルの設置が義務づけられています。

●急速充電設備

EV（電気自動車）へ短時間で電力供給できる充電設備。ガソリンスタンドに置かれるようなポール型の充電器は、航続距離160kmで約30分、80kmで約15分で充電できます。

●供給地点特定番号

需要家の供給地点を特定するために与えられる全国共通の番号で、22桁の数字で表されます。供給地点特定番号は、電力会社のお客様番号とは別です。

●供給予備率

⇒予備率

●供給予備力

電気は貯めておけないので、緊急時に需要の急増に対応するため、発電量に余力を持たせる必要があります。それを「供給予備力」といいます。供給予備率は予備力の比率。供給予備力＝ピーク時供給力－予想最大電力で算出されます。

●業務用電力

電力契約の一種。6,000V以上で受電し、契約電力が50kW以上の高圧契約のうち、代表的な電気料金メニューです。平日の昼間に電気をよく使う業種に適しており、オフィスビルやホテルなどの契約でよく利用されています。

●汽力発電

石炭やLNGなどの燃料を燃やしたボイラーの熱で高温の水蒸気を発生させてタービンの羽根車を回し、タービンに繋いだ発電機を回して発電する方式。

【く】

●クリーン・アンモニア

製造過程で発生する二酸化炭素を回収し、地中に貯留することでクリーン化するアンモニア。

●グリーン・アンモニア

化石燃料を使わず、再生可能エネルギーを利用して作るアンモニア。アンモニアは水素を運ぶ液体にも利用でき、燃やしても水しか出さないのでクリーンエネルギーとして期待されます。

●グリーン・アルミニウム

製造時に水力など、再エネの電力を使ったりカーボン・クレジットを購入するなどして脱炭素化を推し進めたアルミニウム。アルミニウムは精錬時に大量の電力を消費します。

●グリーン・イノベーション基金

2050年のカーボン・ニュートラル実現に向け、グリーン成長戦略の重点分野のうち、効果が大きく、野心的な目標にチャレンジする企業などを対象として、10年間の支援を行う基金。助成するプロジェクトの規模は200億円以上が目安で、基金の総額は2兆円です。

●グリーン・ウォッシュ

一見、環境に配慮したと見せかけながら、実態をともなっていない商品やサービス、活動。環境を表すグリーンと、うわべだけのごまかしという意味の「ホワイト・ウォッシュ」をかけた言葉です。

●クリーンエネルギー戦略
各種の温暖化対策を、経済成長につなげる戦略。経済産業省が策定し政府が進めています。脱炭素投資に10年間で150兆円が必要としており、水素・アンモニアの導入拡大や、水素価格を2030年には2021年の1/3にするなどの具体的な方針が盛り込まれています。

●グリーン・カーボン
森林や陸の生物の作用で、吸収される二酸化炭素から作られる炭素化合物のこと。かつては海陸両方の吸収を指していましたが、海はブルー・カーボン、陸がグリーン・カーボンと分けられるようになりました。

●クリーン水素
製造過程で、二酸化炭素を実質上排出しない水素。再エネによる電力で水を電気分解して作る「グリーン水素」、天然ガスなどの化石燃料を分解して作るが、発生する二酸化炭素を回収・貯留する「ブルー水素」、原子力による電力で水を電気分解して作る「イエロー水素」が含まれます。

●グリーン水素
再生可能エネルギーによる電気で作られた水素。水素は水を電気分解して作られますが、再エネ由来の電気を使えばクリーンなエネルギーとなります。逆に化石エネルギーを使って作る水素を「ブルー水素」「グレー水素」といいます。

●グリーン成長戦略
2020年に当時の菅首相が宣言した「2050年にカーボン・ニュートラル達成」という目標をもとに、これを成長の機会ととらえ、「経済と環境の好循環」につなげようとする産業政策。電力をはじめ、14の産業分野に高い目標が設定されました。

●クリーンテック
環境関連技術のこと。

●グリーン電力
太陽光、風力、水力、バイオマスなど、いわゆる「再生可能エネルギー」を使って作った電力のことです。

●グリーン電力証書
太陽光や風力などの再生可能エネルギーによって発電された電力（グリーン電力）の環境価値を証券化したもので、企業や自治体の間で取引されます。証書は、一般財団法人日本品質保証機構によって認証を受けた証書発行事業者が発行・取引を行います。

●グリーン・トランスフォーメーション（GX）
環境破壊や異常気象、二酸化炭素の排出などのさまざまな環境問題を、ITなど先進技術の力で解決することで持続可能な社会の実現を目指す取り組みのこと。

●グリーン・ポリティクス（緑の政治）
地球環境保護や環境保全を最優先とした政策を行う政治姿勢。近年の脱炭素化の進展で、政府のグリーン・ポリティクスの姿勢が重視されています。ドイツの緑の党の政治姿勢に由来します。

●グリーン・ボンド
⇒環境債、環境国債

●グリーン・リカバリー
コロナ禍で落ち込んだ経済を、地球温暖化の防止などを盛り込みながら復興していく考え。

●繰上（くりあげ）検針
毎月の1日に検針日を設定するもので、主に高圧以上の契約に採用されます。

● クリティカル・ミネラル

EVなどのクリーンエネルギー技術に必要な金属鉱物。銅、コバルト、ニッケル、リチウム、亜鉛、アルミニウム、レアアースなどを指します。現在、こうした鉱物の加工の50%以上は中国で行われています。

● グレー水素

化石エネルギーから作る水素のうちで、作る過程で排出される二酸化炭素を回収せず大気中に放出するものです。それに対して、化石エネルギーから作るが二酸化炭素を回収するものを「ブルー水素」、再エネを使って作る水素を「グリーン水素」と呼びます。

● グロス・ビディング（GB）

大手電力各社が、本来、社内で取引している電力の一定量を、市場に供出する自主的な取り組み。市場で売買される電気の量を増やし、市場の流動性や透明性の向上、価格変動の抑制などの効果が期待されていました。しかし大手電力会社の全量買戻しにより、流動性などの効果に疑問が提示されています。

【け】

● 計画値同時同量

小売電気事業者が電力の需要計画を、発電事業者が発電計画を、実際に電気を使う前日までにOCCTOを通じて一般送配電事業者に提出し、計画値と実際の電力量をそれぞれ一致させる方式。2016年から採用されました。

● 経済協力開発機構（OECD）

1961年に欧米各国を中心に設立された国際機関。自由主義経済発展のため、国際経済全般について話し合いが行われます。1948年にアメリカのヨーロッパ復興支援策（マーシャル・プラン）の受け入れ体制を整えるため設立されたOEECが発展的に解消したものです。現在は38ヶ国が加盟。日本も1964年に加盟しました。

● 軽水炉

原子力発電に使われる原子炉のうち、中性子の減速材に軽水(普通の水)を使うもの。現在の原子炉の主流です。沸騰水型(BWR)と加圧水型（PWR）があります。

● 系統（電力系統）

電力の「系統」とは、電力を需要家まで送り届けるための発電、送電、変電、配電、需要家までの送電線や設備全体のこと。「送電網」や「配電網」ともいいます。

● 系統側蓄電池

一般送配電事業者などの系統側が設置する、1万kWレベルの大規模な蓄電池。風力発電の電力備蓄などに利用されます。制度上は発電事業として位置づけられます。

● 系統接続

発電した電力を系統（送電線ネットワーク）に繋いで送ることをいいます。系統接続には、系統の容量の半分は災害時などの緊急送電のために空けておく（N-1基準）、発電事業者の先着順に契約される、契約容量は発電できる最大限で設定される、などの制限がありました。

● 系統連系

発電設備を、電力会社の電力系統に接続すること。太陽光発電などの設備を電力会社の系統に接続することなどで使われる用語です。

● 契約電力

契約上使用できる最大電力（kW）のこと。契約電力は、従量電灯料金では事前に定めたアンペア数などで決定されますが（アンペア制)、契約電力50kW以上の高圧小口などでは、スマートメーターなどにより計量した、当月と前11ヶ月の最大需要電力のうち、最大の値で決定されます(実量制)。500kW以上の高圧大口や特別高圧などの契約では相談(相対制)などで決定されます。

● 計量日

スマートメーターにより、使用電力量が記録される日のことです。

● 激変緩和措置

2022年10月に政府が決定した「物価高克服・経済再生実現のための総合経済対策」に盛り込まれたエネルギー価格高騰対策。電力・ガス等の価格高騰を受けて、料金を一部補助する形で値引きを行い、一般家庭や企業の負担を軽減する目的で行われます。

● 原子力エネルギー協議会(ATENA)

原子力発電の利用をより安全に行うために話し合い、検討を行う協議会。

● 原子力発電

ウランなどの放射性物質に中性子を当てて核分裂を起こさせ、分裂時に出る熱で水を蒸気にしてタービンを回す発電方式です。核分裂を起こしやすくする減速材に軽水(真水)を使った「軽水炉」が主流です。軽水炉は安全性が高いとされます。

● 検針日

電力会社が、電力メーターで計測された毎月の使用電力量を計測する日のことです。旧式の電力メーターを設置した家では、その日に電力会社の検針員がメーターを確認しに行きます(手検針)。電気の月ごとの使用量は、低圧契約で手検針の場合、電力会社が定めた検針日から次の検針日の前日までを1ヶ月分として計算します。

● 減設

電力契約に関する用語で、すでに契約しているのと同一の供給地点で、内線設備を減らす工事を行うこと。電気工事業者から一般送配電事業者に手続きが行われます。

【こ】

● コーポレートPPA

企業や自治体が、発電事業者から自然エネルギー(太陽光)の電力を長期に購入する契約。通常は5～25年程度。

● 高圧一括受電

マンションなどで、これまで電力会社と各戸で個別に結んでいた低圧の電力契約を廃止し、マンション全体で一括して高圧で契約をすること。契約は高圧一括受電業者が行い、マンション内に導入した変電設備で低圧に変換して各戸に供給します。一括で高圧契約することで、各戸の料金が安くなり、また一括受電業者は差額で利益を得られるというメリットがあります。

● 高圧大口

電力の契約区分の一つで、契約電力が500kW以上のもの。中規模以上の工場、ビルなどに供給されます。高圧大口契約ではキュービクル(受電設備)の設置、電気主任技術者の選定が義務づけられています。契約電力は相対(あいたい)契約で定められます。

● 高圧小口

電力の契約区分の一つで、契約電力が50kW～499kWのものです。主に中小規模の工場や商店、ビルなどに供給されます。高圧小口契約ではキュービクル(受電設備)の設置と電気主任技術者の選定が義務づけられています。契約電力は、多くは実量制で定められます。

●広域系統整備計画

エリアを越えて電力を受け渡すための、全国大での送電ネットワーク（広域連系系統）の整備計画。電力広域的運営推進機関（OCCTO）が策定して行われます。東日本大震災の発生時に、エリアを越えた送配電が十分にできなかった反省を踏まえ、策定されることになりました。

●高度化法義務達成市場

非化石価値取引市場が再編成され、できた市場の一つ。非FIT電源由来の「非FIT非化石証書」を主に取引します。

●小売電気事業者

電力を扱う事業者の区分けの一つで、一般の消費者（需要家）に電力を販売できる事業者のことです。2016年4月の低圧電力小売の自由化により、小売電気事業者の登録を行えば自由に電力契約を結ぶことができるようになりました。

●交流（AC）

電気の流れる向きや大きさ、流れる強さが一定の周期で変化している電流です。家庭用のコンセントの電気は交流です。コンセントからの100Vの電気は交流でも単相で、「単相交流」といい、「電灯」とも呼びます。200Vの電気で3相の交流は「3相交流」といい、工場などのモーターを動かすのに使われるので「動力」と呼ばれます。送配電は変圧ができるため、交流で行われます。

●小型モジュール原子炉（SMR）

従来の原子炉よりずっと小型の新型原子炉。1基あたりの出力は大型原子炉の20分の1程度で、製造は工場で行い、部品（モジュール）を現地で組み立てて作ります。コストを大幅に下げられ、また炉全体をプールに沈めるなどするため、冷却しやすく従来の原子炉より安全というメリットがあります。

●顧客情報管理システム（CIS） ⇒CIS

●国際エネルギー機関（IEA）

国際的なエネルギー問題を解決するため、石油消費国が国際協力するよう設立された諮問機関。1973年の石油危機を契機に1974年に設立されました。当初は石油のみでしたが、現在は石炭、天然ガス、原子力などの問題も検討されます。アメリカ、日本をはじめ29ヶ国が加盟しています。

●国際エネルギーフォーラム（IEF）

世界71ヶ国の石油・ガスなどの産出国と消費国のエネルギー担当大臣やIEA、OPECなどの国際機関の代表が集まり、エネルギーに関した話し合いを行う会議。1～2年に1度開催されます。1991年にスタートしました。

●国内排出量取引制度（キャップ&トレード）

個々の企業に、二酸化炭素の排出枠（排出量の上限、キャップ）を設定し、排出量の削減を行わせるとともに、排出枠を超えた量に関しては、別の企業から排出枠を購入して取引（トレード）を行い、補填するという制度。カーボン・プライシングの一種です。

●コジェネレーション・システム

ガスタービンなどを使って発電し、その時に出た排熱を利用して、給湯や暖房を行う方式です。大型の発電所をはじめ、家庭用の発電・給湯システムなどにも使われます。発電燃料にはガスが使われることが多く、他に軽油を使ったディーゼル・エンジンなども利用されます。家庭用コジェネレーション・システムの「エネファーム」は、都市ガスから取り出した水素を酸素と反応させて発電し、排熱で給湯を行います。

●固体高分子形燃料電池（PEFC）

水素燃料電池の一種で、電解質にイオン交換膜を利用したものです。小型化ができるために家庭用燃料電池によく使われます。

●固体酸化物形燃料電池（SOFC）

水素燃料電池の一種で、電解質にセラミックスなどを使用したものです。発電効率が高く、水素燃料電池車（FCV）や家庭用に使われます。

●国境炭素税（国境炭素調整措置）

地球温暖化対策をする国が、対策が遅れている国からの輸入品に対して、炭素税をかけ、対策を進めるようにうながす政策。一般に、対策をしない国からの輸入品はコストがかからないので安くなるため、国内品が脅かされないための施策です。欧米や日本でも導入が検討されていますが、途上国などからの反発が強くあります。

●国境炭素調整措置

⇒国境炭素税

●固定価格買取制度（FIT 制度）

「再生可能エネルギー特措法」にもとづき、太陽光・風力・地熱・中小水力・バイオマスの再生可能エネルギーを、電力会社が比較的高い固定価格で買い取ることを義務づける制度。再エネの普及・拡大を目指しています。FIT は「Feed in Tariff（固定価格というような意味）」の略です。2012 年開始。

●コンバインドサイクル発電

ガスや軽油を使う火力発電の一種ですが、ガスタービンと蒸気タービンを組み合わせ、従来のものより効率を大幅に良くした方式です。まず圧縮空気の中で燃料を燃やしてガスを発生させ、その勢いでガスタービンを回して発電させます。その余熱を利用して、今度は水を沸騰させて蒸気を作り、蒸気タービンを回して発電するという2重の方式です。効率がいい上に二酸化炭素の発生量も少なく、環境にも優しいのがメリットです。

【さ】

●サーキュラー・エコノミー（循環経済）

原材料投入の量を抑えながら、リサイクルなども活用して廃棄物の発生を最小限にし、資源の価値をできる限り長く維持する経済システム。従来の一方通行的な直線経済（リニア・エコノミー）に対する考え方。

●再エネ海域利用法

洋上風力発電を導入するため、海上に「促進区域」を定め、事業者の選定と計画を行うという法律。海域の占用に関する統一的なルールを定め、漁業関係者など先行利用者と調整するために成立しました。指定海域では最大 30 年の占用を行うことができます。

●再エネ価値取引市場

非化石価値取引市場が再編成され、できた市場の一つ。FIT 電源由来の「FIT 証書」を主に取引します。

●再給電方式

系統の有効利用のための接続方式。系統接続で混雑が発生した場合、メリットオーダー（燃料費など運転コストの低い電源から順番に稼働する方式）に従って出力制御を行います。2022 年 12 月から開始されました。

●最終保障供給

高圧以上の需要家で、どの小売電気事業者とも電気の契約交渉が成立しない者について、一時的に送配電事業者が電気を供給する制度。契約していた新電力が事業から撤退した場合や、料金不払いで契約を解除された場合などに利用されます。通常は大手電力会社より2割程度高い料金になり、契約は1年以内です。

• 再生可能エネルギー(再エネ)

太陽光・水力・風力・地熱・バイオマス・太陽熱・潮力など、二酸化炭素などの温室効果ガスの排出が少なく、自然の中で無限に再生されるエネルギーのことです。

• 再生可能エネルギー発電促進賦課金

「FIT賦課金」とも呼ばれます。再生可能エネルギーによって発電された電力を、小売電気事業者が買い取る「再生可能エネルギー固定価格買取制度(FIT制度)」のために必要なお金を一般の需要家に負担してもらうしくみです。電気の使用量に合わせて、電気料金に上乗せされて徴収されています。

• 最大需要電力

需要者の30分ごとの平均使用電力(デマンド値)のうち、その月で最大の値です。実量制の料金では、最大需要電力のうち、当月と過去11ヶ月で最大の値が契約電力となります。

• 最大デマンド値

デマンド値の中でも、1日や1ヶ月で最大の値です。1ヶ月の最大デマンド値は、その月の「最大需要電力」となります。

• 最低料金制

従量電灯の料金メニューのうち、基本料金に、たとえば「15kWhまでは○○円」と最低料金を設定しているものです。最低料金制を採用しているのは、関西·中国·四国·沖縄の各電力会社4社です。

• 再点

新規に需要家(一般の電力使用者)が、小売電気事業者と契約を結び、電力使用を開始すること。引っ越しなどで新たに電力契約を行う場合などはこの「再点」です。正確にいえば、小売電気事業者が、需要家が新たに電気を使用することを前提に、屋内の電気設備工事を伴わない接続供給の開始申込を一般送配電事業者に行うことをいいます。

• 下げDR

需要が供給より多く電力が不足しそうな時に、要請によって需要家が節電し、消費を抑えるデマンド・レスポンス。

• サハリン2

ロシアの極東・サハリン州北東部での、石油と天然ガスの開発プロジェクト。2008年より原油、2009年よりLNGの出荷を開始しており、その6割は日本に輸出されています。ロシアのウクライナ侵攻により、日本政府のプロジェクト撤退が議論されています。

• 先渡市場

日本卸電力取引所(JEPX)の電力取引を行う市場の一つ。最大3年後までのロングスパンの電力取引を行います。受渡期間に合わせて、年間商品(期間1年)、月間商品(1ヶ月)、週間商品(1週間)の3種類があります。

• ザラバ仕法

日本卸電力取引所の時間前市場などで使われている入札方式。売り注文と買い注文の値段が一致した時に売買が成立します。また、値段が同じなら早いものが優先されます。

• 三次調整力①

需給調整市場で取引される調整力の一つ。応動時間15分以内で、継続時間は3時間、回線は専用線または簡易指令システムです。最低入札量は5MW。2022年4月から取引が開始されました。

●三次調整力②

需給調整市場で取引される調整力の一つ。応動時間45分以内で、継続時間は3時間、回線は専用線または簡易指令システムです。最低入札量は5MW。2021年4月から取引が開始されました。

【し】

●自家発

自家用発電設備の略で、需要家が自分のところで発電を行う設備のことです。

●自家補

電気料金メニューの一種で「自家用発電設備補給電力」の略です。需要家が持つ自家用発電設備が検査や補修、故障などでストップした時、電力会社が不足電力の補給を行う料金メニューです。

●時間帯別料金

電気料金が日ごと、また1日の時間帯ごとに変わる料金メニューです。夏季の昼間（例：7～9月の10:00～15:00）などの料金単価を、電力使用のピーク時間として高めに設定したり、電力利用が減る休日や夜間の料金単価を安く設定したりします。

●時間前市場（当日市場）

⇒当日市場

●自己託送

一般送配電事業者の送電サービスの一つ。自家用の発電設備を持っている企業などが、自分の発電した電気を、一般送配電事業者のネットワークを通じて、別の場所にある自分の施設に送電する場合に利用します。

●次世代ZEH+（ゼッチ・プラス）

⇒ZEH+

●実量制

契約電力を決める方式の一つ。30分単位で使用電力量の平均値（デマンド値）を計測し、その月の最大の値を「最大需要電力」（最大デマンド値）とします。そして当月とその前11ヶ月間の最大需要電力を比較し、最大のものを契約電力とします。高圧小口や低圧の料金プランに使われます。

●ジュール（J） ⇒J

●周波数

電気の交流は、電圧と電流の大きさが1秒間に50回もしくは60回というように一定の周期で変化しています。この変化の回数を周波数といい、Hz（ヘルツ）という単位で表示されます。日本では、静岡県の富士川～富山県の糸魚川付近を境に、東日本が50Hz、西日本が60Hzの周波数を使用しています。明治時代に東京では50Hzのドイツの発電設備、関西では60Hzのアメリカの発電設備を入れたからです。周波数が違うと扇風機やヘアドライヤー、掃除機などは性能が変わる可能性があり、洗濯機や電子レンジは使えない場合があります。

●周波数変換設備（FC）

日本の電力は東日本が周波数50Hz、西日本が60Hzです。その電力系統の間で、電力をやりとりするための周波数の変換設備です。代表的なものに東京エリアの新信濃変換所と中部エリアの飛騨変換所を結ぶ、飛騨信濃周波数変換設備（設備容量0.9GW）があります。

●従量電灯

一般家庭などで使われる料金メニューとして、もっともポピュラーなものです。料金は、

「基本料金＋使った分（従量）だけの電力量料金」からなります。（その他に燃料費調整額と再生可能エネルギー発電促進賦課金が必要です。）基本料金については、「アンペア制」と「最低料金制」の２種類があります。

●主開閉器契約

低圧電力の、契約容量の決め方の一つ。メインブレーカー（主開閉器）のアンペア（ブレーカー容量）で契約容量を決めます。

●需給管理

電気を作って流す量（供給）と使う量（需要）を常に同じにする「同時同量」を維持するための調整作業。電力に過不足がある場合は発電所に焚き増しを頼んだり、取引所で電力を売買して調整します。

●需給管理システム

小売電気事業者向けに、電力の需要量と供給量を一致させるための支援機能を集約したシステム。電力の需要予測支援機能や、需要調達計画機能、需給監視機能などが搭載されています。

●需給調整市場

日本卸電力取引所（JEPX）の市場の一つ。電力は常に需要量と供給量を一致させておく必要があります。そこで電力を一定に保てるよう発電事業者が「調整力」を売り、権利を一般送配電事業者が買い取るという市場です。2021年から部分的に開設されています。

●シュタットベルケ

ドイツで一般的な、ガス・電力・水道事業を一貫して行う地域密着型の公社。ドイツ各地の都市に900社以上あります。

●受電地点特定番号

発電者の発電地点を特定するために与えられる全国共通の番号で、22桁の数字で表されます。

●需要家（需要者）

電気・ガス・水道などの供給を受けて使用している者。つまり消費者、一般ユーザー（エンドユーザー）です。契約電力50kW未満の低圧契約を結んでいるユーザーを低圧需要家、50kW以上のユーザーを高圧小口需要家、500kW以上を高圧大口需要家といいます。（本書では主に電力の消費者を指します。）

●需要家情報変更

電気契約に関する用語で、需要家の氏名や連絡先などの変更を行うこと。需要家や小売電気事業者の申込で、スイッチング支援システムが変更を行います。

●循環経済

⇒サーキュラー・エコノミー

●省エネ法（エネルギー使用合理化法）

1979年に制定された「エネルギーの使用の合理化等に関する法律」のこと。オイルショックを契機として、工場、輸送機関等においてエネルギーを効率的に利用していく目的で制定されました。2022年の改正では、エネルギー使用量の多い約12,000の企業に対し、非化石エネルギーの使用割合の目標設定が義務づけられました。また、小売電気事業者には、太陽光による電力が余る時間帯の電気代を安く、逆にひっ迫する時間帯の電気代を高くするプランの作成などが求められています。2023年4月に改正法が施行されました。

●省エネラベリング制度

エネルギー消費の多い家電製品に、省エネ性能の違いが分かるように星の数で評価し、また、かかる電気料金を表示することで省エネ商品の選択を促す制度。

• 常時バックアップ

供給力が不足している新規参入の小売電気事業者に、旧一般電気事業者が電力を卸供給するしくみ。新規参入企業にとって、ベース電源の代わりとして利用されました。電力市場が活況になるにつれ取引は減少し、2019年のベースロード市場の開設により廃止される方向です。

• 使用電力量0の場合の料金

電気をまったく使わない月でも、設備維持などの理由で、基本料金や最低料金は請求されます。ただし、使用量0の場合は基本料金を半額にするなどの場合があります。

• シングルプライス・オークション

日本卸電力取引所のスポット市場などで使われている入札方式。取引前日までに買い手と売り手が電力の販売・購入量と価格を市場に入札しておき、当日にコンピュータが入札された量と金額で需要・供給曲線を描き、2つの曲線の交点で約定価格を決定します。シングルプライス・オークションのうち、入札時に他人の入札価格が見えないものをブラインド・シングルプライス・オークションといいます。

• 人工光合成

太陽光を利用し、水と二酸化炭素から水素と酸素を作る次世代技術。植物の光合成になぞらえてこう呼ばれます。

• 新設

電力契約では、住宅などを新築して電気を引く場合の契約。電気工事業者が一般送配電事業者に対して手続きを行います。

• 新電力

従来の大手電力会社10社を除く、電力小売りを行う小売電気事業者のこと。電力の小売自由化によって生まれました。かつての「PPS（特定規模電気事業者）」は分かりにくいという理由で廃止され、2012年からこの名称が使われています。

• 新電力会社がなくなったり倒産した場合、電気が止まる？

電力会社が変わっても、送電網は今までと同じものが使われますので、電力の契約先によって電力の品質が変わるとか、突然停電が起きたりすることはありません。また、たとえ契約中の電力会社が倒産などでなくなった場合も、電力会社がバックアップして電気を供給し続けますので、電力が不足することはありません。

【す】

• 水素基本戦略

2017年12月に決定された、水素を新たなエネルギーとして活用する社会を実現するための戦略。水素社会を実現するため、水素の低コスト化、水素サプライチェーンの開発、再エネから水素への変換技術の実用化、水素発電の実用化、燃料電池車の商用化など10の条件の達成が掲げられています。

• 水素吸蔵合金

水素を、金属に吸収させて効率よく運搬するのに使う合金。水素は気体のままでは体積が大きく運びにくいですが、合金を使えば1リットル分の水素を1円玉3枚分くらいに圧縮できます。現在開発中。

• 水素社会

水素がエネルギーとして日常生活や産業でごく一般的に利用される社会。水素基本戦略で目標とされました。

●水素ステーション
水素燃料電池車（FCV）のために、水素を補給するスタンド。いわば、水素自動車にとってのガソリンスタンドです。全国に170ヶ所以上設置されています。

●水素燃料電池
水素発電を利用した電池で、水素をタンクに注入し、電池内に流して発電します。水素燃料電池車（FCV）や家庭用温水器に使われています。

●水素燃料電池車（FCV） ⇒FCV

●水素発電
水素と酸素を化合させて電力を生み出す発電方式。水素と空気を電解質に通して結合させます。廃棄物が水だけで温室効果ガスが発生しないため、原料の水素製造に再生可能エネルギーを使えば、クリーンなエネルギーとして利用できます。燃料電池として主に開発が進められています。

●スイッチング
需要家（一般の電力使用者）が、小売電気事業者を乗り換える（切り替える）ことです。

●スイッチング支援システム
需要家が電力会社を乗り換えたり廃止する時に伴う手続きなど（スイッチング、再点、廃止、需要家情報変更、アンペア変更）を自動化するシステム。OCCTO（電力広域的運営推進機関）が運営しています。スイッチング支援システムのおかげで、契約変更の手続きがスピーディになり、電力会社の多重契約などの混乱を防げます。

●水力発電
川やダムなどの高低差を利用して水を流し、水車を回して発電する方式。再生可能エネルギーの一種です。安定して発電できるので、ベースロード電源の一種とされています。ただ、大規模なものはダムなどの建設に時間とコストがかかるのがデメリットです。

●スポット市場（一日前市場）
日本卸電力取引所（JEPX）の電力取引を行う市場の一つ。翌日に受け渡す電気を、1日30分単位に区切った48商品に分割して取引します。締切は、受け渡し前日の10時までです。スポット市場はJEPXの取引額の98%を占めます。

●スマートグリッド
最新のIT技術を生かした、次世代型送電網のことです。リアルタイムで電力の必要量を把握し、電力の流れを供給側と需要側の両方から制御する技術を用いて、効率のよい発電や送電を行うしくみです。

●スマートシティ
IoTやAIの先端技術を活用して、都市全体をIT化し、都市の消費エネルギーを管理し、無駄のない効率的な市街を作り上げようとする試み。発電には再エネを取り入れ、住宅などはZEH化するなど、都市全体のエネルギー・マネジメントが図られます。

●スマートハウス
IoTやAIなどのIT技術を使って、家の中の電気機器、住宅設備などを結びつけ、エネルギー消費が最適で、しかも快適な暮らしが営めるようにコントロールされた住宅のことです。太陽光発電などの再生エネルギーや夜間電力、蓄電池なども利用して電気料金を減らしたり、生活に合わせてエアコンなどの温度を自動調節したり、さまざまなエネルギー・マネジメントを行います。

●スマートメーター

デジタル式の電力メーターです。通信機能を持ち、30 分に 1 回使用電力量を自動検針して、電力会社に送信します。従来はアナログ式で、担当者が決まった検針日に目で数値を検針していました。日本では 2020 年代早期にも全世帯に設置される予定です。

【せ】

●積算電力量計

電気の使用量を計測するための機器で、電力のメーターのことです。スマートメーターに置き換わる前のメーターの大部分が積算電力量計でした。一般家庭では、積算電力量計のうち、「アラゴの円盤」という回転する円盤で使用電力量を数値に変える「誘導型電力量計」がよく使われます。

●石炭

化石エネルギーの一種で、火力発電の燃料などに使われます。採掘量は 100 年程度ありますが、燃焼時に二酸化炭素など温室効果ガスを大量に排出するため、燃料としての使用を止める動きが広まっています。

●石炭ガス化複合発電（IGCC）

石炭火力発電の一種で、石炭を細かく砕き、ガス状にして炉で燃焼させて発電する方式です。IGCC は「Integrated coal Gasification Combined Cycle」の略称です。コンバインドサイクル発電と組み合わせ、まずガス状にした石炭を熱してガスタービンを回転させて発電。さらに排熱で水を沸騰させて蒸気を発生させ、蒸気タービンを回して発電します。IGCC は効率が非常によいので研究が進められています。

●責任分界点

電力会社の送電線・電線で敷地内に電気を引き込む場合の、保安上の責任を分ける点。装置に事故などが発生した場合に、責任の所在が電力会社か需要家のどちらにあるかを区分する点のことです。

●石油

化石エネルギーの一種で、油田から採掘後、ガソリン、ナフサ、軽油、灯油などに精製されます。発電用エネルギーとしても使われますが、価格が高く、燃焼時に二酸化炭素などの温室効果ガスを大量に排出するなどの理由で、発電用の使用は一部に限られています。

●接続供給

託送供給のうち、送配電事業者が、電気を自社エリア内の発電所から自社の送配電ネットワークを使って、自社エリア内の需要家に送り届けることです。

●設備容量

発電設備の単位時間あたりの発電能力のこと。100%能力を発揮した場合の発電能力を指します。「定格出力」ともいいます。また、設備がどれくらいの電力を消費するかの容量も「発電容量」といいます。

●設備利用率

発電設備が、どれくらい利用されているかを示す率。設備容量（発電設備の 100%の出力）に対する発電電力量の比率です。

●ゼロ・エミッション

廃棄物を有効に活用することにより、全体として廃棄物を出さない循環型の社会システムのことです。

●ゼロ・エミッション火力

発電時に二酸化炭素を排出しない火力発電のこと。水素やアンモニアを燃料として使うことが考えられます。

●ゼロカーボン・シティー

2050年までに二酸化炭素の実質排出量ゼロを目指すことを首長または自治体が公表した地方公共団体。日本の環境省が推進しています。

●全国大

日本全国で、全国規模で、というような意味。電力業界の業界用語です。

●全固体電池

電池に入れる電解質を従来の液体から固体にしたもの。電解質が固体であるため、液漏れ事故がなくなり、積層が可能です。また、大容量化が可能で、大きなパワーを得られ、充電時間も短くできるなど、多くのメリットがあります。次世代蓄電池として期待が集まっています。

●先進超々臨界圧石炭火力発電（A-USC）

最新の石炭火力発電の一種です。水を高圧力・高温にして発電するSC（超臨界圧石炭火力発電）方式のうち、蒸気温度が700度以上のもので、現在研究が進められています。

●選択約款

小売電気事業者が電力供給を行うにあたって、電気料金などの供給条件を定めたもの。時間帯別料金メニューや季節別メニューなど、「電力需要の平準化」に役立つメニュー料金などが記載されます。小売電気事業者が、需要家との間で契約を結ぶ時に提示されます。

【そ】

●ソーラー・シェアリング

⇒営農型太陽光発電

●総括原価方式

電気料金の決め方の一つで、自由化前の規制料金に使われていました。電力会社が電力を供給するのに必要とされる費用（営業費）に加え、予想される利益を足し、電力以外の収入を引いた総額を「総原価」とし、総原価が電気料金収入と一致するように電気料金を決める方式です。

●増設

電力契約に関する用語で、すでに契約しているのと同一の供給地点で、内線設備の増設を行うこと。電気工事業者から一般送配電事業者に手続きが行われます。

●早遅収料金制度

電気料金を早く支払えば料金が一定額安く（早収料金）、遅く支払えば一定額高くなる（遅収料金）という支払制度。現在は、延滞利息制度に変わりました。

●想定潮流の合理化

系統（送電線ネットワーク）の契約容量を、定格出力（発電できる最大限）でなく、実情に合わせた量に設定して、空き容量を増やす方法。これにより、新規に参入する発電事業者の不利をなくそうというもので、日本版コネクト&マネージの一つです。

●送電事業者

送電用の電気設備を使って、一般送配電事業者に電気の供給を行う事業者。電源開発送変電ネットワークなど3社のみが許可を受けています。

●卒（そつ）FIT

家庭用太陽光発電などの再生可能エネルギーのうち、自家使用で余った残りの電力は、FIT制度（固定価格買取制度）により、電力会社が比較的高い「固定価格」で買い取っています。この期限は家庭用太陽光で10年間。「卒FIT」とは、このFIT買取契約を満了した発電契約のことをいいます。期限を満了した発電者はFIT買取がなくなるため、買取価格が大きく下がります。

●卒FIT電源

FITの適用期間が終了し、現在はFITの適用を受けていない再エネの発電設備のこと。

●損失率

発電所で作られた電力が、需要家に供給されるまでに失われた率のことです。電力は発電所や送配電線、変電所、トランスなどにより減衰していきます。損失率が少ないほど、ロスが少なく効率よい送電ができます。

【た】

●ダイナミック・プライシング

市場価格と連動し、リアルタイムで変動する電気料金。ダイナミック・プライシングという用語自体は、季節や時間帯によって料金を変えるしくみ全体を指しますが、ここでは市場の動きに密接に連動する電気料金のことを指します。

●ダイナミック・レーティング

現在の送電容量は固定されていますが、それを動的に変化させて送電容量を増やすしくみ。送変電設備の状態を常に監視し、現地の気温や風速、電線の温度に合わせて電力の容量を変えて行います。

●ダイベストメント（投資撤退）

インベストメント（投資）の逆で、非道徳的・非倫理的な物件への投資を止めること。最近では、石炭や石油などの化石エネルギーによる発電所建設や産業に投資しないことなどが代表的。1980年代に人種差別政策をとった南アフリカ共和国のダイヤモンド産業に対するダイベストメントが知られます。

●太陽光発電

太陽電池により、太陽の光を電気エネルギーに変えて発電するしくみ。再生可能エネルギーの一種です。モーターなどの動く機器を使わないため故障が起きにくい、二酸化炭素や騒音・振動などを発生しない、小規模でも設置できる、などのメリットがあります。反面、昼間しか発電できない、コストが比較的割高などのデメリットもあります。

●太陽熱発電

太陽の光を鏡で集光器に集め、その熱で水を沸かして水蒸気を作り、タービンを回して発電する方式。再生可能エネルギーの一種です。太陽光が強い亜熱帯・熱帯地域で採用されています。

●託送供給

小売電気事業者が調達した電力を、一般送配電事業者が、自社の送配電ネットワークを経由して需要家に送ることです。

●託送供給等約款

小売電気事業者が、一般送配電事業者の送配電ネットワークを使って電力供給を行う場合の、料金や必要な条件を定めたものです。小売電気事業者が送配電事業者との間で結びます。

●託送料金

「電気を発電所から利用者（需要家）まで送配電するためにかかる費用」のことで、小売電気事業者が一般送配電事業者に支払う料金です。需要家の電気料金に上乗せされ、料金の30～40%にもなります。

●脱炭素化

地球温暖化の原因となる二酸化炭素などの温室効果ガスの排出を防ぐため、石炭・石油・天然ガスなどの化石エネルギー利用からの脱却を目指すこと。太陽光・風力などの再生可能エネルギーの活用が求められます。

●脱炭素先行地域

2030年度までに家庭やオフィスビルなどで、消費電力を再エネ100%でまかなうことを目指す地域。環境省が選定し、1自治体あたり5年間で最大50億円を交付します。2022年には26自治体が選ばれ、25年度までに100ヶ所を選ぶ予定です。

●炭素税

会社や家庭などに対して、排出した二酸化炭素1トンにつきいくら、と課せられる税金。1990年にフィンランドで始まりました。日本でも2012年から「地球温暖化対策税」という形で実施され、二酸化炭素1トンあたり289円の税金がかけられています。

●炭素負債

企業が活動によって、周辺環境に及ぼしている二酸化炭素排出の損失、費用、負荷などをいいます。現在だけではなく、将来的な負債も含まれます。

【ち】

●地域・エネルギー・マネジメント・システム（CEMS） ⇒CEMS

●地球温暖化対策税

わが国の税金で、石油・天然ガス・石炭など化石燃料の利用に対して二酸化炭素排出量に応じた広く公平な負担を求めるもの。2016年4月からは二酸化炭素排出量1トンあたり289円の税金がかかり、1家庭あたり月1,200円程度の負担があると試算されています。

●蓄電池

電気を充電し、貯めておける電池。分散型電源の登場で需要が増加しており、それにともなって、大型化・軽量化が進んでいます。リチウムイオン電池などが主流です。

●地熱発電

温泉地や火山地帯などの地下にある熱源を利用して蒸気を発生させ、タービンを回して発電する方式。再生可能エネルギーの一種です。二酸化炭素の発生が少なく、季節や昼夜を問わず安定した電力が得られるなどのメリットがある反面、開発に費用と時間がかかり、長期間にわたると徐々に熱源が衰えてくるなどのデメリットがあります。

●中小水力発電

発電容量が3万kW未満の小規模な水力発電で、FIT制度（固定価格買取制度）の対象になります。大規模なダムなどを設けず、河川から引き込んだ水路や用水路に発電機を設置するなどの方法があります。発電容量3万kW未満が中規模水力、1,000kW未満が小水力となります。

●柱上変圧器（トランス）

電柱の上に設けられた変圧器。変電所から電線を通って送られてくる6,600Vの交流電力の電圧を100、200Vに変換して家庭に送ります。

●長期固定電源

水力、原子力、地熱など、一定の出力を常に出し続け、細かい出力制御が困難な電源。優先給電ルールでは、制御の順番が最後になります。

●調整電源

需給バランスを調整するために、一般送配電事業者が確保する電源。

●調整力

電力の需給バランス調整を行うために必要な電力。小規模な発電機や蓄電設備、需要家側で節電などを行うデマンド・レスポンスなどが含まれます。こうした調整力は、調整力公募で一般送配電事業者がエリア内から調達していましたが、エリアを越えた取引を行う需給調整市場に移行しつつあります。

●調整力公募

一般送配電事業者が、電力の需給バランス調整を行うために、エリア内で必要とする調整力（発電機や蓄電池、デマンド・レスポンス＝需要家側で節電などをして需要量を調整すること）を、一般に広く募集すること。需給調整市場に移行しつつあり、2024年にはすべての公募が市場に移行する予定です。

●超々臨界圧石炭火力発電（USC）

最新の石炭火力発電の一種です。水を高圧力・高温にして発電するSC（超臨界圧石炭火力発電）方式のうち、蒸気圧が22.1MPa（メガパスカル、1MPa＝約10気圧）以上で、蒸気温度が566度以上のものをいいます。

●潮力発電

海の中にタービンを沈め、潮の満ち引きで起きる流れを利用して発電を行う方式。再生可能エネルギーの一種です。満潮時の水を貯水池に貯めておき、干潮時の水位差を利用して放水して発電するなどの方法があります。ヨーロッパや韓国などで実施例があります。

●超臨界圧石炭火力発電（SC）

「超臨界圧ボイラー」を使って水を高圧・高温にし、少ない燃料で効率よく蒸気を発生させ、蒸気でタービンを回して発電を行う方式です。SCは蒸気圧が22.1MPa（メガパスカル、1MPa＝約10気圧）以上で、蒸気温度が566度未満のものをいいます。旧式のため、2030年までに大部分が休廃止されます。

●直流（DC）

電気が導線を流れる時、その向きと大きさや、電気が流れる強さが変わらないものをいいます。電池などを導線につなぐと流れる電気が直流です。発電は直流で行われ、送配電は交流、電気機器で使われる電気は直流です。それぞれ変換して使われます。

【て】

●低圧

電力の契約区分の一つで、契約電力が50kW未満のものをいい、主に一般家庭用などに供給されます。低圧では、電気は電柱の柱上変圧器を通り、100V・200Vに変圧されて家庭に届きます。各家庭では、コンセントを差せば電気がそのまま使えます。

●定格出力

⇒設備容量（発電機の場合）

●定額電灯

電気料金の一種で、店の電子看板や、マンションの廊下のような共用部分の照明など、ごく小さく限られた照明・小型機器向けに安い料金で利用できる契約です。1灯・1機器ごといくらの契約となります。

●定額料金制

一定の電力を使用するまでは料金が同じという料金メニューです。決められた電力量を超えれば、超過分は1kWhあたりの単価×超過分の使用電力量が追加されます。

●テイク・オア・ペイ契約（条項）

LNGの長期契約で定められる規定。買い手の引き取り量が当初の契約より減った場合でも、契約した分の代金を支払わなければならないとするものです。LNGはガス田開発にお金がかかり転売も難しいため、売り手保護のために設けられています。

●手検針

需要家の家にあるアナログ式の電力メーターを、検針員が目で確認して記録すること。自動検針で通信機能を持つスマートメーターの導入で、手検針は減少しつつあります。

●撤去

屋内の電気設備工事を伴う電力供給の停止。たとえば家の解体などで電力を止めること。

●デマンド・コントロール

需要家が、最大需要電力を超えないように使用電力量を調整することです。最大需要電力は30分の使用電力量の平均値を計算したものですから、ピーク時に最大値を超えそうになったら、すぐに節電すれば使用量を低く抑えられます。デマンド・コントロールでは、使用電力量が一定の値を超えたら警報が鳴る監視装置などを使い、使用電力量を抑えます。

●デマンド値

電力を30分ごと（各時間の0～30分、30～60分）に区切って測った「平均電力」のことです。このデマンド値の中でも、1日や1ヶ月で最大のものを「最大デマンド値」といいます。

●デマンド・レスポンス（DR）

電力需要がひっ迫して電力が足りない時や逆に余った時、需要家側で使う電力を増減させて、需要を調整すること。節電した分の電気料金を、使った分と同じにみなして、需要家にお金で支払う「ネガワット取引」などを活用します。

●デュアルフューエル式発電機

都市ガスと液体燃料（灯油など）を併用して使える発電機。停電など非常用の電源として利用されます。

●電圧（単位：V、ボルト）

電流を流そうとする圧力のことです。単位はV（ボルト）で示します。

●電気事業法

電気事業の運営を適正に行うため、電気を供給する事業について定められた法律。日本の電気事業のおおもととなる法律で、昭和39（1964）年に制定されました。

●電気事業連合会

日本の電気事業を円滑に運営していくことを目的に設立された、大手電力会社10社の連合会。北海道電力、東北電力、東京電力ホールディングス、中部電力、北陸電力、関西電力、中国電力、四国電力、九州電力、沖縄電力が会員です。

●電気自動車（EV） ⇒EV

●電気需給約款

小売電気事業者が、電力供給を行うにあたって、電気料金などの供給条件を定めたもの。小売電気事業者が、需要家との間で契約を結ぶ時に提示されます。

●電気主任技術者

高圧契約を結んでいる施設の定期的な保守点検や修理を行う技術者資格です。需要家が電力会社と高圧・特別高圧の契約を結ぶ場合、電気主任技術者を選定しなければなりません。

●電気の見える化

需要家が自宅の使用電力量を、ネット上などで確認できるサービスです。スマートメーターの導入で、使った電力が30分に1度グラフ化されるため、何時ごろに電気を使いすぎたとか、何を使った時に電気を多く消費したかなどを目で見ることができ、省エネに役立ちます。

●電源

発電所などの、電気を供給するもとのこと。電力業界では発電所のことをいいます。「電源構成」というと、発電で使われる各種エネルギーの比率のことを指します。

●電源開発促進税

発電所などの建設にかかる費用で、一般送配電事業者に課される税金です。託送料金に加算されて、最終的に需要家の負担となります。

●電源構成

発電で使われるエネルギーの比率のことです。「日本の2018年の電源構成は天然ガスが38.3%、石炭が31.6%…」のように使われます。

●電源三法

1974年に制定された、「電源開発促進税法」「特別会計に関する法律」「発電用施設周辺地域整備法」の3つの法律の総称。発電所の建設を、地元住民の理解を得ながら、円滑に進められるよう制定されました。

●電源三法交付金

電源三法にもとづき、発電所が建つ地域に利益が十分還元され、振興・発展するように定められた制度。立地地域の道路などのインフラや学校・病院施設の建設、地場産業の発展などのために交付されます。主に原子力施設などが対象です。

●電源証明型FIT証書

電源の種類や産地が分かるようにした証書。将来的な導入が目指されています。

●電源接続案件一括検討プロセス

電源接続案件募集プロセスと同じく、系統連系を希望する事業者が、増強工事が必要な場合、近隣の案件も含めた対策を立て、増強工事費を共同負担することで、効率的な系統整備等を行うための手続きです。2020年10月から、募集プロセスを引き継ぐ形で、特別高圧を対象に開始されました。募集プロセスと違う点は、工事負担金の制限がないことや入札が廃止されたことなどです。

●電源接続案件募集プロセス

系統連系を希望する事業者が、発電設備の接続申込を一般送配電事業者にした場合、増強工事が必要であるのに単独ではコストが高額になったり非効率的なケースがあります。そこで近隣の案件を含めて対策を立て、増強工事を共同負担して効率的な系統整備を行うための手続きです。2016年に主に特別高圧を対象に制定されましたが、電源接続案件一括検討プロセスに引き継がれました。

●電制装置

落雷などの事故の時に、電源を瞬時に遮断する装置。N-1電制（緊急時用に確保している送電線の一部を普段から利用するしくみ）で活用されます。

●電灯契約

電力会社の低圧契約の一種です。「電灯」とは、家庭用のコンセントで流れる交流電気のことで「単相２線」「単相３線」式電気について結ぶ契約です。家庭用の100Vの電灯や家電、またIH機器などの200Vの電気機器を動かすのに使われます。

●電動車

電気のみで走行する電気自動車（EV）に加え、ガソリンと電気両方で動くハイブリッド自動車（HV）、プラグイン・ハイブリッド自動車（PHV）、水素燃料電池で動く水素燃料電池車（FCV）の総称です。日本では、脱炭素化に「電動車」への移行が語られますが、欧米ではEV（電気自動車）にはHV、PHVが含まれませんので、注意が必要です。

●電流（単位：A、アンペア）

電線などの中を、電気が通る時の大きさです。単位はA（アンペア）で示します。

●電力（単位：W、ワット）

電気を使って仕事をする力の大きさです。単位はW（ワット）で示し、1時間に1kWの仕事をすることを1kWh(キロワットアワー)で示します。1秒間に1J（ジュール）の仕事が行われる時の仕事率が1Wです。

●電力・ガス取引監視等委員会

2015年に設立された、電力とガス・熱に関して正常な取引が行われるよう監視したり、ルール整備をする組織です。電力とガスの自由化に先立ち、多くの新規業者が参入することを想定して設立されました。主な業務は市場取引の監視と実効性のあるルール整備です。

●電力系統利用協議会（ESCJ）

送配電事業を公正に運用するためのルールを決め、監視を行う協議会。2003年に設立されましたが、2015年に電力広域的運営推進機関（OCCTO）に業務が引き継がれ、解散しました。

●電力広域的運営推進機関（OCCTO）

2015年に発足した組織で、災害時でも電力の安定した供給を行えるよう、全国レベルでの電力の需給を調整・整備するために作られました。OCCTOは、需給計画・系統計画をまとめ、地域間連系線などの送電インフラを増強し、エリアを越えた全国レベルで系統だった電力運用・調整などを業務として行います。また、災害時にはエリアを越えて電源の焚き増しや電力融通を指示し、調整を行います。その他の業務には、需要家のスイッチングや再点などを行う「スイッチング支援システム」運用があります。

●電力小売自由化

これまで大手電力会社10社に限られていた電力の小売販売を、登録を行えば誰でも販売できるように定めた制度。2000年4月の特別高圧区分の自由化に始まり、2016年4月から一般家庭などで使われる低圧区分が自由化され、全面自由化となりました。小売自由化により、さまざまな事業者が参入して競争が行われ、より多様な料金メニューやサービスが選べるようになると期待されています。

●電力先物市場

日本取引所グループ（JPX）の東京商品取引所が、電力価格のリスクヘッジツールとして2019年に創設した市場。現物の数ヶ月先のスポット価格を予想して取引を行います。急激なスポット価格の変動に対処することで、電気事業者の経営の安定に役立つことが期待されています。

●電力システム改革

東日本大震災時に大規模な電力不足が起きた教訓から、国をあげて電力供給のしくみを全面的に見直す取り組み。３段階に分けて改革が行われました。《第１段階》2015年に電力の広域的な運用を司る「電力広域的運営推進機関（OCCTO）」発足。《第２段階》2016年の小売電気事業の全面自由化。《第３段階》2020年の発電事業と送配電事業を法的に分離する「発送電分離」。

●電力需給ひっ迫警報

電力の予備率が3％を下回ると予想される時や実際に下回った時に、大規模停電を防ぐために発せられる警報。ひっ迫が予想される前日16時をめどに、資源エネルギー庁が発令します。2012年開始ですが、2022年３月22日に初めて発出されました。

●電力需給ひっ迫準備情報

エリア内の電力の予備率が5％を下回ると予想される時に、大規模停電を防ぐために発せられる準備情報。ひっ迫が予想される前々日18時をめどに、各エリアの一般送配電事業者が発令します。2022年に新設されました。

●電力需給ひっ迫注意報

電力の予備率が5％を下回ると予想される時に、節電を呼びかけ大規模停電を防ぐために発せられる注意報。ひっ迫が予想される前日16時をめどに、資源エネルギー庁が発令します。2022年に新設されました。

●電力取引報

電力・ガス取引監視等委員会が電力取引の監視に必要な情報を、電気事業者や日本卸電力取引所から収集し、結果を公表している報告書。「取引報」ともいいます。月ごとに発表されます。

●電力難民

契約していた電力会社が倒産したり、事業を停止したなどのため、電力契約ができなくなった企業や個人のこと。

●電力融通

電力供給のひっ迫時に、電力が余っている他のエリアや他の電力会社から供給を受けること。

【と】

●東京電燈株式会社

日本初の電力会社。明治19（1886）年に東京市芝で創業。後に統合などが行われ、東京電力のもとの一つとなりました。

●当日市場（時間前市場）

日本卸電力取引所（JEPX）の電力取引を行う市場の一つ。当日に受け渡す電気を、1日30分単位に区切った48商品に分割して取り引きします。締切りは受け渡し当日の1時間前までです。スポット市場で不足した、あるいは余剰の電力が取り引きされます。

●投資撤退（ダイベストメント）

⇒ダイベストメント

●同時同量

電気を作って流す量（供給）と使う量（需要）を常に同じに保つ原則。同時同量が守られないと電力の周波数などが乱れ、停電の原因になったりします。

●動力契約

電力会社の低圧契約の一種です。「動力」とは「3相交流」電気を使うために結ぶ契約のこと。主に工場などの交流電動機（モーター）を動かすのに使われるので、こう呼ばれます。

●特定規模電気事業者（PPS）

2000年の電気事業法改正によって創設された、電気事業者の分類の一つ。大手電力会社10社を除く電気の小売事業者のことで、後に「新電力」と名称が変わりました。2016年の電気事業法改正で事業者の分類が変わったため現在は使われておらず、今は「小売電気事業者」に移行されています。

●特定送配電事業者

電車の線路や工場など一般とは異なる特定の地点に、自前の送電設備を使って電気を供給する事業者のこと。

●特別高圧

電力の契約区分の一つで、受電電圧が2万Vを超え、さらに契約電力が2,000kWを超えるものです。大規模な工場などに供給されます。

●独立系発電事業者（IPP）

「Independent Power Producer」の略で、独立系の名の通り、自社で所有する発電設備で作った電力を、電力会社に販売する事業者のことです。日本では1995年の電気事業法改正により誕生しました。国内のIPPは、風力発電や太陽光発電などの再エネ企業の他、石油会社や製鉄会社が自社工場の発電施設で事業を行うケースなどがあります。

●土壌炭素貯留

農地などにたい肥などを施して土づくりを行うことで、有機物を土壌に貯蔵する技術。二酸化炭素の貯留量が放出量より多い場合に、土壌炭素貯留となります。

●トランス（変圧器、柱上変圧器）

⇒変圧器、柱上変圧器

【な】

●ナトリウム・硫黄（NAS）電池

負極にナトリウム、正極に硫黄を使った蓄電池。大容量化が可能なため、再エネ発電所の蓄電設備など大型施設に使われます。

●鉛蓄電池

電極に鉛を用いた蓄電池。19世紀に発明された古くからある蓄電池で、自動車のバッテリーなどに使われています。

【に】

●二酸化炭素貯留・回収技術（CCS）

⇒CCS

●二酸化炭素貯留・利用・回収技術（CCUS）

⇒CCUS

●二次調整力①

需給調整市場で取引される調整力の一つ。応動時間5分以内で、継続時間は30分以上、回線は専用線です。最低入札量は5MW。短周期成分に対する調整力です。

●二次調整力②

需給調整市場で取引される調整力の一つ。応動時間5分以内で、継続時間は30分以上、回線は専用線です。最低入札量は5MW。長周期成分に対する調整力です。

●ニッケル水素電池

正極にニッケル酸化化合物、負極に水素や水素化合物を使った蓄電池。単3・単4といった小型電池や携帯電話、ハイブリッド自動車のバッテリーに使われましたが、最近ではより大容量にできるリチウムイオン電池にその座を奪われています。

●日本卸電力取引所（JEPX）

電力の売買を行える日本初の卸電力取引市場です。JEPXは「Japan Electric Power eXchange」の略です。2003年に設立され、2005年から取引を開始しました。現在JEPXでは、スポット市場、時間前市場、先渡市場、分散型・グリーン売電市場などが開かれています。

●日本版コネクト＆マネージ

系統接続（電気を流すために送電線ネットワークに接続すること）の制約を解消して、新しく参入した発電事業者（主に再エネ）の送電による不都合をなくすためにルール改正や改善を行うこと。イギリスで行われた「コネクト（接続）＆マネージ（管理）」の手法の日本版。想定潮流の合理化、N-1電制、ノンファーム型接続などの方法がとられています。

【ね】

●ネガティブ・エミッション

「負の排出」ともいいます。DAC（二酸化炭素を空気から直接回収する技術）や土壌炭素貯留、ブルー・カーボン、植林などによる吸収、CCSなどを組み合わせ、正味として二酸化炭素排出量をマイナスにする技術のことです。

●ネガワット

需要家が節約して余った電力を、発電したものと同じとみなし、取引する考え方。「ネガ」という言葉通り、負の電力といった意味の造語で、1990年にアメリカで提唱されました。最近では、デマンド・レスポンスの手法として活用されようとしています。

●ネット・ゼロ・エネルギー・ハウス（ZEH）

⇒ZEH

●燃料費調整制度

電気料金のコストのうち、発電にかかる燃料費の価格変動を調整するしくみです。発電エネルギーの多くは石油・LNG・石炭燃料でまかなわれますが、これらは海外からの輸入がほとんどのため、毎月、取引価格が変わります。そこで、燃料価格の上下に合わせて電気料金を変えるしくみです。燃料費調整額は、燃料価格の3ヶ月平均値（平均燃料価格）にもとづき、2ヶ月後に電気料金に反映されます。

【の】

●農事用電力

農作業のかんがい排水用や脱穀用、誘蛾灯用などの機器を動かすために契約する電気料金メニューです。日数計算になっているなど、農作業に適した料金設定になっています。

●ノルド・プール

1996年にノルウェーがスウェーデンと電力市場を統合して生まれた、世界初の国際共同電力市場です。現在は、北欧4ヶ国の他、イギリス、ドイツ、バルト3国など9ヶ国が加盟しています。

●ノンファーム型接続

系統（送電線ネットワーク）で送れる電力を増やす方法の1種。発電事業者が、系統に接続する容量を決めずに、そのつど送電線の空きを見て接続を行うという方法です。送電線の混み具合によっては遮断が行われる可能性があります。日本版コネクト&マネージの一つ。

【は】

●バーチャルPPA

オフサイトPPAのうち、発電事業者（PPA）と環境価値のみを取引する方式。発電事業者は電力を市場に売り、需要家は小売電気事業者から電力を購入します。ただバーチャルPPAでは、あらかじめ固定価格を設定しておき、市場価格との差額を精算します。そして再エネ発電の環境価値（証書）のみが需要家に渡されます。

●ハーバー・ボッシュ法

アンモニアを作る方法の一つで、現在の主流。鉄を触媒にし、水素と窒素の混合ガスを高温高圧（400～600度、100～300気圧）で加熱して反応させます。

●バイオ炭

有機物を熱分解して炭化し、土に埋めることで炭素を固定する技術。書くと難しいですが、木炭や竹炭、もみ殻を炭化したもので、土に埋めて肥料にするものをいいます。近年、世界的に注目されています。

●バイオマス発電

製材所の廃材や木質ペレットを燃やしたり、生ごみや家畜の糞尿から出るメタンガスを燃やすなど、バイオ燃料を活用して発電する方式。再生可能エネルギーの一種です。廃棄物などの再利用や減少につながり、地域環境の改善に役立ちますが、バイオ資源の収集にコストがかかります。

●廃止

屋内の電気設備工事を伴わない電力供給の停止のことです。引っ越しで電気を止める場合がこれにあたります。

●賠償負担金

東日本大震災時の福島第一原子力発電所事故の損害賠償額2.4兆円を40年で返済するために課されたお金。一般送配電事業者の託送料金に含められ、最終的に需要家が負担します。

●ハイブリッド自動車（HV） ⇒HV

●廃炉円滑化負担金

原発の廃炉にかかる費用で、一般送配電事業者の託送料金に加算されて、最終的に需要家の負担となります。

●発送電分離

電力会社の送配電部門の事業を分離し、別会社とすることです。電力システム改革の一環として、2020年に法的な分離が行われました。発送電分離によって、送配電部門を持つ会社が自社に有利な取引などをできなくなり、中立・公平性を高められます。

●発電事業者

発電所を所有して発電を行う事業者。発電設備の容量が1,000kW以上で、供給電力の合計が1万kW以上であり、年間の発電電力量の5割以上を系統に送電していることが要件です。

●発電電力量

発電設備が、ある時間に供給した電力の総量。設備容量と設備利用率を掛けたものに時間数を掛ければ算出できます。年間発電電力量（kWh／年）＝設備容量（kW）×設備利用率（％）×年間時間数（24時間×365日）

●発電容量

⇒設備容量

●バランシング・グループ（BG）

複数の小売電気事業者が共同で一般送配電事業者と契約を結び、グループ全体で同時同量を達成するしくみ。小規模の小売電気事業者1社では、同時同量を達成するのが難しいため行われています。

●パリ協定

2015年にフランスのパリで開催された「第21回　国連気候変動枠組条約締約国会議(COP21)」で採択された温室効果ガス削減に関する枠組みのこと。「世界の平均気温上昇を産業革命以前に比べて2度より十分低くし、1.5度に抑える努力をする」と定め、そのために温室効果ガスの排出をできるだけ削減することが定められました。

●波力発電

波の上下動をジャイロなどで回転力に変えて発電する方式。再生可能エネルギーの一種です。発電コストが高いため、実験段階にとどまっています。

●パワー・コンディショナー（PCS）

PCS（Power Conditioning System）ともいい、太陽光発電などで発電された直流の電気を交流に変換する装置。発電した電力を家庭でも使えるようにしたり、電力会社へ売電するために使われます。

●パワー・ツー・ガス（P2G）

水素を再エネによる発電で作り、クリーンなエネルギーとして貯めておき、後で水素発電に使う方法。水素を蓄電用に使う考えです。太陽光発電などは、昼間しか電気を作れませんが、P2Gを行うと電気を長く保管することができます。

【ひ】

●非FIT証書（非FIT非化石証書）

卒FIT電源や非FIT電源、大型水力、原子力を由来とする電力に付与される証書。卒FIT電源、非FIT電源、大型水力を由来とする「再エネ指定あり」と、原子力を由来とする「再エネ指定なし」に分けられます。非FIT非化石証書ともいいます。高度化法義務達成市場で取り引きされます。

●非FIT電源

FITの適用を受けていない再エネの発電設備のこと。

●ピークカット

真夏など使用電力量の増えるピーク時間に、使用電力量を削減（カット）して電力負荷を下げる手法のことです。一例として、ピーク時間には太陽光パネルなど自家発電設備を利用し、電力会社からの電力を減らすなどの方法があります。

●ピーク時間

電力需要が最大になる時間帯のことです。エアコンの利用が増大する真夏の昼間などが、ピーク時間にあたります。

●ピークシフト

真夏などのピーク時間に使用電力量を抑える節電手法の一つで、電力使用がピークになる時間をずらす方法です。たとえば、ピーク時間の電気料金を高くして需要家が電力を使わないように誘導するとか、蓄電池で料金が安い夜の間に電力を貯めておき、ピーク時間に使って使用電力量を減らすなどの方法があります。

●ピーク電源

発電コストは高いものの、焚き増しなどの発電量調整がしやすいため、夏場のように使用電力量のピークとなる時間に補助的に使われる電源。石油火力や揚水式水力発電がこれにあたります。

●ヒートポンプ

エアコンや冷蔵庫に使われる「ものを冷やす（または温める）」原理（方式）です。低温で蒸気に変わる液体などの「気化熱」を利用し、温度の低い場所から高い場所へ熱を移動させます。ヒートポンプの原理は、エアコンの冷暖房や冷蔵庫に使われています。

●非化石価値取引市場

日本卸電力取引所（JEPX）にあった、電力取引を行う市場の一つ。化石エネルギーを使わず発電された電力の付加価値を「非化石証書」として売買する市場でした。2021年に「再エネ価値取引市場」と「高度化法義務達成市場」に分割されました。

●非化石証書

太陽光などの再エネや大規模水力、原子力などの非化石エネルギーで作った電力の付加価値を証書にしたもの。石炭などの化石エネルギーで作った電力に非化石証書を足すと、非化石エネルギーで作った電力と同等にみなされます。証書には再エネで作った電力による「FIT非化石証書（FIT証書）」、FITが終了した電源や大型水力で作った電力による「非FIT（再エネ指定あり）非化石証書」、原子力などによる「非FIT（指定なし）非化石証書」があります。

●非化石電源

太陽光などの再生可能エネルギーや大規模水力、原子力などをエネルギーとした発電。すなわち、石炭などの化石エネルギーを使わない発電のこと。

●引込線

電柱を通っている電線（架空電線路）から、一般家庭の軒先にある屋内配線の引込線取付点までを結ぶ線のことです。引込線取付点が電力会社の設備と各需要家の設備の境目となります。引込線取付点までの工事は電力会社が行います。

●皮相電力

発電所から送り出されたすべての電力のことです。皮相電力^2＝有効電力^2＋無効電力^{2}の式が成り立ちます。

●ビル・エネルギー・マネジメント・システム（BEMS） ⇒BEMS

●日割計算

月の途中に契約を始めたり、解約したり、料金メニューを変更する場合、電気の使用日数を、予定された1ヶ月分の日数で割って料金を算出します。これを「日割計算」といいます。

【ふ】

●プール市場

卸電力市場の一種で、その代表的なものです。発電事業者（売り手）が、相手を選ばず電力を市場に売り、市場では買い手がその電力を取引価格だけを見て買うシステムです。プール市場では、発電事業者の入札価格に合わせ、安い順に買い手（小売電気事業者）がつくはずなので、市場原理が導入され、電力価格が低下しやすいメリットがあります。

●フィジカルPPA

オフサイトPPAのうち、需要家が発電（PPA）事業者と、電力と環境価値の両方を売買するもの。発電事業者が、環境価値（証書）と電力を小売電気事業者を介して、需要家に売ります。

●風力発電

大型の風車で風を受けて羽根を回し、発電する方式。再生可能エネルギーの一種です。羽根が縦に立った垂直軸型と、プロペラのような水平軸型があり、後者が主流です。海外では海上に風車を設置した洋上風力が増えています。日本では陸上風力が多いですが、洋上風力発電も積極的に増やす予定です。

●負荷設備契約

低圧電力の契約容量の決め方の一つ。機械や空調などの設備容量の合計に係数を掛けて契約容量を決めます。

●負荷追従運転

発電所の出力を、需要する側（負荷側）の要求に応じて調整する方式。原子力発電で主に使われる用語です。

●負荷率

ある一定期間における、最大需要電力と平均電力の比率を示したものです。高圧の電気料金などは、過去の最大需要電力を目安に契約電力が設定される場合が多いので、ピーク時の最大需要電力が高く、普段使う平均電力が低いと料金が割高になります。新電力企業には、大手電力会社の負荷率の低さをカバーする形で、より割安な料金プランを作っているところもあります。

●普通充電設備

EV（電気自動車）に充電する設備で、家庭用に使われる単相交流100V・200Vのコンセントを使います。充電スピードは、100Vでは1時間の充電でEVが10km走る程度、200Vの30分間充電で10km走る程度です。

●沸騰水型（BWR）軽水炉

原子力発電に使われる軽水炉の一種。原子炉の圧力容器内にある水を沸騰させ、発生した蒸気をそのままタービンまで送って回転させ、電気を発生させる方式です。放射性物質を含んだ水がタービンまで送られるデメリットがあります。

●部分供給

1件の需要家に1本の引込線を使い、複数の小売電気事業者が電力を供給すること。たとえば、毎日のベース供給は大手電力会社の電力を使い、夏のピーク時間など電力が増えた分は価格の安い新電力企業の電力を使って、コストを削減するといった利用をします。

●ブラインド・シングルプライス・オークション　⇒シングルプライス・オークション

●プラグイン・ハイブリッド自動車（PHV）

⇒PHV

●ブラックアウト

広大な地域の全域で起きる停電。日本では、2018年9月の胆振（いぶり）東部地震が原因で起きた、北海道全域の停電が史上初のブラックアウトです。

●振替供給

振替供給は、小売電気事業者が調達した電気を、送配電事業者が自社の送配電ネットワークを使って、別のエリアにある送配電事業者との会社間連系点まで届けることです。自社エリア内の発電所から電気を送る場合を「地内振替」、他社エリアの発電所から電力を中継して別エリアに送る場合を「中継振替」といいます。

●ブルー・カーボン（海洋肥沃）

海の生物の作用で、大気から海に吸収された二酸化炭素のこと。転じて、海に養分を散布することでプランクトンなどの生物を増やし、二酸化炭素の吸収量を増やすことも指します。

●ブルー水素

化石エネルギーを使って作る水素のうち、排出される二酸化炭素をCCSなどの方法で回収するもの。排出される二酸化炭素を回収せず放出するものは「グレー水素」、再エネを使って作る水素は「グリーン水素」といいます。

●ブロック入札

電力のスポット市場における入札方式の一つ。30分単位のコマを複数まとめて入札する方式で、入札量のどれか一つでも約定しないと全体が約定しないことになり、約定率低下に影響していると問題視されています。

●プロファイリング

電力の場合は、アナログメーターで計測した使用電力量を、30分単位の確定値の各コマに均等に割り振ること。

●分散型エネルギーリソース（DER）

大型蓄電池や電気自動車、家庭用の太陽光パネルなどの再エネ電源やコジェネレーション・システムなどの自家発電システムなど、地域に分散したエネルギー源のこと。デマンド・レスポンスなどで活用が期待されます。

●分散型・グリーン売電市場

自家発電設備やコジェネレーション発電設備、再生可能エネルギーによって発電された電力などの取引市場。日本卸電力取引所が用意した掲示板で売買のやりとりをします。

●分散型電源

自宅で行う太陽光発電のような、小規模の発電施設のこと。太陽光や風力、中小水力発電などの再エネをはじめ、ガスの排熱を利用して電力を生成するコジェネレーション・システム、水素を利用した燃料電池などが含まれます。

●分散検針

毎月の1日以外の各日に検針日を分散するものです。1日に検針が集中するのを避けるために設けられているもので、主に低圧契約の場合に採用されます。

【へ】

●ベースライン＆クレジット方式

温室効果ガスの排出量削減を行った時、削減をしなかった場合に比べた削減量をクレジットとし、クレジットを取引する制度のこと。カーボン・プライシングの一種。

●ベースロード市場

日本卸電力取引所（JEPX）の電力取引市場の一つ。2019年に創設。石炭火力、大規模水力、原子力、地熱などの安価で出力の安定したベースロード電源を、大手電力会社から供出させ、新電力企業でも入手しやすくした市場です。

●ベースロード電源

発電コストが安く、24時間安定して一定の電力量で出力できるタイプの電源です。石炭火力・原子力・大規模水力・地熱発電がこれにあたります。

●ペロブスカイト太陽電池

ペロブスカイト結晶という材料を使った太陽電池。薄いフィルムの上に材料を塗って使うことができ、壁に貼ることなども可能です。薄くて軽量で変形するような、効率もよい次世代の太陽電池を作ることができます。

●変圧器（トランス）

交流電力の電圧を変換して、高くしたり低くしたりする機器です。電柱に設置されているものは「柱上変圧器」と呼びます。

●変電所

電気の電圧を変える施設です。扱う電圧が高い順から超高圧変電所、一次変電所、二次変電所、配電用変電所などの種別があります。発電所で作られる1～2万Vの電気は、送電時の損失を減らすため、27万5,000～50万Vの高電圧にして流されます。それを変電所で徐々に低電圧に下げつつ、配電用変電所で6,600Vにまで下げて、電柱のトランス（柱上変圧器）を経て100、200Vまで減圧し、引込線から住宅に取り込みます。

【ほ】

●ホーム・エネルギー・マネジメント・システム（HEMS） ⇒HEMS

●ボルト（電圧の単位） ⇒電圧

【ま】

●マイクログリッド

再エネなどの分散型エネルギーの供給源と、消費する施設を持つ、小さなエネルギーネットワークのこと。大規模発電所の電力供給に頼らず、エネルギーの地産地消を目指すコミュニティのことです。

【み】

●未稼働問題（太陽光発電の）

太陽光発電事業者が、FIT登録を受けた後、長い期間たってもパネルを設置せず、発電を行わない問題。高い売電価格で先にFIT登録をしておき、太陽光パネルの値下がりを待って利益を増やす目的で行われます。現在は規制が進んでいます。

●ミドル電源

発電コストがベースロード電源に次いで安く、必要な電力量によってある程度出力の調整がつく電源。LNG火力発電などがこれにあたります。

【む】

●無効電力

発電所から送り出された電力のうち、実際に使われなかった電力のことです。無効電力は、発電所と需要家の末端の間を往復し続けます。

●無電柱化

電線を地中に埋設するなどして、路上から電柱をなくそうという試み。災害時に電線が切れたり、電柱が倒壊したりして、路上の通行が危険になったり、電力が途絶する原因をなくすよう、都市部を中心に整備が進められています。ただし莫大なコストがかかるデメリットがあります。

【め】

●メガソーラー

1,000kW以上の設備容量（発電容量）を持つ大規模な太陽光発電所。

●メガパスカル（MPa） ⇒MPa

●メタネーション

二酸化炭素と水素を化合させてメタンを作り、都市ガスの原料とする技術。環境に有害な二酸化炭素を取り除く技術の一つです。メタンは天然ガスの原料の90％を占めることから研究が進められています。

●メタン

無色の燃える（可燃性）気体の一種で、分子式はCH_4。温室効果ガスの一つで、二酸化炭素に次いで地球温暖化に影響を及ぼします。天然ガスの原料の90％を占めるため、最近では都市ガスの原料として再利用する研究が進んでいます。

●メタンハイドレート
メタンガスが水分子と結びついてできた氷状の物質。日本周辺の海底などに大量に存在し、圧力を下げると水と気体に分離することから、次世代のエネルギーとして期待されています。

●メリットオーダー
さまざまな発電所を運転コストの低いものから順番に稼働する方式。再給電方式の出力制御の方法として使われます。

【や】

●ヤードスティック制度
電力会社同士の料金を比較して、最も安い値をつけた会社の料金を基準とする制度。1995年の第1次電気事業制度改革で取り入れられました。

●夜間（深夜）電力
深夜など、消費が少なくなる時間帯の電力です。また、その時間帯の電気料金メニュー設定のことで、昼間より電気料金が安く設定されます。火力・原子力発電所は、発電量の調整を細かく行うことが難しいため、電力消費の減る夜間には電力が余り気味になります。そこで深夜電力を安く設定して、より効率的に電力を利用してもらうという考え方です。

【ゆ】

●有機薄膜型（OPV）太陽電池
有機半導体の薄膜を使って発電する太陽電池。2種の有機半導体を混合して作ります。有機半導体は溶剤に溶け、光の透過性も高いので、ビニールハウスなどのプラスチックに塗ったり、窓に塗布して使えるなどのメリットがあります。ただし変換効率が低いのが難点です。

●有効電力
発電所から送り出された電力のうち、実際に使われた電力のことです。使われなかったものを無効電力といいます。

●融雪用電力
寒冷地帯用の電気料金メニューで、冬季の道路の融雪や凍結防止用の電力設備を割安に使うために設定されています。

●優先給電ルール
発電量が増えて電力の供給が需要を上回り、供給制限をかける必要が出た場合、出力低下などの措置をとる電源の種類の順番。需給バランスを考慮して決められています。最初は揚水発電所の水の引き上げ、続いて火力電源の出力抑制、連系線を使っての他エリアへの電力供給、再エネ電源への出力制御の順になります。

●誘導型電力量計
電力を計量する積算電力量計の一種。電磁石に挟まれたアルミニウム製の円盤「アラゴの円盤」が電力を使った分だけ回転し、回転量によって使用電力量を計測するしくみです。電力メーターとして一般的でしたが、現在ではスマートメーターに置き換えられています。

●ユニバーサルサービス
誰もが状況に関わりなく、等しく利益を受けられる公共性の高いサービスのこと。電気やガス、水道、郵便、鉄道、通信などを指します。たとえば電気なら、コストが高くなる離島でも、割高なディーゼル発電機を使って、同料金で電力を供給するようなことです。

【よ】

●洋上風力発電

風力発電のうち、海上に風車を設置したものです。海底に基部を設ける着床型と、ブイのように浮かぶ浮体式があり、前者が主流です。海上は陸上に比べて風の強さが安定しており、騒音公害の心配もないなどのメリットがあります。ヨーロッパでは広く採用されており、日本でも今後開発が進む予定です。

●揚水式水力発電

水力発電の一種。高台と低地に貯水池を設け、夜間など電力が安い時間に下から上へポンプで水を揚げておき、電力が必要な時に上から下へ水を落として発電する方式です。一種の蓄電池として利用できます。

●溶融炭酸塩形燃料電池（MCFC）

水素燃料電池の一種で、電解質に溶融した炭酸塩を用います。発電効率が比較的高く、火力発電所などで使われます。

●容量価値

将来に必要とされるだろう電力の供給力、発電能力。容量市場で取り引きされます。

●容量市場

電力を取引するわけではなく、「発電所の将来提供できる電力容量（発電能力）」を取引する市場のこと。4年後に必要となるだろう電力の容量を売買します。一種の発電所保護の役割を果たし、採算の合わない火力発電所の設備の維持などに使われます。

●余剰電力買取制度

再生可能エネルギーの導入増を目指し、太陽光発電の余剰電力を電力会社が高い価格で買い取る制度。2009年にスタートし、2012年にFIT制度（固定価格買取制度）として拡大されました。

●予備電力

普段、電力供給をしている設備に事故が起きたり補修する時などに、不足した電力を予備の電線路で補給してもらう場合の料金メニューです。普段と同じ変電所から補給を受ける場合は「予備線」、違う変電所から補給を受ける場合は「予備電源」といいます。

●予備率（供給予備率）

電気は貯めておけないので、緊急時に需要の急増に対応するため、発電量に余力を持たせる必要があり、それを「供給予備力」といいます。供給予備率は予備力の比率。電力の周波数維持のためには3%以上、トラブル時などに停電を起こさないためには8～10%の予備率が必要とされます。

【り】

●力率

発電所から送り出された電力に対して、実際にどれくらいの電力が使われたかを示す比率です。実際に使われた電力を有効電力といい、使われなかったものを無効電力といいます。電力会社では電力が有効に使われるよう「力率割引」を設けています。たとえば力率が85%の場合、85%を超えれば基本料金が割引され、85%以下だと割増されます。

●リソース・アグリゲーター

アグリゲーターのうち、VPPの発電者や需要家と直接取引をして電力のコントロールを行う役目です。

●リチウムイオン電池

正極と負極の間をリチウムイオンが移動して充放電できる蓄電池です。高電圧で寿命が長く、携帯電話から電気自動車、家庭用蓄電池まで最も幅広く使われています。

●離島供給

一般送配電事業者に課せられた、離島への供給義務。離島では重油によるディーゼル発電などに頼らざるを得ず、発電コストが割高になります。そこで、離島への電気供給にかかる燃料費や人件費などの費用は、託送料金に含み、本土の需要家も含めて広く回収されます。

●りん酸形燃料電池（PAFC）

水素燃料電池の一種で、電解質にりん酸水溶液を使います。工場などのコジェネレーション発電装置などに使われます。

●臨時電力

1年未満の契約となる電力契約で、臨時で電力契約を結ぶなど、限られた期間だけ電力供給を行うものです。道路工事や建物の建設現場向きの契約です。

【れ】

●レジリエンス（強靭性）

「弾力」や「回復力」という意味で、電力では大災害の時、長期にわたる停電などが起きずにすばやく電力インフラが回復するよう、整備しておくことを指します。2020年6月に成立した「エネルギー供給強靱化法」でその概要が定められました。

●レドックスフロー電池

バナジウムなどのイオンの酸化還元反応を利用した電池。長寿命な上、常温で運転でき、大型化も可能なので、大型発電所や再エネ発電の蓄電システムに向いています。

●レベニューキャップ制度

託送料金の収入に、一定の上限を定めて、その中で柔軟に料金を決めることができるという制度。託送料金の適正化のため、2022年度のエネルギー供給強靭化法で導入されました。

●連系線

別々のエリア間（別々の電力系統）を結ぶ送電線や送電設備のこと。すなわち、一般送配電事業者が電力を供給する区域（エリア）の間を結ぶ送電線・設備をいいます。

【ろ】

●ローカル系統

11,000V以上の送変電等の設備で、基幹系統（上位2電圧）でなく、6,600V以下の配電設備でもないものをいいます。

●ローカル・フレキシビリティ

蓄電池などの分散型のリソースを制御することで、配電ネットワークに流れ込む電気の量を柔軟に調整できる能力のこと。この能力を取引するための市場がヨーロッパなどでは開催されており、日本でも検討されています。

●ローカル・フレキシビリティ市場

分散型リソースを制御し、ローカルな配電ネットワークに流れ込む量を柔軟に調整できる能力を取引する市場。ヨーロッパなどで行われています。

【わ】

●ワット（電力の単位）

⇒電力

参考資料等一覧

- 経済産業省 HP（https://www.meti.go.jp/）
- 資源エネルギー庁 HP（https://www.enecho.meti.go.jp/）
- 北海道電力株式会社 HP（https://www.hepco.co.jp/）
- 東北電力株式会社 HP（https://www.tohoku-epco.co.jp/）
- 東京電力ホールディングス株式会社 HP（https://www.tepco.co.jp/）
- 東京電力エナジーパートナー株式会社 HP（https://www.tepco.co.jp/ep/）
- 東京電力リニューアブルパワー株式会社 HP（https://www.tepco.co.jp/rp/）
- 東京電力パワーグリッド株式会社 HP（https://www.tepco.co.jp/pg/）
- 中部電力ミライズ株式会社 HP（https://miraiz.chuden.co.jp/）
- 北陸電力株式会社 HP（http://www.rikuden.co.jp/）
- 関西電力株式会社 HP（https://kepco.jp/）
- 中国電力株式会社 HP（https://www.energia.co.jp/）
- 四国電力株式会社 HP（https://www.yonden.co.jp/）
- 九州電力株式会社 HP（https://www.kyuden.co.jp/）
- 沖縄電力株式会社 HP（https://www.okiden.co.jp/）
- 西日本地熱発電株式会社 HP（https://www.nch-pg.co.jp/）
- 電力広域的運営推進機関 HP（https://www.occto.or.jp/）
- 国立研究開発法人 新エネルギー・産業技術総合開発機構（NEDO）再生可能エネルギー技術白書（https://www.nedo.go.jp/）
- 一般財団法人　エネルギー総合工学研究所（IAE）HP（https://www.iae.or.jp/）
- 一般社団法人　海外電力調査会 HP「各国の電力事情」（https://www.jepic.or.jp/）
- 一般財団法人　日本エネルギー経済研究所「令和３年度エネルギー需給構造高度化対策に関する調査等事業（諸外国のエネルギー政策動向、国際エネルギー統計及びエネルギー研究技術等調査事業）諸外国のエネルギー政策動向に関する調査報告書— 経済産業省資源エネルギー庁委託調査 —」（令和４年３月）
- 一般社団法人 日本卸電力取引所（JEPX）HP および取引ガイド（http://www.jepx.org/）
- 株式会社日本取引所グループ（JPX）HP（https://www.jpx.co.jp/）
- 一般社団法人 日本ガス協会 HP（https://www.gas.or.jp/）
- 国際エネルギー機関（IEA）HP（https://www.iea.org/）
- 株式会社帝国データバンク HP および資料（https://tdb.co.jp/）
- 岩谷産業株式会社 HP（http://www.iwatani.co.jp）　他

索　引

※頻出する用語については、代表的なページのみ掲載しています。

T

U

V

Z

あ

い

え

お

け

こ

さ

し

す

せ

そ

た

ち

て

ひ

ふ

へ

ほ

あとがき

2021年7月23日に初出版した『電力のキホンの本』。

出版直後に1度の増刷を経て、おかげさまで多くの人に手に取ってもらい、大変感謝しております。

電気を巡る電力業界は、日々、ニュースでよく取り上げられ、情報が変化しています。

そこで、初版での情報が少し足りないものとなってきました。最新の情報を盛り込んだ形で出版しようと社内で検討したのが、本書籍の「第2版」となります。

今回の刊行は、第三弾にインドビジネスとの関わりを執筆した書籍『左手でお尻拭けますか?』、それと第四弾の本書『電力のキホンの本 第二版』です。2023年7月23日に2冊同時出版いたします。

弊社の主力商品である電力顧客情報管理システム「PowerCIS」を導入していただいた小売電気事業者様は、北海道から沖縄まで延べ113社（2023年3月末時点）に上ります。初版発売時の2021年3月末時点で89社だったのが、この2年の間で24社増えました。ただ、報道等でもあるとおり、撤退や廃業、破産などが相次ぎ、実数としては微増に留まっています。

しかし、この混乱期にも業務を維持し、伸ばされている小売事業者様もおられます。また、ビジネスチャンスとして新たに参入してこられる事業者様もおられます。おかげさまで弊社のシステムを利用している需要家数は増加の一途を辿っており、弊社の責務はますます増大しています。

日々の情報や制度、知識のアップデート、新しい取り組みをシステムへ反映する必要性も増えてきています。

そこで、現在起こっている電力業界の変動について興味がある方や電力業界に足を踏み入れる方に、もっと電力のことを知っていただこうと思い、装いを新たに書籍にしたのがこの『電力のキホンの本 第2版』です。また、弊社・株式会社スリートのシステム利用数の増加にともない、サポートや開発体制の増強、雇用の増加も必要となっています。そうした意味で、社内教育に利用している書籍でもあります。

現代社会において、生活と密接に関係し、切っても切れない電力というインフラ。弊社が電力に担う役割は大きく、大切な使命とも捉えています。

もしかしたら、「前回とどう変わったの?」とお思いの方もいらっしゃる方もいるかと思います。前回を踏襲した部分もあります。電力の仕組みのキホンには、大きく変わってない部分もまた、あるからです。

今回2冊同時出版のもう一方の『左手でお尻拭けますか?』ですが、インドをテーマとしています。私どもでは、2011年、インドにSimplan Software India Private Limited.という会社を設立いたしました。

この会社では、日本で受注した案件を分担して開発しています。現在、「PowerCIS」の開発にも、部分的ではありますが携わっています。日本語が堪能な社員がいましたら、日本の電力事情についても理解してもらえるのですが、そこはなかなか難しいようです。ただ、弊社での技術者が不足している一部分を担ってくれているだけで大変助かっています。

これからますます発展していくインド、興味が湧きましたら、手に取ってご覧いただけますと幸いです。

また、第二弾として出版した『プログラマーへのキホンの道』は、当社内で行っている開発研修をライトノベル形式にしたフィクションの読み物です。インドでは、この第二弾の本の内容に近い研修を2022年初めから行っております。

弊社が出版している、これら4冊の本は、弊社が学び経験してきたことを書籍として表現しています。書籍として発表することで、こんな小さな会社でも少しお役に立てることがあるかもしれないと思っています。

本書籍を含め計4冊もの書籍を作成してきましたが、ソフトウェアの開発と違い、非常に神経を使う作業だと感じました。インターネット接続が当たり前となったソフトウェアは、修正はいくらでもできます。繋がったところから更新させることができます。片や、書籍というのは、印刷し本にするため、いったん刷ってしまうと修正ができません。作業工程自体は、ソフトウェア開発と似ていますが、修正が容易にできない分、細かなところに注意しないといけません。後戻りができません。内容自体に問題がないかということだけでなく、句読点や英字、文言の統一、事実関係、商標、権利関係、図表、出典など全てにおいて注意が必要です。ソフトウェア開発においても、書籍を作成するときと同様に神経を使って作り上げていく必要性があります。エンジニアにとって忘れてはならない重要な心構えです。

株式会社スリートは2023年6月3日をもって、設立20周年という記念の日を迎えました。2冊同時に出版してみようと思ったのも、節目の年であるからこそのチャレンジでもあります。

スリートとは「THREET」という綴りで、True Trust Technorogiesの3つの頭文字「T」をとった「3T」からきています。「信頼ある本物の技術」という意味を込めているのですが、長年培ってきた技術や経験を元に書籍にすることにより、弊社内だけでなく、少しでも多くの方々にお読みいただけると幸いです。

『電力のキホンの本 第2版』は、前回と同様に協力出版という形です。印刷製本・販売代行・フォーマット作成は出版文化社様にお願いをし、それ以外は全て自社で制作を行いました。

各章の扉には、すずきさちこ氏による挿絵。また、図表と、前回と同じ雰囲気の少し目を惹く表紙デザインは、樋口佐知子氏が行いました。デザイン関連は、気の合う仲のツイン・サチコです。

今回もシステム開発と同様に、すべて自社のメンバーと身近な関係者で作成したお手製です。各人の持てる力を存分に注ぎ込み、真心を込め、ふんだんに遊び心を入れて制作しました。

この本を、最後までご愛読いただき誠にありがとうございました。

最後に校正を読んでいただいた弊社のスタッフの皆様、関係者様。貴重な経験とご協力をいただき、またご助言、叱咤激励をたくさん頂戴し、深く感謝いたします。

スリートブックスはまだまだ続きます。第五弾を続けることができるよう、奮闘してまいります。

2023年6月3日 吉川 徹

著者：株式会社スリート（吉川 徹、中井有造）
2003年創業のITシステムデザイン企業。新電力企業の顧客情報管理システムをはじめ、各種のシステムソフトウェアの制作・販売を行っています。株式会社スリートは、「信頼ある本物の技術」を信念として情報社会をリードする企業を目指し、True Trust Technologiesの頭文字“3つのT”から「THREET（スリート）」と名付けました。
〒542-0081 大阪市中央区南船場4丁目6-10 新東和ビル5階
TEL：06-6251-0315 FAX：06-6251-0314
Web：【会社ホームページ】https://www.threet.co.jp/
【PowerCISホームページ】https://powercis.jp/

編集：中井有造
表紙デザイン・DTP・図版作成：樋口佐知子
図版・マンガ作成・制作協力：すずきさちこ

電力のキホンの本 第2版
電力危機の今こそ学ぶ

2023年7月23日 初版第1刷発行
2024年7月23日 初版第2刷発行

著者 株式会社スリート（吉川 徹、中井有造）
発行所 株式会社スリート
発行人 吉川 徹
発売所 株式会社出版文化社
〈東京カンパニー〉
〒104-0033 東京都中央区新川1-8-8 アクロス新川ビル4階
TEL：03-6822-9200 FAX：03-6822-9202
E-mail：book@shuppanbunka.com
〈大阪カンパニー〉
〒532-0011 大阪府大阪市淀川区西中島5-13-9 新大阪MTビル1号館9階
TEL：06-7777-9730（代）FAX：06-7777-9737
〈名古屋支社〉
〒456-0016 愛知県名古屋市熱田区五本松町7-30
熱田メディアウイング3階
TEL：052-990-9090（代）FAX：052-683-8880
印刷・製本 中央精版印刷株式会社

ISBN978-4-88338-709-0 C0054